Lehrbuch
der
konstruktiven
Wissenschafts-
theorie

Lehrbuch der konstruktiven Wissenschafts- theorie

von
Paul Lorenzen

Verlag J. B. Metzler
Stuttgart · Weimar

Die Deutsche Bibliothek – CIP-Einheitsaufnahme

Lorenzen, Paul:
Lehrbuch der konstruktiven Wissenschaftstheorie / von Paul Lorenzen.
-Stuttgart ; Weimar : Metzler, 2000
ISBN 978-3-476-01784-0

ISBN 978-3-476-01784-0   ISBN 978-3-476-02758-0 (eBook)
DOI 10.1007/978-3-476-02758-0

© 2000 Springer-Verlag GmbH Deutschland
Ursprünglich erschienen bei J. B. Metzlersche Verlagsbuchhandlung
und Carl Ernst Poeschel Verlag GmbH in Stuttgart 2000
(vormals: Bibliographisches Institut & F.A. Brockhaus AG, Zürich 1987)

Vorwort

Dieses Buch ist – nach 12 Jahren – der zweite Versuch, das Programm der konstruktiven Wissenschaftstheorie, das zuerst in »Normative Logic and Ethics« (Bibliographisches Institut 1969, Hochschultaschenbuch 236 und 1984) von mir formuliert wurde, durchzuführen.

Es ist also, wie sein Vorgänger: »Konstruktive Logik, Ethik und Wissenschaftstheorie« von O. Schwemmer und mir (Bibliographisches Institut 1973 und 1975, Hochschultaschenbuch 700) als Fortsetzung der »Vorschule des vernünftigen Redens« von W. Kamlah und mir (Logische Propädentik, Bibliographisches Institut 1967 und 1973, Hochschultaschenbuch 227) eine »Hauptschule« der technischen und politischen Vernunft.

Es wird lehrbuchmäßig ein System von Grundbegriffen für Mathematik, Naturwissenschaften, Sozialwissenschaften und Geschichte aus der technischen und ethisch-politischen Praxis so begründet, daß die Fachwissenschaften die Arbeit an der theoretischen Stützung dieser Praxen in aller erforderlichen Spezialisierung fortsetzen können.

Die Einleitung und Kap. I sind im Einverständnis mit O. Schwemmer für dieses Buch teilweise übernommen. Logik und die Theorien des mathematischen, technischen und historischen Wissens sind überarbeitet und ergänzt. Neu ist dagegen die Theorie des politischen Wissens. Hier habe ich auf eine vorpolitische Ethik (als nicht theoriefähig) verzichtet – und die Prinzipien ethisch-politischen Wissens (in einer politischen Anthropologie und einer politischen Soziologie) allein aus der politischen Argumentationspraxis begründet.

Dem Bibliographischen Institut danke ich für die jetzt 20jährige Förderung der konstruktiven Wissenschaftstheorie. Sie hat zu diesem Lehrbuch geführt – und wird ihre Krönung finden in der 3-bändigen Enzyklopädie Philosophie und Wissenschaftstheorie (Band I, 1980 und Band II, 1984).

Göttingen, 17. November 1986   PAUL LORENZEN

INHALTSVERZEICHNIS

Einleitung

Wozu betreiben wir Logik und Wissenschaftstheorie? Auch wenn nicht jedes einzelne Stück einer Wissenschaft als ein Mittel zur Lösung eines bestimmten Lebensproblems angesehen wird, kann man es doch als die allgemeine Überzeugung der Wissenschaftler annehmen, daß sie Wissenschaft betreiben, um — in einer allgemeinen Weise — eine bessere Bewältigung unseres Lebens zu ermöglichen. Von anderen Bemühungen der Lebensbewältigung unterscheiden sich die Wissenschaften dabei durch ihren besonderen Charakter der „Wissenschaftlichkeit", der meist als die Nachprüfbarkeit einer jeder ihrer Behauptungen aufgefaßt wird. Fragt man nun nach dem näheren Sinn dieser allgemeinen Aufgabenstellung und dieses besonderen Charakters der Wissenschaften, so wird man durchaus verschiedene Antworten erhalten — und zwar sowohl von den Wissenschaftlern selbst als auch von den Wissenschaftstheoretikern, die sich die Beantwortung dieser Fragen eigens zur Aufgabe gestellt haben. Man wird dabei feststellen, daß die erste Frage — die Frage nach der genaueren Festlegung der Aufgabenstellung der Wissenschaften — üblicherweise übergangen wird und die angebotenen Theorien der Wissenschaften darin bestehen, die Forderungen der Nachprüfbarkeit wissenschaftlicher Sätze zu präzisieren. Mit der Aufnahme der politischen Wissenschaften in die Wissenschaftstheorie im weiteren Sinne — zu der neben den Theorien der einzelnen Wissenschaften, d.h. der Wissenschaftstheorie im engeren Sinne, auch noch die Logik gehören soll — soll eben auch die erneute Wiederaufnahme der Frage nach der Aufgabenstellung der Wissenschaften betont werden. Daß im folgenden versucht werden wird, zunächst die Aufgaben der Bildung unseres Wissens zu formulieren und erst im Anschluß daran die Methoden — durch deren Befolgung der „wissenschaftliche Charakter" der jeweiligen Wissensbildung bestimmt wird — als diesen Aufgaben angemessen zu begründen, soll die Unterscheidung der hier vorgetragenen Wissenschaftstheorie (im weiteren Sinne) als „konstruktiv" gegenüber der üblichen „analytischen" Wissenschaftstheorie rechtfertigen. In diesen einleitenden Bemerkungen soll versucht werden, ein Vorverständnis von der konstruktiven Wissenschaftstheorie — die hier immer im weiteren Sinne verstanden werden soll — anzubieten, das deren Berechtigung plausibel machen soll.

Nehmen wir einmal an, daß die Wissenschaftstheorie — wie die Wissenschaften selbst — nicht bloß die private Freizeitbeschäftigung dieses oder jenes einzelnen sei, sondern eine Tätigkeit, die alle Mitglieder einer Gruppe angeht und die darum — z.B. durch den Lehrbetrieb an den Hochschulen — organisiert ist. Nur unter einer solchen Annahme wird ja überhaupt eine Argumentation für die Festlegung bestimmter Aufgaben, durch die Wissenschaftstheorie definiert werden soll, erforderlich und durchführbar. Selbstverständlich ist durch eine solche Annahme noch längst nicht die faktische Organisierung des Theorie-Treibens in unserer Welt als gerechtfertigt akzeptiert. Wir nehmen nur an, daß Theorie praktisch relevant und darum — in einem Staat einer arbeitsteilig organisierten Welt — überhaupt eine organisierte Tätigkeit ist. Aufgrund einer solchen Annahme können wir jedenfalls fordern, daß Theorie nicht als eine Mitteilung persönlicher Meinungen oder Handlungsvorschläge betrieben wird, sondern als eine l e h r b a r e Tätigkeit, in der Kriterien zu ihrer eigenen Überprüfung angeboten werden.

Diese Forderung nach Lehrbarkeit soll unterschieden werden von einer Forderung, bestimmte Tätigkeiten — nach gewissen Regeln — bei den entsprechenden Subjekten immer wieder schlicht zu veranlassen. Während solches schlichtes Veranlassen lediglich darauf abzielt, daß der Veranlaßte bestimmte Handlungen ausführt, zu denen ihn sein Partner veranlassen wollte, soll von L e h r e n nur dann die Rede sein, wenn mit den vorgeschlagenen Handlungen zugleich M e t h o d e n angeboten werden, nach denen die Regeln, denen die Handlungen folgen, auf ihren Z w e c k hin überprüft werden können. Wie eine solche Überprüfung im einzelnen auszusehen hat, dies kann erst bei der Verständnisbildung im Buche selbst diskutiert werden. Jedenfalls können wir aber schon negativ abgrenzend sagen, daß die Berufung auf irgendwelche Autoritäten oder Traditionen, d.h. die Berufung auf die Behauptungen oder Vor-

schriften bestimmter Personen, die nicht mehr kritisch – d.h. hier
auf ihre Annehmbarkeit hin – hinterfragt werden dürfen, nicht zugelassen werden soll.

Lehren in diesem Sinne erfordert insbesondere, daß wir an keiner Stelle eines Gedankengangs, der uns als Argument für Behauptungen einerseits, für Aufforderungen oder Normen andererseits
dienen soll, ein Wort gebrauchen, von dessen gemeinsamer Verwendung wir uns nicht überzeugt haben, und daß wir jede von uns auf-
gestellte Behauptung, Aufforderung oder Norm schrittweise begründen, so daß überall dort, wo eine – nach unserem eigenen Verständnis – neue geistige Leistung (eine Verständnis- oder Erkenntnislei-
stung) zur Fortführung des jeweiligen Gedankenganges benötigt
wird, diese Leistung in einem eigenen Schritt ausdrücklich gefordert
wird. Durch diese Forderungen ist das Programm der konstruktiven
Methode formuliert. Da dieses Programm eben durch dieses Buch
für die Logik und einige Anfänge der Wissenschaften ausgeführt
werden soll, mögen sich weitere vorwegnehmende Bemerkungen
erübrigen.

Jedenfalls ist durch die konstruktive Methode Wissenschaftstheorie
soweit von anderen Bemühungen abgegrenzt, daß wir – bei dem Versuch, eine Vorverständigung über das zu Leistende herbeizuführen –
uns auf einen bestimmten Teil der sich selbst als „philosophisch" verstehenden Meinungen, Deutungen und Beurteilungen, die gegenwärtig üblich sind, beschränken können – nämlich auf jenen Teil, in
dem die methodisch bemühte Philosophie beurteilt wird.

Unter diesen für uns relevanten Meinungen im gegenwärtigen
Wissenschaftsbetrieb finden sich zwei Grundpositionen, die in mehr
oder weniger feinen Schattierungen – d.h. mit einigen zusätzlichen
Unterscheidungen – vertreten werden, sich aber – zumindest für
die Zwecke dieser vorläufigen Darstellung – unter den beiden Behauptungen diskutieren lassen: (1) Es ist unmöglich, die konstruktive Methode für die A n f ä n g e der Wissenschaften – insbesondere
für die Begründung von Normen – durchzuführen. (2) Durch die
„philosophische", d.h. von der Verschiedenheit der jeweiligen
historischen Situationen absehende, Betrachtung der Anfänge
der Wissenschaften wird die tatsächlich bestehende Situations-, d.h.
genauer: Klassengebundenheit, des Wissenschaftstreibens verdeckt,

und die normativen Überlegungen, d.h. die Überlegungen zur Normbegründung, der Wissenschaftstheorie werden für die Interessen einer bestimmten Klasse — nämlich der herrschenden — benutzbar.

Während die Position (1) jede normative Überlegung am Anfang der Wissenschaften als unwissenschaftlich — d.h. als methodisch nicht überprüfbar — verwirft, fordert die Position (2) zwar solche Überlegungen, läßt sie aber nur als Artikulierung von Klasseninteressen, nicht aber als allgemeine Vernunftüberlegungen zu. Die erste Position beruft sich auf das — erfolgreiche — methodische Vorgehen der Naturwissenschaften, und zwar auf das Vorgehen, wie es faktisch von den Naturwissenschaftlern (normalerweise) verstanden wird. Sie mag darum — mit dem inzwischen eingebürgerten Terminus — die s z i e n t i s t i s c h e Position heißen. Die zweite Position beruft sich auf die gesellschaftstheoretischen Behauptungen des historischen Materialismus, der — wiederum nach dessen eigenem Verständnis — sein methodisches Vorgehen der Dialektik zurechnet. Sie mag darum die d i a l e k t i s c h e Position heißen.

Neben diesen beiden Positionen sei noch auf zwei Argumentationstypen hingewiesen, die weniger als deutlich ausformulierte und klar abgegrenzte Sonderpositionen aufzutreten pflegen, die aber gleichwohl typische Elemente üblicher Argumentationsweisen abgeben. So wird in der Tradition des H i s t o r i s m u s (mit dem Szientismus), und zwar vorwiegend von den sogenannten „Geisteswissenschaftlern" die Unmöglichkeit der Normenbegründung unter Berufung auf die feststellbare Veränderlichkeit der faktisch anerkannten Normen behauptet. In ihrer schwächeren Form ist diese Behauptung lediglich gegen den — hier nicht unternommenen — Versuch gerichtet, materiale Normen aufzustellen, d.h. bestimmte Zwecksetzungen oder Handlungen zu gebieten oder zu verbieten, ohne die historisch-kulturell bestimmte Situation zu berücksichtigen. In diesem schwächeren Sinn bietet die historisch geschulte Relativierung von Begründungsansprüchen — Relativierung nämlich auf die jeweilige Situation — eine durchaus hilfreiche Abwehr gegen jeden Normendogmatismus, der ohne solche Situationsberücksichtigung wähnt, materiale Normen begründen zu können. In seiner stärkeren Form aber sieht der Historismus auch die Prinzipienüberlegungen zur Normenbegründung im allgemeinen — wie sie in diesem Buche vorgetragen werden — als Gedanken und Normen, die wie alle anderen

„materialen" Argumentationen von der historisch-kulturellen Situation abhängig sind. In dieser Form ist mit der historischen Behauptung die Resignation vor jedem Begründungsbemühen verbunden, vor jedem Versuch, „den Narren auf eigene Faust" zu spielen.

Der zweite Argumentationstyp ist in der t h e o l o g i s c h e n Tradition beheimatet. Ist es doch die Theologie, der traditionell die Rolle einer Normenhüterin zukam. Die Übernahme dieser Rolle durch verschiedene Epochen hindurch hat aber eine verschiedenartige Verbindung von Normbegründung und der Rede von Gott mit sich gebracht, die es schwierig bis unmöglich macht, von einer bestimmten „theologischen" Normenbegründung zu reden. Gleichwohl findet sich übereinstimmend der typische Hinweis auf die U n v e r f ü g b a r k e i t vernünftigen und friedfertigen Miteinanderlebens. Ist mit diesem Hinweis nicht mehr gemeint als die Feststellung, daß vernünftiges Handeln – obgleich nicht beliebig – nicht erzwungen werden kann, sondern von der im gemeinsamen Leben gewachsenen Einsicht der Handelnden getragen sein muß, so können wir ihn als eine Warnung vor einem unkritischen „Rationalismus" ansehen, der meint, auch das Prinzip vernünftigen Handelns „more geometrico" andemonstrieren zu können, und der zu solcher Meinung nur gelangt, weil er irgendeine Norm für nicht begründungspflichtig hält und als Beweisgrund benutzt. Soll aber über einen solchen Hinweis hinaus die Verpflichtung auf eine besonders geartete „Offenbarung" behauptet werden, die uns die Richtschnur für unser Handeln sein soll, dann enthebt sich der so theologisch Redende eben jener Begründungsbemühung, die wir hier zu leisten uns vorgenommen haben.

Insofern nun sowohl die historisch als auch die theologisch geprägten Argumentationen in ihren stärkeren, dogmatischen Varianten eher das Begründungsprogramm als die hier vorgetragene Ausführung dieses Programms ablehnen, sollen sie im folgenden unberücksichtigt bleiben. (Der Szientist möchte ja gerne solchem allgemeinen Begründungsanspruch sich fügen, nur meint er, daß er leider nicht überall, insbesondere nicht für die Begründung der Normen, durchzuhalten sei.) Denn nur mit demjenigen, der sich nicht für bestimmte Bereiche seines Redens und Handelns Reservate vorbehält, die einem Begründungsanspruch nicht ausgesetzt werden, können wir im allgemeinen – „philosophisch" – argumentieren. Es sollen darum die szientistische und dialektische Position, die sich diesem allgemeinen Anspruch aussetzen – wenn ihn auch der Szientist nur für teilweise einlösbar erklärt –, die alleinigen Gesprächspartner der weiteren Überlegungen sein.

Da es das Thema dieses Buches ist, die methodische Überprüfbarkeit normativer Überlegungen vorzuführen, wäre es sinnlos, gegen die szientistische Position im Rahmen dieser Vorverständigung argumentieren zu wollen. Da aber gleichwohl der Aufbau dieses Buches aufgrund der szientistischen Einwände verständlich gemacht werden kann, mögen einige Bemerkungen zu unserer Deutung des Szientismus dem Verständnis dieses Buches dienlich sein. Die Berufung des Szientismus auf die Naturwissenschaften basiert auf der Meinung, daß erst die mathematisch-experimentellen Methoden der Naturwissenschaften überprüfbares wissenschaftliches Reden ermöglicht hätten, daß aber die Naturwissenschaften keiner normativer Überlegungen bedürften. Soll das Reden über Politik wissenschaftlich werden, so hat es – nach dieser Meinung – die Methoden der Naturwissenschaften zu übernehmen und demzufolge auf normative Überlegungen zu verzichten.

Diese szientistische Meinung ist übernehmbar, sofern sie nur solche Sätze als wissenschaftlich auszeichnet, deren Aufstellung methodisch – schrittweise und zirkelfrei – überprüfbar ist. Hingegen ist es, wie wir in diesem Buche zeigen wollen, eine Mißdeutung von Wissenschaft, wenn alle normativen Überlegungen, die zu den ersten wissenschaftlichen Festlegungen führen, ausgeschlossen werden sollen, und eine irrige Meinung, wenn es für unmöglich erklärt wird, methodisch über die Aufstellung von Normen zu reden.

Um der szientistischen Position ihre Basis zu nehmen, soll darum gezeigt werden, daß auch die Naturwissenschaften durch normative Überlegungen in Gang gesetzt werden – jedenfalls dann, wenn der Wissenschaftler verstehen will, was er tut, wenn er Wissenschaft treibt. In der Theorie des politischen Wissens werden wir dann ausdrücklich auf die Methoden zur Aufstellung von Normen zu sprechen kommen.

Der Aufbau des Buches ist so, wie gesagt, aufgrund der szientistischen Position verständlich. Die dialektische Position, die gegen den Szientismus fordert, die Ziele des Wissenschaftstreibens „wissenschaftlich" zu bedenken, und die zugleich eine Methode angibt, wie über diese Ziele – nämlich unter Berücksichtigung der „Klasseninteressen" – zu reden sei, ist nicht der Gesprächspartner. Denn da sie erst aufgrund eines Stückes schon geleisteter Gesellschaftstheorie formulierbar ist, wir uns aber gerade vor der Aufgabe sehen, überhaupt erst die Grundlagen einer kritischen Gesellschaftstheorie bzw. noch allgemeiner: einer kritischen Kulturwissenschaft, zu bedenken, haben wir in dem hier gespannten Rahmen noch gar nicht die theoretischen Mittel zur Hand, um über sie entscheidbar diskutieren zu können. Dem Dialektiker gegenüber mögen gleichwohl die Lesegesichtspunkte geklärt werden, unter denen für ihn ein Verständnis dieses Buches erreicht werden könnte.

Denn der Vorwurf des Dialektikers, die Aufstellung von Begründungsprinzipien und der Aufbau der dazu erforderlichen Sprache würden die Klassengebundenheit der Wissenschaften – und insbesondere auch der vorgetragenen wissenschaftstheoretischen Überlegungen – verschleiern, scheint auf einer Vermischung von methoscher Reihenfolge in der Darstellung einerseits und faktischen (Vor-) Bedingungsverhältnissen andererseits zu beruhen: So folgt z.B. aus der These (über deren Sinn und Wahrheit noch eigens zu diskutieren wäre), daß die Organisation des Wissenschaftsbetriebes, die Aufgabenstellungen der Wissenschaften und die Verwendung von deren Ergebnissen in einem kapitalistischen Staat jeweils nur oder zumindest vorwiegend den Zwecken oder Bedürfnissen der herrschenden Klasse dienen, nicht, daß man zuerst über die Klassengesellschaft reden muß, bevor man sinnvollerweise über Wissenschaft reden kann. Denn während die These von der Klassengebundenheit der Wissenschaften eine These über die gesellschaftlichen Bedingungen ist, durch die die Art der Wissenschaftsorganisation, des Wissenschaftsaufbaus und der Wissenschaftsverwendung bestimmt wird, wird durch den methodischen Sprachaufbau und die Aufstellung von Begründungsprinzipien erst festgelegt, was wir denn überhaupt unter einer Wissenschaft – und später dann in einem Teil der politischen Wissenschaften: unter einer Klassengesellschaft – zu verstehen haben. Eben solche Festlegungen benötigen wir aber – und benutzt im übrigen auch der Dialektiker –, wenn wir die oben angeführte These aufstellen und verteidigen wollen, insbesondere auch, wenn wir die Ungerechtigkeit einer solchen Klassengebundenheit der Wissenschaften aufzeigen wollen. Anzugreifen wäre der kon-

struktive Aufbau der Wissenschaften und ihrer Theorie lediglich
dann, wenn man zeigen könnte, daß durch ihn bestimmte, für wahr
angenommene Thesen ausgeschlossen oder nicht mehr formulierbar
würden. Wie aber will man dann die Wahrheit solcher Thesen auf-
weisen, wenn nicht durch eine schrittweise und zirkelfreie Begründung, die sich auch die Frage nach dem Gebrauch der Sprache, in
der sie formuliert ist, gefallen lassen muß? Läßt sich der Dialektiker nicht auf einen solchen Begründungsanspruch ein, so bleibt ihm
nur, dogmatisch irgendwelche Behauptungen an den Anfang seiner
Argumentation zu setzen — was er aber gemäß seinem hinlänglich
oft postulierten kritischen Selbstverständnis nicht wollen darf. An
den Dialektiker mag vielmehr die Frage gerichtet werden, ob nicht
gerade durch die Übernahme des konstruktiven Wissenschaftsaufbaus zumindest einige seiner Behauptungen aus dogmatischen zu
methodisch begründeten werden können. Eben diese Frage — ob
nicht die konstruktive Wissenschaftstheorie zu einem „besseren",
d.h. auch anderen lehrbaren Verständnis der e i g e n e n Position
(die dann möglicherweise allerdings zu modifizieren wäre) führt —
sollte der Lesegesichtspunkt sein, unter dem ein Dialektiker die
Lektüre dieses Buches auf sich nehmen kann.

Vielleicht wird die Lektüre auch durch einige Bemerkungen
darüber erleichtert, wie wir das Verhältnis der konstruktiven Theorie
zu schon vorliegenden Entwürfen der „Philosophie" und „Methodologie" der Wissenschaften sehen. Für ein Unternehmen, das die Begründung a l l e r Wissenschaften zum Ziel hat, ist dabei nur aufzu-
zählen, was nicht schon bei Aristoteles steht. Es handelt sich selbstverständlich nur um historische Vermutungen unsererseits, z.B. um
die Vermutung, daß die konstruktive Theorie des politischen Wissens eine sprachkritische Fortführung der Hegel-Marxschen Philosophie (insbesondere der Marxschen Rekonstruktion der Bedürfnis-
befriedigung und ihrer Organisation) einerseits, der Max Weberschen
Methodologie andererseits ist. (Ob wir uns in dieser Vermutung irren oder nicht, ist für die Theorie selber irrelevant.)

Eine sprachkritische Fortführung ist dabei eine k r i t i s c h e
Fortführung in dem Sinne, daß einiges aus den Texten früherer
Autoren in eigener Formulierung übernommen, anderes modifiziert
oder weggelassen wird. Die konstruktive Logik ist am meisten Brouwer und Gentzen verpflichtet, die Politik Kant (und also Platon!),

die Theorie des mathematischen Wissens Poincaré und Weyl, die Theorie des technischen Wissens Duhem und Dingler (und dadurch wieder Kant und Platon). Für die Theorie des historischen Wissens ist neben dem Einfluß der Hermeneutik (Dilthey) auf die Methodologie des „Verstehens" bei Max Weber zu verweisen. Dogmatische Interpretationen, wie etwa die einer Geschichtsmetaphysik bei Marx oder einer — absolut gesetzten — Werturteilsfreiheit bei Max Weber, sind in unserer kritischen Fortführung stillschweigend übergangen.

Im Unterschied zu diesen Traditionen ist die konstruktive Theorie s p r a c h kritisch, d.h. eine kritische Anwendung der Sprachphilosophie von Leibniz über Frege und Peirce bis Wittgenstein.

Diese Andeutungen über Texte, in denen die vorgetragene Theorie schon teilweise enthalten ist, sollen nur dem Verständnis des Lesers dienen. An keiner Stelle berufen wir uns auf Texte als Autoritäten -- und an keiner Stelle übernehmen wir mit einem Theoriestück zugleich irgendein anderes.

Der Leser wird gebeten, die vorgeschlagenen Konstruktionen eines Begriffsgerüstes daraufhin zu prüfen, ob er selbst sich die Begriffe zu eigen machen kann — nicht daraufhin, ob sie (seiner Interpretation nach) mit irgendwelchen Texten übereinstimmen oder nicht.

Gehen wir nun einmal davon aus, daß es uns gelungen ist, die Verständnishindernisse bei Szientisten und Dialektikern wenigstens soweit wegzuräumen, daß beide den Versuch einer konstruktiven Logik und Wissenschaftstheorie nicht mehr von vornherein — d.h. ohne nähere Prüfung des vorgetragenen Gedankengangs — für unsinnig halten, so bleibt uns noch, einige klärende Bemerkungen zu unserem eigenen Vorverständnis und dessen Rolle für die methodische Verständnisbildung zu machen.

Das Programm der konstruktiven Methode, das wir oben formuliert haben, möchte manchem nahelegen, daß wir — unsere tatsächliche Situation vergessend — in künstlicher Unwissenheit noch einmal, ohne alle Voraussetzungen, „ab ovo" anfangen wollen. Gegenüber einem solchen Verständnis mögen folgende Bemerkungen eine Klärung herbeiführen:

Wenn wir Theorie, und insbesondere Wissenschaftstheorie, zu betreiben beginnen, so beginnen wir nicht auch erst zu leben, zu

handeln und zu reden. Vielmehr sind es gerade die Mißerfolge, die
wir in unserem Handeln haben, und die Mißverständnisse, die sich
bei unseren Reden einstellen, die uns zu einem Innehalten im Handeln und Reden bewegen und uns eigene Bemühungen, in denen
wir unser Handeln und Reden kritisch rekonstruieren und gemäß
unseren begründeten Urteilen vorbereiten, in Gang setzen lassen.

In der Wissenschaftstheorie beginnt sich die Einsicht, daß alle
Wissenschaften (alle Theorien) nur aufgrund schon — teilweise —
gelungener Praxis sinnvoll sind, in unserem Jahrhundert als sog.
pragmatische Wende langsam durchzusetzen. Alle Theorien sind
Redeinstrumente zur Stützung schon begonnener Praxis.

Das ist für die *technische Praxis* allgemein anerkannt:
physikalische Theorien stützen die vorwissenschaftliche Technik.
So ist unsere Technik eine theoriegestützte Praxis geworden.

Technik stellt aber immer nur die Mittel bereit für Zwecke.
Über die Zwecke (bis zu den obersten Zwecken, den Lebensformen, die nicht mehr Mittel für anderes sind) muß in nicht-techni-
schen Wissenschaften beraten werden. Eine vorwissenschaftliche
politische Praxis der Gesetzgebung, die — zunächst innerstaatlich
— den faktischen Pluralismus unverträglicher Lebensformen zu
überwinden versucht, gibt es bei uns (im Rückgriff auf die klassische Antike — und trotz aller Rückfälle in bloße Machtpolitik) seit
der Aufklärung. Das Ziel ist eine Pluralität verträglicher Lebensformen. Die Argumentationspraxis der Politiker ist für dieses „ethische" Ziel durch politische Wissenschaften als theoretische Instrumente zu stützen. Nur theoriegestütztes Argumentieren kann zu
freiem (d.h. nicht erzwungenem) Konsens über die normative Ordnung unseres Zusammenlebens führen.

Aus der Praxis der Gegenwart begründet sich so die „Notwendigkeit" technischer und ethisch-politischer Wissenschaften.

Mathematisches Wissen einerseits, historisches Wissen andererseits wird danach als Grundlagenwissen im Dienst von Technik und
ethischer Politik erforderlich.

Wenn wir so ein Vorverständnis — und sei es auch so rudimentär
wie das hier angegebene — an den Anfang unserer methodischen
Bemühungen stellen, dann ist es klar, daß über dieses Vorverständnis
selbst keine methodisch überprüfbare Diskussion geführt werden
kann. Lassen wir uns dadurch aber nicht doch schon am Anfang zu

einem, sich aller Begründungspflicht entziehenden, Dogmatismus verleiten?

Die Antwort auf diese Frage läßt sich durch den Hinweis auf das gegenteilige Vorgehen — den Versuch, ohne alle Beanspruchung eines Vorverständnisses ein Verständnis von einer Sache zu bilden — verdeutlichen. Bei einem solchen „voraussetzungslosen" Vorgehen könnten wir zwar die ersten Schritte verweigern oder durch Gegenvorschläge ersetzen, aber wir könnten v o r ihrem jeweiligen Vollzug nicht für oder gegen sie reden. Ein solches Reden für oder gegen ihren Vollzug wird sinnvollerweise erst möglich, wenn — am Ende des vorgeschlagenen Weges — die Argumentationsmittel dazu bereit stehen. An einem solchen Ende wäre es dann sogar geboten, den Anfang des Weges mit den nun zur Verfügung stehenden Redemitteln zu überprüfen. Ohne eine solche wiederholende Prüfung bliebe jedenfalls jedes „voraussetzungslose" Vorgehen dogmatisch.

Da wir uns nun in der Situation befinden, daß wir mit gewissen Meinungen, Deutungen und Beurteilungen leben, nehmen wir einen elementaren Teil dieser Verständnisse als das schon geleistete Verständnis an, aufgrund von dessen Bildung wir nun auch schon über die ersten Schritte reden können. Es versteht sich, daß diese Reden keine methodisch gesicherten Argumentationen sein können, wohl aber können sie die mit diesen Schritten faktisch verfolgten Zwecke derart deutlich werden lassen, daß jeder sie als die seinen oder auch, wenn er sie gerade nicht verfolgt, jedenfalls doch als solche, die ihn a n g e h e n, erkennt und so den methodischen Aufbau einer konstruktiven Logik und Theorie der Wissenschaften als die Rekonstruktion s e i n e s H a n d e l n s, wenn auch nur in einigen elementaren Zügen, zu verstehen in der Lage ist. Die Ermöglichung eines solchen „existentiellen" Einstiegs hat zugleich den Zweck, den emotionalen Grundeinstellungen zu der technischen und politischen Situation, in der wir leben, eben dadurch, daß sie — zumindest teilweise — in die Zwecksetzung des Theoretisierens eingehen, zu einer kritisch klärenden Artikulation zu verhelfen.

Dogmatisch ist eine solche ausdrückliche Angabe der faktisch die Untersuchung leitenden Ziele schon darum nicht, weil eben in jede theoretische Bemühung — die ja doch immer nur die nachträgliche Formulierung eines schon geleisteten oder zumindest als ge-

leistet vorgestellten Handelns ist – Ziele mit eingehen und ihr
Verschweigen sie nur der Diskussion entziehen würde.

Außerdem sind wir aber unserem Vorverständnis durchaus nicht
in der Weise ausgeliefert, daß es nicht durch das methodisch gebildete Verständnis verändert werden könnte. Eben darum strengen
wir ja überhaupt die methodische Rekonstruktion unseres Redens
und Handelns an, um Maßstäbe auch für eine Kritik des uns anfäng-
lich leitenden Verständnisses zu gewinnen. Dadurch, daß wir uns
bemühen, auch schon die uns am Anfang faktisch leitenden Zwecke
ausdrücklich zu machen, haben wir sogar diese faktischen Zwecke
zum möglichen Thema unserer Kritik erhoben, weil wir das Formulierte natürlich eher kritisieren können als das, was erst gar nicht
einer Formulierung für nötig erachtet worden ist. Mit Hilfe einiger
Unterscheidungen mag das Verhältnis von Vorverständnis und methodisch zu sicherndem Verständnis und zugleich damit auch das
hier von uns vorgeschlagene Vorgehen deutlicher werden.

Als erste Unterscheidung sei die zwischen e m p r a k t i s c h e r
und e p i p r a k t i s c h e r R e d e vorgeschlagen. Zur empraktischen Rede sollen solche Sprachhandlungen gehören, die mit einer
nichtsprachlichen Handlung zusammen gelernt werden, und zwar
derart, daß die nichtsprachliche Handlung als Zweck der Sprach-
handlung gelernt wird. Da sich demnach solche empraktischen Reden unmittelbar auf (nicht-sprachliches) Handeln beziehen, werden
sie auch durch dieses Handeln kontrolliert: Wenn jemand etwa eine
andere Handlung ausführt, als aufgrund einer bestimmten Sprach-
handlung auszuführen eingeübt werden soll, dann hat er die entsprechende Rede nicht verstanden. Es ist so leicht, durch unser
Handeln ein gemeinsames Verständnis der empraktischen Rede zu
erreichen. Wir können alle die Redeteile, die wir durch emprakti-
sches Reden in ihrem Verständnis für hinreichend gesichert halten,
als unproblematisch hinnehmen.

(Der Terminus „empraktisch" stammt von Bühler.)

Die epipraktische Rede hingegen soll die Rede ü b e r das Handeln sein: jene Reden also, die nicht mit nichtsprachlichen, sondern mit – mehreren möglichen – sprachlichen Handlungen, die
als „sinnvolle" Antworten auf diese Reden zugelassen sind, zusammen gelernt werden. Hier ist die „naturwüchsige" Kontrolle
durch unser Handeln wie bei den empraktischen Reden nicht mehr

möglich, und es ist daher nicht ausgeschlossen, daß sich schnell
Mißverständnisse einschleichen.

Es werden nun auch – etwa bei Zustandsbeschreibungen und
der Beurteilung der vorgeschlagenen Handlungen – Sprachteile in
der epipraktischen Rede verwendet, die in ihrem Gebrauch durch
ihre Verwendung in der empraktischen Rede hinreichend gesichert
sind. Gleichwohl gibt es einige Wörter – eben die nämlich, durch
die der epipraktische Gebrauch dieser durch das Handeln gesicherten Sprachteile angegeben wird –, die auf diese „naturwüchsige"
Weise nicht mehr in ihrem Verständnis gesichert werden und auch
nicht gesichert werden können. Für diese Wörter – als Beispiel
mögen die in diesem Buche eingeführten Termini, insbesondere
die Termini der politischen Wissensbildung dienen – können wir
eine Gemeinsamkeit des Gebrauchs nicht mehr einfachhin unter-
stellen, sondern wir müssen, wollen wir ihren gemeinsamen Gebrauch sichern, methodische Einführungen und Regeln für ihren
Gebrauch anbieten.

Dies besagt nun, daß wir nicht unsere ganze Sprache methodisch
aufbauen müssen, um erstlich eine allgemeine Verständigung zu ermöglichen, sondern lediglich die Sprachteile, die durch ihren Gebrauch in empraktischer Rede nicht schon hinreichend in ihrem
Verständnis gesichert sind. Wir haben so schon am Anfang unseres
konstruktiven Aufbaus der Wissenschaften einige Sprachteile zur
Verfügung, die wir – im großen und ganzen – unbedenklich gebrauchen können.

Nicht zu verwechseln ist diese Unbedenklichkeit im Gebrauch
der empraktisch kontrollierten Sprachteile mit der Behauptung,
wir seien darauf angewiesen, bestimmte Sprachteile „immer schon"
in ihrem faktischen Gebrauch zu übernehmen. Im folgenden Kapitel wird gezeigt werden, wie wir auch die empraktisch gebrauchten
Sprachteile Schritt für Schritt durch ausdrücklich begründete Vereinbarungen aufbauen können. Begäben wir uns in die Situationen,
in denen jeweils die zu lernenden Sprachteile gebraucht werden, so
kämen wir sogar – wie eben in dem folgenden Kapitel deutlich gemacht werden soll – ohne alle noch nicht so vereinbarten Sprachteile aus.

Diese Möglichkeit, auch unsere empraktisch kontrollierte Sprache konstruktiv aufzubauen – die gebunden ist an die Ausführung

der Handlungen, zu deren Vorbereitung die entsprechenden Sprachteile eingeführt werden –, soll nun nicht dazu verleiten, auf die Bequemlichkeit, diese Sprachteile entsprechend ihrem faktischen Gebrauch zu benutzen, zu verzichten. Um aber unser Reden schon in
seinen methodischen Anfängen zu verstehen, wird es sinnvoll sein,
exemplarisch für einige Wörter und Sätze auch der empraktisch kontrollierten Sprache den konstruktiven Aufbau vorzuführen, ohne
zu fordern, daß alle von nun an so sprechen sollen, wie es an diesen
Beispielen gezeigt wird.

Nach diesen Bemerkungen mag eine zweite Unterscheidung klar
werden, nämlich die zwischen O r t h o s p r a c h e und P a r a -
s p r a c h e. Die konstruktiv aufgebaute Sprache soll „O r t h o -
s p r a c h e" heißen. Um eine Orthosprache aufbauen zu können,
müssen wir – unter normalen Umständen – schon Sprache benutzen.
Denn wir können uns nicht in alle Situationen, in denen aus dem
Verständnis der jeweils mit den Handlungen verbundenen Zwecke
heraus die Orthosprache aufgebaut werden kann, hineinbegeben: dazu wäre mehr Zeit und Geduld vonnöten, als uns zur Verfügung
steht. Wir sind daher darauf angewiesen, uns in Gedanken die jeweiligen Situationen herzustellen, in denen neue Teile der Orthosprache zu lernen sind. Die Sprache, in der diese Situationen dargestellt werden – einschließlich einer Aufforderung von der Art
„Stelle dir vor, daß . . ." –, soll „P a r a s p r a c h e" heißen. Die
Zirkelfreiheit des orthosprachlichen Aufbaus wird dadurch gesichert, daß am Anfang dieses Aufbaus die Parasprache nur aus empraktisch kontrollierten Wörtern (und der einzuübenden Aufforderung, sich vorzustellen, daß . . .) bestehen darf. Hat man schon
einige Teile der Orthosprache eingeführt, so können diese in weiteren Schritten des orthosprachlichen Aufbaus ebenfalls dazu benutzt
werden, Situationen, in denen die orthosprachlichen Termini gelernt werden sollen, darzustellen. Es sei noch bemerkt, daß die Unterscheidung von Parasprache und Orthosprache nur für die epipraktische Rede sinnvoll ist, da ja bereits empraktisch kontrollierte
Sprachteile nicht mehr eigens vereinbart zu werden brauchen. Man
kann daher sagen, daß die empraktisch kontrollierten Sprachteile
insgesamt für parasprachliche Situationsdarstellungen zur Verfügung stehen.

Neben Ortho- und Parasprache wird in diesem Buch noch eine dritte Sprache verwendet, deren Sinn sich aus der Betrachtung der Situation von Autor und Leser ergibt. Wir alle haben bereits bestimmte Redegewohnheiten angenommen, mit denen sich — von uns mehr oder weniger bemerkt — verschiedene Assoziationen, halbausgebildete Meinungen, Deutungen und Beurteilungen von Sachverhalten verbinden. Befänden wir uns in einer Gruppe, in der wir in unmittelbarer Rede und Gegenrede unsere Vereinbarungen zum Aufbau der Orthosprache treffen könnten, so wäre mit den bisher zur Verfügung gestellten Unterscheidungen das Problem des Aufbaus einer Orthosprache hinreichend diskutierbar. Da aber die zwangsläufig monologische Form eines Buches solch unmittelbares Miteinander-Reden nicht zuläßt, haben alle Autoren mit den verbreiteten faktischen Redegewohnheiten zu rechnen — und insbesondere mit den Verständnissen oder Mißverständnissen des Vorgetragenen, die sich an diese Gewohnheiten knüpfen. Es bedarf so, um eine möglichst weitgehende Sicherung eines gemeinsamen Verständnisses zu erreichen, neben der in einer Redegruppe i n t e r n gebrauchten Para- und Orthosprache noch einer eigenen e x t e r n gebrauchten, nicht mehr unmittelbar durch die Rede und Gegenrede kontrollierten Sprache, die wir die „p r o t r e p t i s c h e S p r a c h e" nennen wollen. In dieser protreptischen Sprache wird weitgehend auf die Redegewohnheiten Rücksicht zu nehmen sein, die wir aufgrund unserer Bildungstradition anzutreffen vorbereitet sind. In diesem Buch werden protreptische Reden vor allem dazu verwendet, bestimmte Wortgebräuche und Meinungen, die mit einigen Vorschlägen sowohl zum Sprachaufbau als auch zur Aufstellung von Prinzipien, Normen und Regeln in einigen Lesergruppen vermutlich assoziiert werden, zu destruieren. Insofern protreptisches Reden einer solchen Destruktionsaufgabe dient, braucht man übrigens nicht — wie bei der Parasprache — besondere Forderungen an die Sprache, die dabei verwendet wird, zu stellen. Im allgemeinen kann man sagen, daß das protreptische Reden dazu dienen soll, zur Teilnahme am Aufbau der Orthosprache zu bewegen.

Bei der Unterscheidung der verschiedenen Sprachebenen bleibt zu bedenken, daß — wenn es sich nicht um deduktive Definitionen handelt — die sprachliche Normierung eine nachträgliche Fixierung eines zweckgebundenen Handelns ist. Protreptische Rede und Parasprache sollen zu diesem — der Normierung vorangehenden — Handeln, das sowohl nichtsprachlich als auch sprachlich sein kann, bewegen, und sei es auch nur zu einer dieses Handeln antizipierenden Erwägung oder „Vorstellung", die dann zu kritischen Gegenvorschlägen führen möchte.

I. LOGIK

1. Elementarsätze

Am Anfang der methodischen Rekonstruktion eines Sprachaufbaus steht uns die empraktisch kontrollierte Sprache zur Verfügung. Sind Teile selbst dieser Sprache in ihrem Gebrauch strittig, so ist auf die Gebrauchssituationen, in denen diese Sprachteile mit nichtsprachlichen Handlungen verbunden werden, zurückzugehen. Eine Sprachrekonstruktion braucht jedenfalls nicht diese prinzipiell – d.h. abgesehen von den Schwierigkeiten in Einzelfällen – unproblematischen Sprachteile noch einmal ausdrücklich in ihrem Gebrauch zu vereinbaren. Gleichwohl ist es sinnvoll, auf allgemeine Weise, d.h., ohne einzelne Wörter der empraktisch eingeübten und kontrollierten Sprache wieder einzuführen, die Einübung auch der empraktisch kontrollierten Sprache zu rekonstruieren, weil wir auf diese Weise syntaktische Unterscheidungen, d.h. Unterscheidungen, mit denen wir über die Sprache – über die Regeln ihres Aufbaus – reden können, gewinnen.

Da für die Rekonstruktion dieser Unterscheidungen noch keine epipraktischen Sprachteile zur Verfügung stehen, muß man ausgehen von Situationen, in denen lediglich empraktisch geredet wird, d.h., in denen Reden mit nichtsprachlichen Handlungen „verbunden" werden. Eine jedenfalls dabei gelernte „Verbindung" von Reden und Handeln ist das A u f f o r d e r n zur Ausführung von Handlungen.

Der Terminus „Aufforderung" bzw. „Auffordern" wird nicht durch eine deduktive Definition im Sinne einer Wortersetzungsregel eingeführt. Das ist am Anfang des Sprachaufbaus (über die empraktisch kontrollierte Sprache hinaus) unmöglich, da ja noch keine anderen Termini, mit denen „Aufforderung" definiert werden könnte, zur Verfügung stehen. Die Unterscheidung von Aufforderung und Aussage ist vielmehr redend und handelnd einzuüben.

Dazu kann man Mustersituationen in lediglich empraktisch kontrollierter Sprache darstellen, in denen die geführten Reden Beispiele für Aussagen und für Aufforderungen sind. Da wir an dieser Stelle auch die syntaktischen Unterscheidungen erst rekonstruieren wollen, sind die jetzt angebbaren Beispiele nur die, die den minimalen Aufwand an solchen Unterscheidungen erfordern. Minimal ist der Aufwand jedenfalls dann, wenn man mit nur einer Unterscheidung die Aufforderung formuliert. Als Beispiel sei die Aufforderung

(Wirf)

gewählt.

Diese Aufforderung besteht, wie wir sagen wollen, aus einem T a t p r ä d i k a t o r. Zu lernen sind Tatprädikatoren an Beispielen wie dem oben angegebenen. Eine Definition ist an dieser Stelle des Sprachaufbaus ja nicht möglich. Als Variable für Tatprädikatoren werde „p" gewählt.

Daß die Beispielreihen für die hier einzuführenden syntaktischen Unterscheidungen wie z.B. „Tatprädikator" von allen, die gemeinsam eine Sprache' aufbauen, in gleicher Weise fortgeführt werden, soll hier nicht vorausgesagt werden. Wohl aber können wir in der (in der Theorie des politischen Wissens ausführlich zu begründenden) Meinung, daß diese Unterscheidungen in unserem bedürfnisbestimmten und zweckgebundenen Handeln die nachträgliche Fixierung von sinnvollen pragmatischen Unterscheidungen sind, annehmen, daß sie von einem jeden lernbar sind. Daß jemand eine Unterscheidung bereits pragmatisch trifft, soll heißen, daß er durch sein Handeln – z.B. dadurch, daß er bestimmte Geschehnisse herbeiführt oder beendet oder auch Dinge dadurch, daß er sie eben verschieden behandelt, unterscheidet. Eine Theorie der sinnvollen pragmatischen Unterscheidungen ist hier noch nicht aufstellbar. Von einer ausgebildeten Theorie des praktischen Wissens her könnte es dann allerdings so sein, daß die hier am Anfang getroffenen Unterscheidungen nicht als die relevantesten beurteilt werden. Am Anfang kommt es zunächst auf die Lehr- und Lernbarkeit der vorgeschlagenen Unterscheidung an – und die ist an dieser Stelle des methodischen Aufbaus nicht anders als durch den Lehr- oder Lernerfolg aufzuzeigen.

Als zweiten Schritt bei unserem Sprachaufbau kann man nun Aufforderungen anführen, nicht zur Ausführung, sondern zur Unterlassung von Handlungen. Auch diesen Unterschied zwischen Ausführungs- und Unterlassungs-Aufforderungen kann man nicht definieren (an dieser Stelle), sondern man muß ihn im Befolgen oder Vortragen solcher Aufforderungen lernen. Hier stehe dafür nur ein Beispiel:

$$\neg \ (\text{Wirf}).$$

Zu dem Tatprädikator ist jetzt noch der N e g a t o r, für den wir interlingual das Zeichen $\neg$ verwenden werden, getreten. Im Deutschen ist das Wort „nicht" üblich. Bei dem Negator handelt es sich nicht um eine logische Partikel im strengen Sinne. Denn sein Gebrauch ist ja noch nicht durch Dialogregeln (oder Wahrheitstafeln) festgelegt, sondern lediglich in unserem Handeln und Reden eingeübt.

Mit diesem Beispiel „$\neg$ (Wirf)" haben wir uns von der deutschen Syntax entfernt. Im Deutschen sind wir gewohnt zu sagen, „Wirf nicht" oder „Nicht werfen". Wir verstehen zwar noch, daß „$\neg$ (Wirf)" für eine dieser beiden üblichen Redeweisen steht, aber gleichwohl bedeutet die Voranstellung des Negators einen ersten Schritt zur Konstruktion einer eigenen Syntax. Bei unserem ersten Beispiel – „Wirf" – wäre eine solche Abweichung vom üblichen Sprachgebrauch nicht möglich gewesen. Denn da wir noch keine orthosprachliche Terminologie zur Verfügung haben, sind wir auf die Verständlichkeit der angeführten Beispiele im Sinne ihres gemeinsamen Gebrauchs angewiesen. So brauchen wir den Terminus „Aufforderung" nicht, wenn wir „Wirf" zu gebrauchen gelernt haben. Zur Formulierung von Aufforderungen haben wir ja gelernt, eine imperativische Form zu gebrauchen – ohne daß wir „imperativische Form" als grammatischen Terminus zu kennen brauchen. Die Rekonstruktion der Syntax sieht demnach so aus, daß wir zwar mit der empraktisch eingeübten Unterscheidung von Aufforderungen und Aussagen beginnen und das erste Beispiel auch in der entsprechenden eingeübten syntaktischen Form der jeweiligen natürlichen Sprache benutzen – also eine Aufforderung in der impera-

tivischen Form „Wirf". Bei den weiteren Rekonstruktionsschritten
werden wir uns dann allerdings teilweise Abweichungen von den üblichen syntaktischen Formen (der natürlichen Sprache, in der die
Beispiele jeweils formuliert sind) erlauben: dann nämlich, wenn
eine solche Abweichung eine syntaktische Unterscheidung besser
verdeutlicht als es die Übernahme der in dem jeweiligen Fall üblichen syntaktischen Form tun würde. So werden wir auf Flexionen
verzichten, da sie zur Verdeutlichung der syntaktischen Unterscheidungen nicht benötigt werden. Wir werden ausdrücklich Kopulae
formulieren, obwohl sie z.B. im Deutschen meist durch die Konju-
gation des Verbs ersetzt werden — wobei die Konjugationsformen
wiederum mehr syntaktische Unterscheidungen mitteilen, als es die
Kopula tut usw. Andererseits werden wir, da wir die Termini für
die syntaktischen Unterscheidungen ja erst an den mit bestimmten
Sätzen formulierten Beispielen einführen wollen, uns nicht zu weit
vom Sprachgebrauch entfernen dürfen, wenn die angeführten Sätze
überhaupt noch als Beispiele benutzbar sein sollen. So bewegen wir
uns in einem gewissen, durch die natürlichen Sprachen abgesteckten
Rahmen: Einerseits wollen wir nicht eine natürliche Sprache mit
ihren syntaktischen Regeln übernehmen, sondern einen schrittweise
begründbaren Sprachaufbau rekonstruieren, andererseits können
wir wegen des Angewiesenseins auf Beispiele aus einer natürlichen
Sprache keine beliebige Syntax wählen, sondern müssen im Rahmen
des „gerade noch Zulässigen" oder Verständlichen bleiben.

Der eben eingeführte Negator ¬ ist im Unterschied zu den Tatprädikatoren eine Konstante, die wir interlingual, also auch bei
einem Sprachaufbau, der z.B. Sätze aus dem Chinesischen als Beispiele verwendet, benutzen wollen. Wir werden daher auch — nachdem bei seiner Einführung das entsprechende Wort aus der natürlichen Sprache, die die Beispiele liefert, angeführt worden ist — in
den Beispielen lediglich das Symbol für die Konstanten verwenden.
Die Prädikatoren hingegen, für die wir in symbolischer Schreibweise
die Variablen p, q, r, s verwenden, werden wir aus der natürlichen
Sprache übernehmen, wenn auch nicht in der jeweils üblichen Flexion.
Um zu verdeutlichen, daß es bei den Prädikatoren auf die syntaktische
Form, wie sie in den natürlichen Sprachen üblich ist, nicht ankommt,
werden wir sie im folgenden in Klammern setzen. Dient eine andere

Sprache, z.B. das Chinesische, als Beispielsprache, so ist in die Klammern eben ein entsprechender chinesischer Ausdruck in der „gerade noch zulässigen" oder verständlichen Form einzusetzen.

Nach den Tatprädikatoren kann man nun noch andere Prädikatoren einüben bzw. andere eingeübte Prädikatoren, die in ihrem Gebrauch empraktisch kontrolliert sind, durch die Bereitstellung einer eigenen Unterscheidung von den Tatprädikatoren abgrenzen. Auch hier haben wir wieder Beispiele anzugeben, etwa die Aufforderung

(Wirf) (Stein).

Es ist hier unterstellt, daß wir „Stein" zu gebrauchen gelernt haben, und damit auch, daß wir nicht in den oben angegebenen Aufforderungen einfachhin „Stein" an die Stelle von „Wirf" setzen können. Damit, daß wir lernen, daß man etwa Steine in die Hand nehmen und werfen kann, können wir auch lernen, „Stein" in einer Aufforderung hinter „Wirf" zu setzen — wobei selbstverständlich diese hier vorgeschlagene Reihenfolge eine Sache der Konvention ist. Dafür, daß wir „Stein" in dieser Weise hinter einen Tatprädikator schreiben, wollen wir auch sagen, daß „Stein" das O b j e k t des Tatprädikators ist. „Stein" ist ein D i n g p r ä d i k a t o r, als Variable für Dingprädikatoren wählen wir „q".

Mit den Prädikatoren — von denen wir bisher Tat- und Dingprädikatoren eingeführt haben — können wir Handlungen und Dinge einander gleichsetzen und von anderen gleichgesetzten Handlungen und Dingen unterscheiden. Daher gebrauchten wir auch die Redeweise, daß man mit den Prädikatoren Handlungen und Dinge unterscheiden kann, und redeten oft einfachhin von Unterscheidungen. In einem nächsten Schritt können wir nun aus den mit Prädikatoren gleichgesetzten Handlungen oder Dingen eine Handlung oder ein Ding herausgreifen: vor allem können wir eine bestimmte Person herausgreifen — die übrigens in der bisher eingeführten Terminologie ein Ding ist — und an sie die Aufforderung richten:

(Peter) (Wirf) (Stein).

„Peter" nennen wir einen E i g e n n a m e n, als Variable soll „*N*"
für Eigennamen benutzt werden.

Das Herausgreifen eines Dinges bzw. das Sichwenden an eine
Person wird auf dieser Stufe der Sprachrekonstruktion eingeübt: Es
bedarf hier noch nicht der klärenden Wendung von „einem und nur
einem" Ding, da dieses Herausgreifen oder Sichwenden an jemand
immer in dem Sinne bestimmt ist, daß ein bestimmtes Ding heraus-
gegriffen, man sich an eine bestimmte Person wendet — und damit
zunächst eben genau ein Ding bzw. an genau eine Person.

So wie wir uns mit dem Eigennamen an eine bestimmte Person
wenden können, so können wir uns auch ein bestimmtes Ding, z.B.
einen bestimmten Stein, herausgreifen und folgende Aufforderung
formulieren:

$$\text{(Wirf) } \iota \text{ (Stein).}$$

ι ist dabei der I n d i k a t o r, der in Zusammensetzungen mit einem
Prädikator benutzt werden soll. Im Deutschen ist „dieser, diese,
dieses" üblich.

Wird nicht eigens von einem Stein geredet, wenn dieser Stein geworfen werden soll — sei es, weil die Situation die ausdrückliche Verwendung von „Stein" nicht erfordert, sei es, weil man (im Falle
einer komplizierten Unterscheidung) einen Prädikator nicht zur Verfügung hat —, so kann man vereinbaren, den Platz des Dingprädikators leer zu lassen oder — bildungssprachlich — „Gegenstand" an
seine Stelle zu setzen. Wegen der oben aufgestellten Regel, den Indikator in Zusammensetzung mit einem Prädikator zu benutzen,
wählen wir die Möglichkeit, einen eigenen L e e r p r ä d i k a t o r
einzuführen, d.h. einen „Prädikator", d.i. in diesem Fall die Konstante $\circ$, die die Aufgabe hat, den leeren Platz des Dingprädikators
zu vertreten:

$$\text{(Wirf) } \iota \circ.$$

Es werde vereinbart, daß man auch an die Stelle von Tatprädikatoren
(und den noch einzuführenden Geschehensprädikatoren im allgemeinen) den Leerprädikator setzen kann.

Faßt man die bisher in Aufforderungen eingeübten Termini zusammen, so ergibt sich folgende Liste:

(Wirf)	p	Tatprädikator
¬ (Wirf)	¬ p	Negator
(Wirf) (Stein)	$p\,q$	Dingprädikator
(Peter) (Wirf) (Stein)	$N\,p\,q$	Eigennamen
(Wirf) ι (Stein)	$p\,\iota\,q$	Indikator
(Wirf) ι ○	$p\,\iota\,○$	Leerprädikator.

In der ersten Spalte stehen jeweils die Beispielaufforderungen, in
der zweiten die Form dieser Aufforderung und in der dritten der
mit diesem Beispiel eingeführte Terminus. Als Variable haben wir
damit p, q und N (für Tatprädikatoren, Dingprädikatoren und
Eigennamen), als Konstanten die Symbole ¬, ι, ○ (im Deutschen:
nicht, dies, Gegenstand).

Daß wir bisher lediglich Aufforderungen als Beispiele für die Einführung der syntaktischen Termini angeführt haben, soll nicht mit
der Behauptung verbunden werden, daß man mit Aufforderungen
als den Beispielen zur Einführung der ersten Termini anfangen
m u ß . Es ist vielmehr so, daß die Wendungen empraktischen Redens in vielen Fällen gar nicht als bloße Aufforderungen oder bloße
Aussagen voneinander geschieden sind. Wenn etwa jemand bloß
„Stein" ruft, so kann dies später, wenn die syntaktischen Mittel
dafür bereitstehen, rekonstruiert werden durch „Dort liegt ein Stein.
Weiche ihm aus!" o.ä., jedenfalls so, daß sowohl eine Aussage als
auch eine Aufforderung in dieser (späteren) Rekonstruktion vorkommen. Schon daran kann man sehen, daß man auch mit Beschrei-
bungswendungen als Beispielen beginnen kann, also mit Aussagen –
wenn man den Terminus „Aussage" nicht für bereits mit einer
Kopula formulierte Sätze reservieren will. Daß wir gleichwohl mit
den Aufforderungen begonnen haben, hat seinen Grund darin, daß
die Aufforderungen (zu nichtsprachlichen Handlungen) die Redeteile sind, die unmittelbar mit den (nichtsprachlichen) Handlungen,
zu denen sie auffordern, verbunden sind und daß daher ihre empraktische Kontrolle jedenfalls gegeben ist.

Wenn wir nun zu Aussagen als den nächsten Beispielen für neue
syntaktische Termini übergehen, so ist diese Unmittelbarkeit nicht

mehr in der gleichen Weise gegeben. Ob jemand eine Aussage in der gleichen Weise verwendet wie ein anderer, können wir letztlich (weil auch zusätzliche erläuternde Reden verschieden gebraucht werden könnten) nur an den (nichtsprachlichen) Handlungen feststellen, die die beiden aufgrund dieser Aussagen ausführen — wobei die Schwierigkeit eben darin besteht, festzustellen, ob eine Handlung „aufgrund" einer Aussage ausgeführt worden ist oder nicht. Diese letzte Feststellung ist das Ergebnis einer Deutung, über deren Methodik erst im Kapitel über die Theorie des politischen Wissens etwas gesagt wird. Da wir aber als Beispiele für die Einführung der Orthosprache nur die empraktisch kontrollierten Reden zulassen wollen, also die Sprachteile, die auch in Aufforderungen immer wieder einmal gebraucht werden, brauchen wir über diese Sprachteile hinaus nur ihre Verwendungsweise in Aussagen neu zu lernen.

Für das weitere Handeln wird es in manchen Fällen erforderlich sein, daß frühere Aufforderungen befolgt sind. In solchen Fällen z.B. wird man etwa dann, wenn der Auffordernde die Befolgung seiner Aufforderung nicht selbst sieht, über diese Befolgung berichten. Das Berichten ist dabei wiederum einzuüben und wird als gemeinsame Verwendungsweise von Sprache insofern empraktisch kontrolliert, als weitere Handlungen, die — in unserer, erst später einzuführenden, Terminologie ausgedrückt — in Kenntnis der Berichte zweckmäßig werden, nach den Berichten auch ausgeführt werden.

Bevor wir Beispiele für Aussagen angeben, mag eine Bemerkung zur Sprache, in der wir hier über den Unterschied von Aufforderungen und Aussagen geredet haben, einige naheliegende Mißverständnisse verhindern, insbesondere die Meinung, es handele sich bei diesen Darstellungen über Aussagen um einen Zirkel, da in den einführenden Bemerkungen Termini verwendet würden, die erst noch eingeführt werden müssen. Tatsächlich haben wir — wie übrigens auch schon am Anfang dieses Kapitels — Termini verwendet, die noch nicht bestimmt worden sind, z.B. den Terminus „Terminus". Die Verwendung solcher Termini dient aber lediglich der Protreptik, wie sie in der Einleitung dargestellt worden ist. Man kann auf sie dann verzichten, wenn man sich im gemeinsamen Handeln wirklich eine Sprache aufbaut. Da die Einführung neuer Redeweisen und neuer Sprachteile die Ausführung neuer Handlungen ermöglicht, sind diese neuen Handlungen — wenn auch nicht mehr so unmittelbar wie die Handlung, die die Befolgung einer Aufforderung ist — die gemeinsam realisierbare Kontrolle für die Beherrschung dieser neuen Redeweisen und Sprachteile: und zwar ohne daß diese Kontrolle, wie jetzt in diesem Text, eigens besprochen werden muß. Ob ein Zirkel in der Einführung der Termini besteht, hängt daher davon ab, ob die einzuübenden und kontrollierenden Handlungen ausgeführt oder zumindest vorgestellt werden.

Nehmen wir als Beispiel für eine Aussage den Bericht über die Ausführung einer Handlung, zu der in einem der obigen Beispiele aufgefordert wurde:

$$\text{(Peter) } \pi \text{ (Wirf)},$$

oder negiert, d.h. zum Bericht des Unterlassens einer Handlung:

$$\neg \text{ (Peter) } \pi \text{ (Wirf)}.$$

In diesen Beispielen ist π neu zu den in den Aufforderungen eingeführten Termini hinzugekommen: die T a t k o p u l a, die durch π symbolisiert werden soll (als dem ersten Buchstaben des griechischen $\pi\rho\acute{\alpha}\tau\tau\epsilon\iota\nu$). Die Tatkopula steht zur Angabe der berichtenden Redeweise. Im Deutschen ließe sich das Wort „tut" dafür verwenden.

An die Stelle des Eigennamens können wir auch einen mit einem Indikator zusammengesetzten Dingprädikator setzen — wobei allerdings nicht jeder Dingprädikator sinnvoll ist, sondern eben nur die Dingprädikatoren für Dinge, die Aufforderungen befolgen bzw. handeln können, z.B.

$$\iota \text{ (Mensch) } \pi \text{ (Wirf)}.$$

Bisher haben wir Tatprädikatoren nur für Handlungen angeführt, die Befolgungen von Aufforderungen an Personen waren oder als solche vorgestellt wurden. Es ist nun eine Ermessensfrage, ob man von „Taten" auch dann reden will, d.h., ob man die gleiche Tatkopula auch dann verwenden will, wenn man vom Verhalten der Tiere (oder Menschen) redet. Ohne eine solche Ermessensdiskussion hier durchführen zu wollen — einerseits kann man auch Tiere zu be-

stimmtem Verhalten auffordern, andererseits können wir nicht mit
ihnen beraten usw. –, schließen wir uns hier dem deutschen Sprachgebrauch an, der zumindest für das Verhalten, das mit den gleichen
Prädikatoren wie das Handeln der Menschen beschrieben wird, keinen syntaktischen Unterschied zwischen Verhalten und Handeln
macht. Demgemäß kann man auch Aussagen wie die folgende bilden:

$$\iota \, (\text{Tier}) \; \pi \; (\text{Schrei}).$$

Da der Unterschied von Handeln und Verhalten nicht eigens eingeführt wurde, sollen einige Bemerkungen über den Gebrauch dieser
Termini eingeschoben werden. Von Handlungen zu reden, lernen wir
(vgl. dazu Kap. II.3) mit der Befolgung von Aufforderungen. Von jemandem, der eine Aufforderung befolgt, kann man sagen, daß er
eine Handlung ausführt. Für unseren Sprachaufbau brauchen wir an
dieser Stelle aber noch nicht den Terminus „Handlung“ – ihn benutzen wir nur in der Parasprache und teilweise protreptisch –,
wohl aber müssen alle, die am Sprachaufbau teilnehmen, gelernt haben, Aufforderungen zu gebrauchen und also zu handeln. Aus diesem Grund ist auch der Terminus „Handlung“ bisher nicht eingeführt. Den Terminus „Verhalten“ können wir erst einführen, wenn
wir einen Oberterminus wie z.B. „Regung“ (vgl. Kap. II.3) zur
Verfügung haben, der sowohl auf Handlungen als auch auf Verhalten anwendbar ist. An dieser Stelle des Sprachaufbaus benutzen wir
aber auch noch nicht die Unterscheidung, wie sie in der terminologischen Bestimmung von „Verhalten“ festgelegt wird. Was wir hier
tun, ist vielmehr dies: Tatprädikatoren, die wir (jedenfalls) in Aufforderungen zu gebrauchen gelernt haben, verwenden wir auch für
Tiere, auch wenn keine Aufforderungen vorgetragen worden sind.
Wir berichten also über Tiere so, als ob sie handeln würden, und erweitern damit den Gebrauch der Tatprädikatoren – ohne allerdings
diese Erweiterung auch schon terminologisch festzulegen. Diese
Festlegung geschieht erst später, nämlich mit der Einführung von
„Verhalten“, so daß man sagen kann: Die jetzt eingeübte Erweiterung des Gebrauchs der Tatprädikatoren können wir später als eine
Erweiterung vom Handeln auf das Verhalten rekonstruieren. Ob
diese Erweiterung lehrbar ist, hängt davon ab, ob wir pragmatisch,
nämlich im Umgang mit Menschen und Tieren auf der einen Seite

und mit den übrigen Dingen auf der anderen Seite einen Unterschied zwischen den Taten und den (bloßen) Geschehnissen – über die wir noch zu reden haben werden – machen. Der unterschiedliche Umgang mit Tieren und Menschen und auf der anderen Seite mit den übrigen Dingen ermöglicht, daß auch sprachlich eine unterschiedliche Redeweise über Taten auf der einen und Geschehnissen auf der anderen Seite eingeübt wird.

Nicht nur der Bericht über die Ausführung von Handlungen ist in vielen Fällen für unser Handeln relevant, sondern auch Aussagen über die Veränderungen, die durch unser Handeln bewirkt werden oder die – indem sie es erreichbar oder unerreichbar machen – auf unser Handeln wirken: Aussagen über Ergebnisse oder Bedingungen unseres Handelns.

Es ist daher sinnvoll, auch solche Aussagen über die Bedingungen oder die Ergebnisse unseres Handelns einzuüben. Die empraktische Kontrolle dieser Aussagen ist dabei insofern indirekt, als diese nicht unmittelbar – wie in den eingangs angeführten Aufforderungen – mit nichtsprachlichen Handlungen verbunden werden. Nur insofern als die Aussagen über die Bedingungen und Ergebnisse unseres Handelns (gemäß den im Handeln eingeübten und benutzten, wenn auch nicht ausdrücklich dargestellten Regelmäßigkeiten) zu bestimmten weiteren Handlungen führen sollen, kann man an den auf diese Aussagen hin ausgeführten Handlungen – und d.h. indirekt – sehen, ob sie in einer gemeinsamen Sprache formuliert sind.

Wir erweitern so unsere Aussagen um eine neue Art und führen mit einem Terminus für eine in diesen Aussagen verwendete Art von Prädikatoren zugleich eine zweite Kopula ein:

$$\iota(\text{Baum}) \; \kappa \; (\text{Wachsen}).$$

„Wachsen" ist ein G e s c h e h n i s p r ä d i k a t o r, für den wir – wie für die Tatprädikatoren – die Variable „p" wählen, κ ist die G e s c h e h n i s k o p u l a. Im Deutschen ließe sich „ist am" dafür verwenden. κ soll dabei der erste Buchstabe des griechischen $\kappa\epsilon\tilde{\iota}\tau\alpha\iota$ sein, das in Anlehnung an die philosophische Kategorie des $\dot{\upsilon}\pi o\kappa\epsilon\acute{\iota}\mu\epsilon\nu o\nu$ die Beziehung zwischen dem Ding, das dem Geschehnis „unterliegt", und dem Geschehnis ausdrücken soll. Anders als bei den bisher mit Tatkopulae gebildeten Sätzen wählen wir für die Geschehnisprädi-

katoren die Infinitivform der entsprechenden Verben, da wir die
Geschehnisprädikatoren nicht in Aufforderungen – etwa „Wachse"
– lernen. Eben darin liegt der pragmatisch erlernbare Unterschied
von Tat- und Geschehnisprädikatoren.

Wir werden (der Einfachheit halber) keine syntaktische Unter-
scheidung zwischen Lebensgeschehnissen und Nicht-Lebensgeschehnissen einführen. Daher können wir auch folgenden Satz als ein Beispiel für eine mit einem Geschehnisprädikator gebildete Aussage
wählen:

$$\iota \,(\text{Stein}) \; \kappa \; (\text{Rollen}).$$

Es ist nun wiederum eine Ermessensfrage, ob man stets zulassen
will, daß π durch κ ersetzt werden darf und man so die Tatprädikatoren als eine Teilklasse der Geschehnisprädikatoren ansieht. Für
die Lehrbarkeit der Prädikatoren spielt eine solche Einteilung keine
Rolle. In der deutschen Sprache ist es so, daß zwar der Hauptunterschied zwischen Dingprädikatoren auf der einen und den Geschehnis-
und Tatprädikatoren auf der anderen Seite gemacht wird: die ersten
sind im allgemeinen Substantive, die zweiten Verben. Aber bei der
Kopula, dort wo sie überhaupt eigens auftritt, nämlich in den Perfektbildungen, unterscheidet man, wenn auch nicht durchgängig,
„ist" für Geschehnisprädikatoren und „hat" für Tatprädikatoren:
Peter hat geworfen, dieses Tier hat geschrieen, dieser Baum ist gewachsen, dieser Stein ist gerollt. Wegen der Vorteile beim Aufbau
einer Terminologie, die bei Veränderungen beginnt und über Bewegungen, Regungen und Verhalten zu Handlungen aufsteigt (vgl.
Kap. II.3), soll die Ersetzung von π durch κ stets zugelassen werden.
Syntaktisch brauchen wir daher auch keine eigene Variable für die
Geschehnisprädikatoren.

Eine weitere Art von Aussagen wird dann einzuführen sinnvoll,
wenn wir jemanden einen Prädikator lehren oder verschiedene Prädiktatoren als Art- und Gattungsprädikatoren (vgl. Kap. II,2) einander zuordnen wollen.

Wenn wir Dingprädikatoren – wie in den oben angeführten Beispielen – eingeübt haben, können wir normalerweise davon ausgehen, daß jedes Mitglied der jeweiligen Rede- und Handlungsgruppe diese Prädikatoren in der gleichen Weise gebraucht. Kommt aber eine neue Person zu der Gruppe hinzu, die mit einer bestimmten Redeweise nicht vertraut ist, so wird es sinnvoll, die Einübung der benutzten Prädikatoren dadurch abzukürzen, daß man eine eigene Lernsituation herstellt: Statt die Prädikatoren in Aufforderungen und Berichten zu gebrauchen, bildet man Aussagen, in denen die Verwendung eines Prädikators für ein Beispiel — für genau einen Gegenstand — gelernt wird:

$$\text{(Peter) } \epsilon \text{ (Mensch)}$$

oder, wenn der Leerprädikator o bereits eingeübt ist:

$$\iota \text{ o } \epsilon \text{ (Stein).}$$

Der Gebrauch der in diesen Aussagen benutzten Kopula ϵ (als dem ersten Buchstaben des griechischen ἐστίν), der S e i n s k o - p u l a, ist mit dem Lernen des jeweiligen Prädikators einzuüben: wenn etwa der Lehrer einen Stein hochhält und dazu den letzten Satz sagt, und daraufhin der Schüler in Aufforderungen und Berichten „Stein" in gleicher Weise wie die übrigen Mitglieder der Rede- und Handlungsgruppe gebraucht, dann kann man sagen, daß der Schüler die Seinskopula zu gebrauchen gelernt hat. Von jemandem, der eine Aussage mit einer Seinskopula macht, kann man auch sagen, daß er einem Gegenstand einen Prädikator zuspricht oder — wenn wir die Aussage negieren — abspricht. Im Deutschen ist für ϵ „ist" üblich.

Wenn auch in den meisten Fällen das Lehren von Dingprädikatoren leichter sein wird als das von Geschehnisprädikatoren — Dinge kann man eben in vielen Fällen vorzeigen, herausgreifen usw. —, so können wir doch auch das Zu- oder Absprechen von Geschehnisprädikatoren mit solchen Aussagen einüben:

$$\iota \text{ o } \epsilon \text{ (Rollen)}$$
$$\iota \text{ o } \epsilon \text{ (Wachsen),}$$

wobei in diesen beiden Aussagen der Leerprädikator für Geschehnisprädikatoren steht.

Da wir in diesem Kapitel noch nicht zu Art- und Gattungsprädikatoren übergehen wollen, werden die Aussagen mit ihnen hier auch noch nicht behandelt.

Bisher haben wir eine Zusammensetzung von mehreren Prädikatoren hinter der Kopula lediglich als eine Art von Objekt-Zusammensetzungen rekonstruiert: für Dingprädikatoren als Objekten von Tatprädikatoren. Wir wollen nun aber dazu übergehen, weitere Prädikatoren zu den bisher benutzten hinzuzufügen, ohne daß wir dabei logische Partikel verwenden, also ohne daß die mit mehreren Prädikatoren gebildeten Sätze aufhören, e l e m e n t a r zu sein. Situationen, in denen eine solche Hinzufügung sinnvoll ist, treten häufig auf: Manchmal ist es für unser Handeln relevant, ob ein Stein langsam oder schnell (z.B. auf uns zu) rollt, ob ein Tier laut oder leise schreit usw. In solchen Situationen genügen die bisher zur Verfügung gestellten Prädikatoren nicht mehr, da wir mit ihnen eine „relevante" Unterscheidung, und zwar des bereits durch den jeweiligen Geschehnis- oder Dingprädikator unterschiedenen Gegenstandes, nicht mehr machen können. Wir bilden daher Sätze, in denen wir zu einem Geschehnis- oder Dingprädikator einen weiteren Prädikator hinzufügen:

$$\iota \,(\text{Tier}) \quad \pi \,(\text{laut}) \,(\text{Schrei})$$
$$\iota \,(\text{Stein}) \; \kappa \,(\text{schnell}) \,(\text{Rollen})$$
$$(\text{Peter}) \; \kappa \,(\text{weit}) \,(\text{Wirf}) \,(\text{weiß}) \,(\text{Stein}).$$

Die Prädikatoren „laut", „schnell", „weit" und „weiß" sollen nicht alleine hinter der Kopula stehen, denn sie werden ja als Zusatzprädikatoren zu anderen Prädikatoren eingeführt. „laut", „schnell" und „weit" sollen zusammen mit einem Geschehnisprädikator, „weiß" mit einem Dingprädikator verwendet werden. An deren Stelle kann allerdings auch der Leerprädikator stehen. Wegen dieser syntaktischen Forderung, daß diese Zusatzprädikatoren immer nur zusammen mit einem anderen Prädikator gebraucht werden sollen, nennen wir sie A p p r ä d i k a t o r e n. Wir verwenden für die mit einem Geschehnisprädikator zusammenzusetzenden Apprädikatoren – die Geschehnis-Apprädikatoren – die Variable *r*, für die Ding-Apprädikatoren die Variable *s*.

Die Prädikatoren, die alleine hinter der Kopula stehen können und die wir bisher ausschließlich verwendet haben, nennen wir

E i g e n p r ä d i k a t o r e n. Diese Benennung ist in Anlehnung an „Eigennamen" gebildet. Die Eigenprädikatoren, von denen einige zur Verfügung stehen müssen, bevor man die ersten Apprädikatoren einführen kann, sind die ersten sprachlichen Unterscheidungen, die wir rekonstruieren können. Ihre Unterscheidungsaufgabe erfüllen sie aber nur dann, wenn sie ein System paarweise disjunkter Prädikatoren bilden. Nehmen wir nämlich an, daß man zunächst zwei Prädikatoren einübt, so hat dies einen Sinn nur dann – d.h., sie erfüllen ihre Unterscheidungsaufgabe nur dann –, wenn beide Prädikatoren nicht zugleich gebraucht werden können, d.h., wenn zu der auszuführenden Handlung mit nur einem der beiden Tatprädikatoren – um die es sich ja am Anfang handeln soll – aufgefordert werden kann. Nimmt man Dingprädikatoren – zunächst als Objekte von Tatprädikatoren hinzu –, so gilt für sie dasselbe: zur Benutzung eines Dinges soll immer nur mit einem der beiden Prädikatoren (mit denen man anfängt) aufgefordert werden können. Für Aussagen ist die Forderung so zu formulieren, daß man immer nur mit einem der beiden Prädikatoren (mit denen man angefangen hat) über eine Tat oder ein Geschehnis berichten bzw. nur einen der beiden Prädikatoren einem Gegenstand zusprechen kann. Fügt man nun weitere Prädikatoren hinzu, so ist es sinnvoll, diese Forderung zu erweitern: jeder neu hinzugefügte Prädikator soll in dem angegebenen Sinn zu allen bereits benutzten Prädikatoren disjunkt sein. Daß immer nur genau ein Prädikator in einer Aufforderung oder Aussage verwendbar ist (was selbstverständlich nicht für die Verwendung von Prädikatoren als Objekte gilt), kann man ihre „Eindeutigkeit" nennen – welche „Eindeutigkeit" der der Eigennamen ähnlich ist und die Benennung als Eigenprädikatoren begründen soll.

Diesen Unterschied im Gebrauch von Eigen- und Apprädikatoren kann man an einem Beispiel verdeutlichen: Bilden die Eigenprädikatoren ein System paarweise disjunkter Prädikatoren, so kann man die Aufforderung (jetzt in üblichem Deutsch formuliert) „Wirf bring den Stein!" oder die Aussage „Peter wirft bringt den Stein" nicht formulieren. Apprädikatoren kann man aber beliebig zusammenfügen: „Wirf den weißen, runden, großen, . . . Stein" usw. – wobei es allerdings so ist, daß wir diese Zusammensetzungen logisch analysieren können, d.h. statt der Zusammensetzung von diesen Apprädikatoren auch mehrere Sätze mit jeweils einem Apprädikator formulieren und durch Konjunktionen miteinander verbinden können.

Auch die ε-Aussagen können wir mit Apprädikatoren erweitern. Die Situationen, in denen die Bildung solcher Aussagen sinnvoll ist, sind vom gleichen Typ wie die Lernsituationen, in denen wir die ε-Aussagen in ihrer einfachsten Form einführten. Auch hier können wir sagen, daß für das Lernen von pragmatisch relevanten Zusatzunterscheidungen, wie wir sie durch die Apprädikatoren treffen, mit den ε-Aussagen die pragmatische Einübung teilweise ersetzt und jedenfalls abgekürzt werden kann:

$$\iota\,(\text{Schrei}) \quad \epsilon \quad (\text{laut}) \quad \circ$$
$$\iota\,(\text{Rollen}) \quad \epsilon \quad (\text{schnell}) \circ$$
$$\iota\,(\text{Wirf}) \quad \epsilon \quad (\text{weit}) \quad \circ$$
$$\iota\,(\text{Stein}) \quad \epsilon \quad (\text{weiß}) \quad \circ.$$

Setzen wir Apprädikatoren zu den Eigenprädikatoren der zuerst eingeführten ε-Aussagen hinzu, so erhalten wir Sätze wie:

$$\iota \circ \epsilon\,(\text{laut})\,(\text{Schrei})$$
$$\iota \circ \epsilon\,(\text{schnell})\,(\text{Rollen})$$
usw.

Faßt man die bisher in Aussagen eingeübten Termini zusammen, so ergibt sich folgende (nicht vollständige) Liste:

(Peter)	$\pi\,(\text{Wirf})$	$N\,\pi\,p$
$\iota\,(\text{Mensch})$	$\pi\,(\text{Wirf})$	$\iota q\,\pi\,p$
$\iota\,(\text{Baum})$	$\kappa\,(\text{Wachsen})$	$\iota q\,\kappa\,p$
(Peter)	$\epsilon\,(\text{Mensch})$	$N\,\epsilon\,q$
$\iota \circ$	$\epsilon\,(\text{Stein})$	$\iota \circ\,\epsilon\,q$
$\iota \circ$	$\epsilon\,(\text{Rollen})$	$\iota \circ\,\epsilon\,p$
$\iota\,(\text{Tier})$	$\pi\,(\text{laut})\,(\text{Schrei})$	$\iota q\,\pi\,r\,p$
$\iota\,(\text{Stein})$	$\kappa\,(\text{schnell})\,(\text{Rollen})$	$\iota q\,\kappa\,r\,p$
(Peter)	$\pi\,(\text{weit})\,(\text{Wirf})\,(\text{weiß})\,(\text{Stein})$	$N\,\pi\,r\,p\,s\,q$
$\iota\,(\text{Schrei})$	$\epsilon\,(\text{laut})\,\circ$	$\iota p\,\epsilon\,r\,\circ$
$\iota\,(\text{Stein})$	$\epsilon\,(\text{weiß})\,\circ$	$\iota q\,\epsilon\,s\,\circ$

Als weitere Variable haben wir damit *r* und *s* (für Geschehnis- und
Ding-Apprädikator), die Variable *p* haben wir für die Einsetzung
von Geschehnisprädikatoren erweitert, als Kopulae haben wir die
Symbole π, κ, ϵ (im Deutschen: tut, ist am, ist).

Bevor wir weitere Arten der elementaren, d.h. nicht logischen,
Aneinanderfügung von Prädikatoren rekonstruieren, können wir
einige Unterscheidungen einführen, die nicht syntaktisch sind, die
wir aber für den gesamten Aufbau einer Wissenschaftssprache benötigen.

(1) Zunächst können wir für die Aussagen zwei (Meta-) Apprädikatoren „wahr" und „falsch" einführen. Wir sind davon ausgegangen, daß
die in unseren Beispielen benutzten Unterscheidungen empraktisch
kontrolliert sind, daß wir also nicht mehr die darin verwendete
Sprache rekonstruieren müssen. Wenn nun die angeführten Aussagen
widerspruchslos für das weitere Handeln auch der anderen Mitglieder einer Gruppe verwendet werden, braucht man keine eigene Unterscheidung zur Einteilung der Aussagen in solche, die wir benutzen
wollen, und solche, die wir nicht für unser Handeln benutzen wollen.
Eine solche Unterscheidung wird erst erforderlich, wenn Aussagen
widersprochen wird, d.h., wenn wir nicht nur die Aussage haben
„(Peter) π (Wirf)", sondern jemand anders auch die Aussage macht
„$\neg$ (Peter) π (Wirf)". In einem solchen Fall ist zu entscheiden, welche der beiden Aussagen wir benutzen können. Die Prädikatoren —
in diesem Falle „Wirf" — werden gelernt und gebraucht in Aufforderungen und Aussagen: d.h., sie werden in Verbindung — nämlich
auffordernd oder berichtend — mit Dingen oder Geschehnissen gelernt und gebraucht. Wir können diesen auf bestimmte Dinge oder
Geschehnisse bezogenen Gebrauch so darstellen, als ob er bestimmten Regeln folgen würde und daher sagen, daß der Gebrauch eines
bestimmten Prädikators in einer Aussage gemäß diesen Regeln, d.h.
richtig, oder entgegen diesen Regeln, d.h. unrichtig, ist. Ist der Gebrauch eines Prädikators in einer bestimmten Situation richtig, so
ist die Aussage w a h r, ist er unrichtig, so ist die Aussage f a l s c h.
Diese Einführung von „wahr" und „falsch" erfordert also, daß man
in solchen Streitfällen den faktischen Gebrauch der Prädikatoren,
mit denen die umstrittenen Aussagen gebildet sind, expliziert —
und zwar durch die Angabe der Regeln, denen die Sprecher bisher

in ihrem Gebrauch de facto gefolgt sind und denen sie weiterhin folgen wollen.

(2) Aufgrund der eingeführten Syntax sind die Aussagen nach ihrer Kopula (π oder κ) zu unterscheiden. Aussagen mit κ sind Aussagen über Geschehnisse. Im Spezialfall, wenn π statt κ gebraucht werden kann, sind die Geschehnisaussagen Aussagen über Taten, also über Handeln oder Verhalten. Werden in der Wissenschaft κ-Aussagen gemacht, so wollen wir auch sagen — wegen der grundsätzlichen Schriftlichkeit aller Wissenschaft — daß die Aussagen *Beschreibungen* sind: Geschehnisbeschreibungen.

Bei Wiederholung von Geschehnissen (die also mit den gleichen Prädikatoren beschreibbar sind) heißen die Geschehnisse auch *Vorgänge*. Vorgänge lassen sich oft in Teilvorgänge gliedern, z.B. in einen Anfangsvorgang, mittlere Vorgänge und einen Endvorgang. Vorgänge sind mit Änderungen, insbesondere der beschreibenden Apprädikatoren, verbunden. Aber es gibt auch „relativ stabile" Teilvorgänge, für die die Änderungen in der Beschreibung vernachlässigbar sind (relativ zum Zweck der Beschreibung). Solche Teilvorgänge heißen *Zustände*. Die Beschreibung eines Geschehens gliedert sich auf diese Weise in die Beschreibung von Vorgängen und Zuständen.

In der Physik gebraucht man das Wort „Zustandsbeschreibung" auch dann, wenn ein Geschehnis beschrieben wird, dessen fiktive Dauer ein idealer Zeitpunkt ist. Auch dann ändert sich ja „während" des Geschehens nichts. Jeder Vorgang wird dadurch in der Physik beschreibbar, daß für jeden Zeitpunkt der jeweilige Zustand beschrieben wird.

Die Aussagen mit ϵ (die „Seinsaussagen") sind dagegen keine Beschreibungen der Geschehnisse in der Welt. Sie dienen der Einübung und Kontrolle von Prädikatoren, die in den Beschreibungen vorkommen. Da — nach der bisher begründeten Syntax — nur Geschehnisse und Dinge (zu den Dingen gehören dabei auch die Täter, nicht nur die Objekte von Taten) wissenschaftlich beschrieben werden, seien die Geschehnisse und Dinge zusammenfassend „Gegenstände" genannt. Sie sind — bisher — die einzigen Gegenstände der Wissenschaften. In der Mathematik und Physik kommen durch Konstruktion neue Gegenstände für die Wissenschaften hinzu. *Vor* diesen Konstruktionen kommen nur durch Abstraktion weitere

Gegenstände zu den Geschehnissen und Dingen hinzu. Diese heißen dann *konkrete* Gegenstände im Gegensatz zu den neuen *abstrakten* Gegenständen. Die Abstraktion wird methodisch erst in II,1 eingeführt. Hier sei die Abstraktion nur vorgreifend erwähnt, weil die ε-Aussagen traditionell *klassifizierend* heißen. Man sagt, sie dienen der Klassifikation. Es werden also Klassen hergestellt. Klassen sind aber Abstrakta. In der Tradition ist umstritten, ob die Klassen Begriffe (Intensionen) oder Mengen (Extensionen) sind.

Wir werden in II,2 die Klassen als Begriffe einführen, weil dann die Klassifikation den Sinn erhält, den Gebrauch von Prädikatoren zu normieren. Klassifikationen sind keine Beschreibungen, sie bereiten die Beschreibungen vielmehr vor durch Einübung und Kontrolle einer normierten Verwendung von Prädikatoren.

Die Gegenstände, die beschrieben werden, sind Geschehnisse (Vorgänge oder Zustände). Werden Dinge beschrieben, so sind es genauer Beschreibungen des relativ stabilen Zustandes von Dingen. In der Umgangssprache – und auch in den faktischen Wissenschaftssprachen – werden häufig die durch Aussagen beschriebenen Zustände nicht unterschieden von den abstrakten Sachverhalten, die durch Aussagen dargestellt werden. (In der „Konstruktiven Logik, Ethik und Wissenschaftstheorie" wurde dies Durcheinander – leider – sogar p. 46 terminologisch fixiert).

Hier sei daher festgehalten, daß Vorgänge und Zustände Konkreta sind. Sachverhalte entstehen dagegen durch eine Abstraktion, die in II, 2 methodisch behandelt wird. Beschreibungen sind danach Aussagen, die Geschehnisse *beschreiben* und Sachverhalte *darstellen*.

Zur Verdeutlichung des Unterschiedes zwischen den beschreibenden Geschehnisaussagen und den klassifizierenden Seinsaussagen sei hier vorgeschlagen, von Sachverhalten nur dann zu reden, wenn sie durch Vorgangs- oder Zustandsbeschreibungen dargestellt werden. Seinsaussagen ordnen die Gegenstände in Klassen ein (sie subsumieren das Einzelne unter Begriffe) – eine zusätzliche Abstraktion zu „Sachverhalten" ist für ε-Aussagen überflüssig.

(3) Ein häufig verwendeter Terminus, den wir hier ebenfalls im Vorgriff auf die terminologische Bestimmung von „Sachverhalt" einführen wollen, ist „Situation". Unter einer S i t u a t i o n soll

ein System r e l e v a n t e r Sachverhalte verstanden werden (vgl.
II,3). Die Relevanz eines Sachverhaltes — ob er also zur Situation
gehört oder nicht — ist dabei aufgrund von Beurteilungskriterien
festzulegen, nach denen bestimmte Sachverhalte dann, wenn sie
für die Erreichung bestimmter Zwecke oder zur Lösung bestimmter Aufgaben erforderlich sind, „relevant" genannt werden.

Nach diesen vorgreifenden Unterscheidungen wollen wir uns
noch einmal den Aufforderungen zuwenden, mit denen wir unseren Sprachaufbau begonnen haben. Die Aufforderungen, die wir
als Beispiele angeführt haben, sind alle mit einem Tatprädikator
gebildet: in den Aufforderungen ist die Handlung beschrieben, die
ausgeführt werden „soll". Man kann nun aber auch lernen, Aufforderungen zu formulieren, in denen nicht die auszuführende Handlung, sondern der Sachverhalt, der durch eine Handlung herbeigeführt werden soll, vorgeschrieben wird. Um solche Aufforderungen zur
Herbeiführung von Sachverhalten lernen zu können, bedarf es noch
keines Wissens von den Wirkungen unseres Handelns (bzw. der Si-
tuationsveränderungen, die mit unserem Handeln als dessen Ergebnis
oder Ende eingetreten sind; vgl. dazu Kap. II,2). Es genügt vielmehr,
daß man gelernt hat, daß mit der Ausführung bestimmter Handlungen bestimmte Sachverhalte herbeigeführt werden — ohne daß man
eigene Behauptungen über die Regelmäßigkeit dieser Verbindung
aufstellt. Eine Aufforderung, in der der herbeizuführende Sachverhalt dargestellt wird, könnten wir etwa dadurch formulieren, daß
wir sagen: „Mach, daß: ι (Stein) κ (weiß) $\circ$", was alltagssprachlich
die Aufforderung sein könnte „mache diesen Stein weiß!" Wir wol-
len solche Aufforderungen zur Herbeiführung von Sachverhalten in
der folgenden Form notieren:

$$! \; \iota \, (\text{Stein}) \; \kappa \, (\text{weiß}) \; \circ$$

mit ! als dem Aufforderungssymbol oder dem A p p e l l a t o r.
Wenn wir auch an dieser Stelle den Terminus „Zweck" noch nicht
benötigen, so wird dann, wenn wir „Zweck" einführen, dieser Terminus über solche Aufforderungen zur Herbeiführung von Sachverhalten eingeführt werden. Dies ist der Grund für die Benennung solcher Aufforderungen als f i n a l e A u f f o r d e r u n g e n. Die

Aufforderungen, in denen nur die auszuführende Handlung dargestellt ist, nennen wir entsprechend a f i n a l e oder s c h l i c h t e Aufforderungen.

Daß finale Aufforderungen noch kein Wirkungswissen erfordern, kann man besonders deutlich sehen, wenn der herbeizuführende Sachverhalt durch eine Tataussage dargestellt ist:

$$! \text{ (Peter) } \pi \text{ (Wirf)}.$$

Diese Aufforderung ist an jemanden gerichtet, der „machen" soll, daß Peter wirft. Den Sachverhalt, daß Peter wirft, können wir aber nicht als eine Wirkung im naturwissenschaftlichen Sinne ansehen, da keine Verlaufsgesetze angebbar sind, nach denen Peter, wenn z.B. die entsprechende Aufforderung vorgetragen ist, auch tatsächlich wirft.

Mit den bisher eingeführten Mitteln können wir auch Aufforderungen, die mit mehreren Prädikatoren zusammengesetzt sind, bilden, etwa:

$$! \text{ (Peter) } \pi \text{ (weit) (Wirf) (weiß) (Stein)}.$$

Man kann nun die Frage stellen, ob nicht auch die afinalen Aufforderungen mit einer Kopula notiert werden sollen, Der Vorteil wäre dann, daß man den Beschreibungsteil der Aufforderung einheitlich durch eine Elementaraussage formulieren kann. Wenn man die Unterscheidung zwischen finalen und afinalen Aufforderungen aber aufrecht erhalten will, müssen wir auch syntaktisch die finale Aufforderung an irgendeine Person, zu „machen", daß Peter wirft, von der afinalen an Peter, daß er wirft, unterscheiden können. Die naheliegendste Rekonstruktion ist die, daß wir in den oben angeführten afinalen Aufforderungen „Wirf" oder „Wirf Stein" durch „! (Peter) π (Wirf) (Stein)" ersetzen und diesen Beschreibungsteil in die Gesamtaufforderung einsetzen:

$$(\text{Peter}) \, ! \, (\text{Peter}) \, \pi \, (\text{Wirf})$$
$$(\text{Peter}) \, ! \, (\text{Peter}) \, \pi \, (\text{weit}) \, (\text{Wirf}) \, (\text{weiß}) \, (\text{Stein}).$$

Diese Rekonstruktion ist zwar bei der Formulierung der Beispiele etwas umständlich, erleichtert aber — wegen der einheitlichen Konstruktion des Beschreibungsteils — die Notation durch Zeichen. In einer Liste zusammengestellt haben wir nun als Aufforderungssätze gebildet:

! ι (Stein) κ	(weiß) $\circ$	! ιq	$\kappa s \circ$
! (Peter) π	(Wirf)	! N	πp
! (Peter) π	(weit) (Wirf) (weiß) (Stein)	! N	$\pi r p s q$
(Peter) ! (Peter) π	(Wirf)	$N ! N \pi p$	
(Peter) ! (Peter) π	(weit) (Wirf) (weiß) (Stein)	$N ! N \pi r p s q$	

Neu hinzugekommen ist lediglich die Konstante „!".

Nach der Hinzufügung eines Dingprädikators als Objekt zu einem Tatprädikator und von Apprädikatoren zu den Eigenprädikatoren können wir nun noch eine dritte Art der Zusammensetzung von Prädikatoren (von der übrigens die Objektzusammensetzung ein Sonderfall ist) rekonstruieren, die ebenfalls ohne logische Partikel auskommt und in diesem Sinne elementar ist.

Die Zusammensetzung von Eigenprädikatoren haben wir bisher nur für den einfachen Fall, daß ein Dingprädikator Objekt eines Tatprädikators ist, rekonstruiert. Den Dingprädikator haben wir dabei einfach hinter den Tatprädikator geschrieben. Wir nennen nun jeden Eigenprädikator, der zu einem anderen Eigenprädikator hinzugefügt werden kann, ein O b j e k t des ersten Eigenprädikators. Die bereits eingeführte Objektzusammensetzung ist dann die Hinzufügung eines d i r e k t e n Objektes zu einem Tatprädikator. Jetzt wollen wir auch i n d i r e k t e Objekte rekonstruieren.

Als Beispiel diene der Satz

(Peter) π (Hol) (Wasser) (Eimer – mit),

in dem „(Eimer – mit)" ein mit einem K a s u s m o r p h e m „mit" zusammengesetzter Eigenprädikator ist. „(Eimer – mit)" ist ein in-

direktes Objekt zu „(Hol)". Zur Begründung der Einführung von
„mit" können wir auf Handlungszusammenhänge hinweisen, in denen bestimmte Dinge als G e r ä t e verwendet werden. In solchen
Situationen – d.h. dann, wenn die Benutzung von Dingen zur Ausführung einer Handlung erforderlich ist – können wir die Hinzufügung eines indirekten Objektes mit Hilfe von „mit" als sinnvoll aufzeigen. Nennt man nicht nur Handlungen ein Mittel, sondern auch
(wie in Kap. II,3 vorgeschlagen werden wird) die für die Handlungen erforderlichen Geräte, so können wir hier vom M i t t e l f a l l
reden. Die Rede von einem Fall bzw. von einem Kasusmorphem
ist dabei konventionell, und zwar in Aufnahme der Konventionen
der natürlichen Sprachen wie z.B. des Deutschen, in denen die Objekte eben durch die Bildung von Fällen unterschieden werden. Als
Notation für diesen ersten Fall wählen wir einfach „I", welches
Zeichen wir rechts oben an den Prädikator anfügen.

Einen zweiten Fall können wir dann als sinnvoll einführen, wenn
wir einen Eigenprädikator für das Ergebnis einer Handlung oder
eines Geschehnisses als Objekt hinter einen Geschehnisprädikator
setzen wollen: Peter verbrennt Holz zu Asche bzw. in standardisierter Formulierung

$$\text{(Peter) } \pi \text{ (Verbrenne) (Holz) (Asche – zu),}$$

wobei „zu" das zweite Kasusmorphem, notiert durch „II", ist. Diesen Fall können wir den W e r k f a l l nennen.
Einen dritten Fall können wir schließlich als sinnvoll einführen,
wenn wir, z.B. in Handlungszusammenhängen des Tauschens, Tatprädikatoren wie „Geben" und „Nehmen" gebrauchen: Peter gibt
(an) Hans ein Buch bzw. in standardisierter Formulierung

$$\text{(Peter) } \pi \text{ (Gib) (Buch) (Hans – an),}$$

wobei „an" das dritte Kasusmorphem, notiert durch „III", ist. Diesen Fall können wir den G e b e f a l l nennen. Obwohl weitere
Kasus „möglich" sind, werden wir mit diesen drei Kasus auskommen.

Eine vierte Art der Zusammensetzung von Eigenprädikatoren
können wir schließlich durch die Rekonstruktion von Präpositionen

festlegen. Die Präpositionen haben, z.B. im Germanischen, ursprünglich räumliche Bedeutung. Für eine Orthosprache liegt es hier nahe, ein System von Orthogrammen, z.B. ↓, ↑ (für „unten", „oben"), oder ⊦, ⊧ (für „von", „zu") und ⊤, ⊥ (für „innen", „außen") zu benutzen. Ausgehend von der undifferenzierten lokalen Präposition | („an der Stelle") erhält man so schon ein System von 27 lokalen Präpositionen, zu dem z.B. ⊤̇ („außen auf"), ⊥̇ („in" mit Akkusativ), ⊤ („in" mit Dativ) gehören. Kombinationen mit den 8 Zeichen, die aus ⊬ entstehen, z.B. ⊬ („links"), ⊬̸ („links hinten") ergeben 8 · 27 = 216 Lokalpräpositionen.

Der Satz

(Peter) π (schnell) (Hol) (Wasser) (Eimer − mit) (in) ι (Haus)

hätte mit den vereinbarten Symbolen und Variablen dann die
F o r m

$$N \pi r p q q_1 {}^\mathrm{I}\!\!\!\vdash\!\iota q_2,$$

wobei die Indizierung der Variablen dazu dient, zu verdeutlichen, daß hier verschiedene Dingprädikatoren einzusetzen sind.

Wie schon in dem Beispiel für die Verwendung eines Gebefalls haben wir auch jetzt nicht nur Eigenprädikatoren miteinander verbunden, sondern an Stelle eines Eigenprädikators einen Eigennamen oder einen mit einem Indikator zusammengesetzten Eigenprädikator verwendet. Diese letzteren sollen K e n n z e i c h n u n g e n heißen. Allerdings sind nicht alle Kennzeichnungen − nämlich Ausdrücke, die an die Stelle von Eigennamen treten können und umgekehrt − nur mit einem Indikator und einem Eigenprädikator zusammengesetzt, im Deutschen z.B. durch die Wendung „die Hauptstadt der Bundesrepublik Deutschland". Wie wir Kennzeichnungen bilden können, wird noch das Thema eigener Überlegungen sein (vgl. Kap. II,2). Kennzeichnungen und Eigennamen nennen wir gemeinsam N o m i n a t o r e n. Wir können nun sagen, daß man an die Stelle der zu dem ersten Eigenprädikator (dem Tat- oder Geschehnisprädikator) hinzugefügten Eigenprädikatoren (Dingprädikatoren) auch Nominatoren – selbstverständlich nur Nominatoren für Dinge – setzen kann.

Wie es in den indogermanischen Sprachen üblich ist, kann für einige Geschehnisprädikatoren (Verben) das Auftreten gewisser Objekte obligatorisch gemacht werden, für andere Verben verboten werden. Die Verdoppelung von Objekten desselben Kasus wird – vernünftigerweise – als ungrammatisch verboten.

Der Sonderfall, daß ein Objekt mit dem Subjekt identisch ist, kann (statt durch Reflexivpronomen) syntaktisch durch ein eigenes „Genusmorphem" (wie das griechische Medium) ausgedrückt werden.

Die Zusammensetzung von Prädikatoren als Objekten anderer Prädikatoren oder mit Präpositionen haben wir als sinnvoll lediglich für die π- und κ-Sätze einsichtig zu machen versucht. Für die ϵ-Sätze haben wir bisher nur die Hinzufügung von Apprädikatoren rekonstruiert. Auch diese Sätze können wir aber noch in einer differenzierteren Form rekonstruieren, wobei diese Differenzierung allerdings nicht eine zusätzliche Art der Zusammensetzung von Prädikatoren einführt, sondern eine Differenzierung in dem Gebrauch der Prädikatoren hinsichtlich der Nominatoren bedeutet. Bisher haben wir nämlich nur einstellige S e i n s sätze rekonstruiert, d.h. Sätze, in denen genau ein Nominator – ein Eigenname oder eine Kennzeichnung – (vor der Kopula ϵ) vorgekommen ist. Wir können nun aber zu der Rekonstruktion von mehrstelligen Seinssätzen übergehen.

Über die einstelligen Seinssätze hinaus erhält man zunächst zweistellige Seinssätze, wenn man den Gebrauch von Apprädikatoren zum Vergleichen durch explizite Einführung von + (plus, „mehr") und – (minus, „weniger") erweitert. „$N_1 \, s^+ \, N_2$" ist die einfachste Weise, um auszudrücken, daß N_1 mehr s ist als N_2. Auf s^- ließe sich verzichten, weil „$N_1 s^- N_2$" durch „$N_2 \, s^+ \, N_1$" ersetzbar ist. Ob man statt „$N_1 \, s^+ \, N_2$" eine „Normalform" „$N_1, N_2 \, \epsilon \, s^+ \, \circ$" benutzen will (das wären dann 2stellige ϵ-Sätze), ist Geschmackssache. Neben dem Komparativ s^+ (bzw. s^-) empfiehlt sich gelegentlich ein Elativ s^{++} (bzw. s^{--}), der im Deutschen durch „viel mehr s" bzw. „viel weniger s" wiedergegeben wird. Die Superlative („am meisten s" bzw. „am wenigsten s") lassen sich per definitionem durch (potentielle) Kennzeichnungen ersetzen: „das, was mehr s als alles andere ist". Aber hierfür ist schon Logik erforderlich: $\iota_x \bigwedge_y. \, y \neq x \rightarrow$

→ $x \, s^+ \, y$. Nennt man Komparativ und Elativ 2stellige Apprädikatoren, so liegt es nahe, noch nach mehr als 2stelligen Apprädikatoren
zu fragen. Ersichtlich sind diese selten. Verzichtet man darauf,
den logischen Atomismus dadurch zu retten, daß man die π-Sätze
mit mehreren Objekten künstlich als mehrstellige ϵ-Sätze formuliert
(nach dem Musterbeispiel der atomaren Normalform „Hans, Grete
ϵ liebend" für „Hans liebt Grete", statt der Orthoform „$N_1 \, \pi \, p \, N_2$"),
so bleibt fast nur die „Zwischenrelation" („Athen liegt zwischen
Rom und Byzanz") als Beispiel eines 3stelligen „Apprädikators"
(wenn man nicht eine eigene Kategorie, z.B. „Relator", dafür einführen will). Als Schreibweise ohne ϵ liegt nahe

$$Z \, (N_1, N_2, N_3).$$

4stellige Relatoren, die sich nicht durch Definition auf 2- und
3stellige Relatoren zurückführen lassen, scheint es nicht zu geben
— jedenfalls werden wir in diesem Buch keine gebrauchen.

Die vorgetragene Rekonstruktion der Elementarsätze liefert endlich viele „Grundformen" von Elementarsätzen (vgl. die 29 „Grundformen deutscher Sätze" in der Duden Grammatik, 1959). Eine
Unendlichkeit der Satzformen entsteht erst durch die beliebig iterierten Zusammensetzungen von Sätzen mit logischen Partikeln
(einschl. verketteter Kennzeichnungen, vgl. Kap. II,1) oder durch
den Übergang zu Metasätzen.

Im Gegensatz zur traditionellen Grammatik haben wir in unserer
Rekonstruktion lediglich lokale Präpositionen, nicht aber auch Zeitbestimmungen behandelt. In der Tat ist der Gebrauch von Vergan-
genheitssätzen — und insbesondere von Zukunftssätzen — keine
bloße Angelegenheit einer geeigneten Syntax für die Erweiterung
der empraktisch zu lernenden Elementarsätze. Wir werden Zukunfts-
sätze erst in der Modallogik (Kap. I,4) einführen können. Die Ver-
gangenheitssätze erfordern eine eigene „Theorie" des historischen
Wissens (Kap. II,4).

Vergleicht man die vorstehenden elementaren Satzformen mit
den in der „analytischen" Philosophie üblichen, so wird man feststellen, daß wir Satzformen als elementar rekonstruiert haben, die
dort als komplex, d.h. als logisch zusammengesetzt, angesehen werden. So ist insbesondere im Anschluß an Russells logischen Atomismus in der analytischen Philosophie die Auffassung verbreitet, eine

„logische Analyse" beliebig komplexer Sätze (gemeint sind die Aussagen von Wissenschaftssprachen) müsse als Ziel haben, alle wissenschaftlichen Aussagen aus Elementaraussagen der folgenden a t o - m a r e n   F o r m :

$$N_1, \ldots, N_r \in p$$

mit einem System $N_1, \ldots, N_r$ von Eigennamen und e i n e m Prädikator p logisch zusammenzusetzen.

Auch „Normative Logic and Ethics" (P. Lorenzen 1969) beschränkte sich auf diese elementare Aussageformen des logischen Atomismus. In der Tat weiß man ja auch — seit Frege und Russell —, daß die Wissenschaftssprachen der Mathematik und theoretischen Physik zwanglos mit diesen Aussagenformen als elementarer Basis aufgebaut werden können.

Für eine Wissenschaftstheorie, die nicht nur für Mathematik und Naturwissenschaften (vgl. Kap. II,1 und II,2), sondern auch für Geschichte und politische Wissenschaften (vgl. Kap. II,3 und II,4) eine Wissenschaftssprache konstruieren will, ist die Beschränkung auf die „atomaren" Elementarsätze aber willkürlich. Und zwar geht es nicht nur darum, neben den Indikativsätzen die Imperativsätze (und diese sogar mit methodischer Priorität) zu berücksichtigen, was sich für die Indikativsätze in dem Vorschlag auswirkt, neben der Seinskopula ϵ schon syntaktisch die Kopulae π und κ zu verwenden. Es geht darum, die Beschränkung auf e i n e n Prädikator als unangemessen zu erkennen: Sätze mit mehreren Prädikatoren brauchen nicht allemal als l o g i s c h zusammengesetzt rekonstruiert zu werden. Wenn es gestattet ist, die logische Konjunktion $\wedge$ (und) schon hier zu benutzen, so ist es zwar — allenfalls — m ö g l i c h , einen Satz der Umgangssprache wie „Fido ist ein brauner Hund" zu rekonstruieren (man sagt auch: zu „analysieren") als „Fido ϵ Hund $\wedge$ Fido ϵ braun", aber man verwischt damit schon den Unterschied von Eigenprädikatoren und Apprädikatoren. (Man wollte ja n i c h t sagen, daß Fido ein „hündisches Braun" sei.) Noch deutlicher erweist sich der logische Atomismus als unangemessen, wenn elementare Aussagen, wie etwa „Tilman trägt mit Eimern Wasser in das Haus", rekonstruiert werden als eine Aussage über das Paar Tilman und das Haus („das Haus" ist eine Kennzeichnung) mit dem „komplexen" Prädikator: „mit Eimern Wasser tragen in", der seinerseits unanalysiert gelassen

wird. Werden aber logische Rekonstruktionen solcher komplexer
Prädikatoren (auf der Basis von atomaren Aussagen) versucht, so
müssen Quantifizierungen (wie „es gibt Eimer", „es gibt Wasser-
stücke") benutzt werden. Noch gezwungener wird die Rekonstruktion, wenn Adverbien hinzukommen, wie etwa dann, wenn Tilman
das Wasser „schnell" mit Eimern in das Haus tragen sollte (vgl.
v. Kutschera 1971, S. 82 - 84). Hier kann unseres Erachtens nur eine
Abkehr vom logischen Atomismus helfen, d.h. die Einsicht, daß in
Wissenschaftssprachen auch schon für die nicht logisch zusammengesetzten Elementaraussagen mehr Formen als nur die „atomaren"
Aussageformen zur Verfügung stehen sollten.

Nennen wir nun alle sprachlichen Unterscheidungen W ö r t e r,
so können wir folgendes Schema zur Einteilung der Wörter aufstellen:

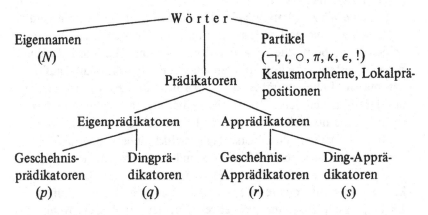

Dieses Schema zeigt deutlich, daß die hier in einer „rationalen Grammatik" rekonstruierten Wortarten weitgehend denen der traditionellen Grammatik entsprechen: so entsprechen die Geschehnisprädikatoren weitgehend den Verben, die Dingprädikatoren den Substan-
tiven, die Geschehnis-Apprädikatoren den Adverbien, die Ding-
Apprädikatoren den Adjektiven, die Kopulae den Hilfsverben, die
Kasusmorpheme einem Teil der modalen Präpositionen und die
Präpositionen einem Teil der lokalen Präpositionen usw. Diese Ent-
sprechungen zeigen, daß wir auf die Syntax der natürlichen Sprachen
auch dann, wenn wir orthosprachlich reden wollen, nicht einfach zu
verzichten brauchen, und der Leser wird erleichtert feststellen, daß
wir es auch nicht wollen. Allerdings sollen alle orthosprachlichen

Sätze mit einer allgemeinen Übersetzbarkeitsbehauptung verbunden sein: Jeder in der natürlichen Sprache formulierte Satz, soweit er zur Orthosprache gehören soll, soll sich in eine Satzform bringen lassen, die sich nach den Regeln der vorgetragenen „rationalen Grammatik" rekonstruieren läßt. Auch die Übersetzungsversuche von einer natürlichen Sprache in eine andere sollten übrigens auf diese, für einen Text rekonstruierte r a t i o n a l e G r u n d s t r u k-t u r (im Gegensatz zur empirisch bestimmten „Tiefenstruktur" der Transformationsgrammatiker) zurückgehen, bevor sie, von dieser ausgehend, in die andere natürliche Sprache weiterübersetzt werden. Erst dann jedenfalls, wenn nicht nur die Prädikatoren, sondern auch die Partikeln einer Wissenschaftssprache und die verständnisbestimmende Zusammensetzung der Wörter zu einem Satz rekonstruiert sind, wenn also hinreichend viele Formen von Elementarsätzen konstruiert (d.h. methodisch eingeführt) sind, so daß die späteren Aussagen der zu begründenden Wissenschaften (einschließlich der Aussagen der Wissenschaftstheorie selbst) mit dem erarbeiteten Vorrat von elementaren Aussageformen tatsächlich auskommen, erst dann ist das Programm der konstruktiven Wissenschaftstheorie, wie wir es in der Einleitung dargestellt haben, durchgeführt.

2. Komplexe Sätze

Der Leser, der bis hierher der methodischen Rekonstruktion von Elementarsätzen kritisch gefolgt ist, wird sicherlich bemerkt haben, daß dieses Buch überall da, wo es in protreptischer Absicht die Ziele methodischer Konstruktion von Orthosprachen als Rekonstruktion aller unserer wissenschaftlichen Sprachmittel dem Leser „nahebringt", d.h. in die Nähe seiner (von uns vermuteten) Zwecke bringt, sich nicht im geringsten auf Elementarsätze beschränkt. Wörter der deutschen Sprache, die als „logische Partikeln" fungieren (was das genau heißt, wird in diesem Kapitel zu klären sein), wurden ohne Scheu verwendet, z.B.: nicht, und, oder, alle, einige. Nach solchen Vorreden haben wir in Kapitel I,1 mit der methodischen, in wohlgeordneter Schrittfolge vorgehenden Einführung verschiedener Prädikatoren und Nominatoren begonnen und sind bis zur Einführung derjenigen

Aufforderungs- und Aussagesätze gekommen, die wir als Elementarsätze zusammengefaßt haben.

Die Einführung orthosprachlicher Mittel hat in Situationen zu
geschehen, in denen bestimmte Zeichenverwendungen aus dem Handlungszusammenhang heraus verstanden und eingesehen werden können. In einem Buch können die Lehrsituationen nur durch „parasprachliche" Beschreibungen vor dem „geistigen Auge" des Lesers
hergestellt werden. Damit Fehlauffassungen dieser Situationen möglichst vermieden werden, sind an die Parasprache wesentlich strenge-
re Anforderungen zu stellen als an das protreptische Reden. Zur
Einführung von Indikatoren wurde z.B. durch den folgenden parasprachlichen Satz eine Lernsituation vorgestellt: „ . . . können wir
nun aus den . . . Handlungen oder Dingen e i n e Handlung oder
e i n Ding herausgreifen". Nehmen wir an, wir wären fortgefahren:
„um alle anderen Handlungen oder Dinge auszuschließen".

Das wäre zwar kein Kunstfehler gewesen, aber ein übervorsichti-
ger Leser könnte ängstlich werden: werden hier in der Parasprache
nicht die logischen Partikeln „ein" und „alle" (neben zumindest
logik-verdächtigen Wörtern wie „andere") als bekannt vorausgesetzt? U n d wird nicht dauernd „und" gebraucht?

Da der Zweck parasprachlicher Situationsdarstellungen nur der
ist, den Leser in den Stand zu setzen, die Lehrsituation herzustellen
(f a l l s er dies will), genügt es, daß der Leser sich aufgrund der
parasprachlichen Beschreibung tatsächlich eine Situation herstellen
könnte, etwa mit zwei Dingen, eines davon mit einem bestimmten
Mangel, eines ohne. Wer diese Sprache nicht beherrscht, v o r den
müßten zwei solche Dinge g e s t e l l t werden. Der Normalleser
wird sich solche Dinge aber selber „vorstellen" können, weil er die
logischen Partikeln der deutschen Sprache für diesen Zweck hinreichend beherrscht.

Der methodischen Einführung logischer Partikeln steht — aufgrund unserer wissenschaftstheoretischen Tradition seit den Anfängen der griechischen Geometrie — eine besondere Schwierigkeit im
Wege. Man hat im Anschluß insbesondere an Aristoteles' Darlegun-
gen über „beweisende" Wissenschaften als Ideal des „Erkennens",
„Verstehens", „Begreifens" usw. immer nach einer axiomatischen
Theorie, d.h. einem System von Sätzen gesucht, das aus gewissen

ersten „unbewiesenen" Sätzen (den Axiomen) besteht und aus dem alle weiteren Sätze (die Theoreme) nach logischen Regeln bewiesen werden können. Es liegt nahe, diese Tradition so zusammenzufassen: kein Begreifen (Erkennen, Verstehen) ohne Logik. Wie soll es dann einen Weg geben, der in „wohlgeordneter Schrittfolge" zum Begreifen der Logik selbst führt? In moderner Gestalt tritt diese Schwierigkeit, die die Logik dem sich-selbst-begreifen-wollenden Denken bietet, seit es überhaupt mit der Sokratischen Philosophie begonnen hatte, dramatisch zugespitzt als ein metamathematischer Lehrsatz auf, nämlich als der Gödelsche Unableitbarkeitssatz, nach dem schon die bloße Widerspruchsfreiheit axiomatischer Theorien (die Widerspruchsfreiheit ist eine Minimalforderung, ohne die keine Theorie als sinnvoll angesehen werden kann) nicht bewiesen werden kann, ohne in einer sogenannten Metatheorie Beweismittel zu benutzen, die in der betrachteten Theorie, der Objekt-Theorie, nicht vorkommen.

Seit diesem 1931 von Gödel bewiesenen Unableitbarkeitssatz (die Widerspruchsfreiheit gewisser Theorien ist mit den Beweismitteln dieser Theorien nicht ableitbar) hat man sich angewöhnt, zwischen einer „Objektsprache" und einer „Metasprache" zu unterscheiden — und man glaubt sich berechtigt, in der Metasprache unbedenklich logische Mittel aus den natürlichen Sprachen zu verwenden: die kritisch ausgewählten Mittel der Objektsprache wären ja noch nicht einmal für einen Beweis der Widerspruchsfreiheit hinreichend.

Daß dieser Gödelsche Satz der methodischen Konstruktion einer Orthosprache, die zusätzlich zu Elementarsätzen auch logische Partikeln besitzt, nur s c h e i n b a r im Wege steht, kann hier nicht aufgeklärt werden. Es kann dazu nur auf die „Metamathematik" (P. Lorenzen 1962) verwiesen werden, die eigens dazu geschrieben ist, die Irrelevanz des Gödelschen Satzes für einen methodischen Aufbau der Logik zu zeigen.

Den einfachsten Zugang zur Logik als einer normativen Theorie der Verwendung von logischen Partikeln zur Zusammensetzung von Elementaraussagen bietet die klassische Junktorenlogik. Obwohl sie nicht aristotelisch ist, heißt sie mit Recht „klassisch", denn sie geht auf die Lehren der Megariker (z.B. Philon von Megara) und der Stoiker (z.B. Chrysipp) zurück. Man geht dabei von Elementaraus-

sagen aus, die entweder wahr oder falsch sind. Es genügt hier, etwa
Elementarsätze der einfachsten Form $N \, \epsilon \, p$ als Beispiele zu betrachten. Darf bei „richtigem" Gebrauch des Nominators N und des Prädikators p der Prädikator p dem durch N benannten Gegenstand zugesprochen werden, so sagen wir: ‚$N \, \epsilon \, p$' ist wahr. Ist in diesem Sinne dagegen ‚$\neg N \, \epsilon \, p$' wahr, so sagen wir: ‚$N \, \epsilon \, p$' ist falsch. Hiernach
dürfen niemals einer Aussage ‚$N \, \epsilon \, p$' zugleich die Metaprädikatoren
„wahr" und „falsch" zugesprochen werden. Aus dieser Einführung
von „wahr" und „falsch" folgt zwar nicht, daß jeder Elementaraussage mindestens einer dieser beiden Metaprädikatoren zugesprochen
werden darf, es ist aber ersichtlich in vielen Fällen zweckmäßig (für
die Zwecke, denen das Reden überhaupt dient), sich auf solche Elementaraussagen zu beschränken, für die stets zwischen $N \, \epsilon \, p$ und
$\neg N \, \epsilon \, p$ eine Entscheidung getroffen werden kann, die dann auch
verteidigt werden kann. Wir bezeichnen im folgenden diese Elementaraussagen als „wahrheitsdefinit". D.h. wir schlagen vor,

(1) alle als „wahr" prädizierten Aussagen als „wahrheitsdefinit"
bezeichnen zu dürfen,

(2) alle als „falsch" prädizierten Aussagen ebenfalls als „wahrheitsdefinit" bezeichnen zu dürfen.

Dieses „dürfen" steht hier für das Verbot an den Dialogpartner,
die vorgeschlagenen Metaprädikationen anzugreifen. Wer der Prädikation einer Aussage als „wahr" (bzw. als „falsch") zugestimmt
hat, dem ist es verboten, die Prädikation als „wahrheitsdefinit"
anzugreifen (zu „bezweifeln", wie man auch sagt). Diese Normierung des Terminus „wahrheitsdefinit" dient dazu, von den Aussagen, die wahr o d e r falsch sind, reden zu können, ohne die logische Partikel „oder" schon zu benutzen.

Vielmehr können jetzt logische Partikeln, für die wir im Deutschen „und" und „oder" verwenden, zur Zusammensetzung von
wahrheitsdefiniten Aussagen durch gewisse R e g e l n eingeführt
werden, die abgekürzt durch die sog. Wahrheitstafeln notiert werden. Es seien a und b wahrheitsdefinite Aussagen.

Statt der Metaprädikatoren „wahr" und „falsch", wie wir sie
eben eingeführt haben, schreiben wir orthosprachlich kürzer $\top$
und $\bot$.

Wegen der Wahrheitsdefinitheit läßt sich daher stets zwischen
$a \in \top$ und $a \in \bot$ (ebenso zwischen $b \in \top$ und $b \in \bot$) entscheiden.
Wir erhalten dadurch vier Fälle und führen nun logische Junktoren
dadurch ein, daß wir festsetzen, in welchen Fällen $a * b$ der „Wahrheitswert" (d.h. der Metaprädikator) $\top$ bzw. $\bot$ zukommen soll.

Für den Konjunktor $\wedge$ (im Deutschen: und) setzen wir fest

$$a \in \top \text{ ,, } b \in \top \Rightarrow a \wedge b \in \top$$
$$a \in \top \text{ ,, } b \in \bot \Rightarrow a \wedge b \in \bot$$
$$a \in \bot \text{ ,, } b \in \top \Rightarrow a \wedge b \in \bot$$
$$a \in \bot \text{ ,, } b \in \bot \Rightarrow a \wedge b \in \bot$$

Wir benutzen hier eine Notation . . . „ . . . $\Rightarrow$ . . . , die den Übergang von den durch „ verbundenen Aussagen (hier sind es Metaaussagen) links von $\Rightarrow$ zu der Aussage rechts von $\Rightarrow$ v o r s c h r e i b t.

Es wird dabei vom Leser erwartet, daß er die deutschen Wörter
„Regel", „Übergang", „vorschreiben" kennt. Wir benutzen dabei
„Regel" nur im Sinne von „Übergangsvorschrift" (Transformationsvorschrift). Es kommt aber nicht auf diese Wörter an, es genügt, daß
der Leser fähig ist, aufgrund der Notation nach diesen Regeln zu
handeln. Das Handeln ist hier ein Operieren mit Aussagen.

Das obige System von 4 Regeln notieren wir kürzer durch die folgende „Wahrheitstafel"

a	b	$a \wedge b$
$\top$	$\top$	$\top$
$\top$	$\bot$	$\bot$
$\bot$	$\top$	$\bot$
$\bot$	$\bot$	$\bot$

Ersichtlich lassen sich leicht 16 solcher Tafeln für Junktoren
$a * b$ aufstellen: man braucht nur in der letzten Spalte alle 4gliedrigen Kombinationen von $\top$ und $\bot$ einzusetzen. Unter ihnen findet
sich auch die folgende Wahrheitstafel für den Adjunktor $\vee$ (das
nichtausschließende „oder")

a	b	a ∨ b
T	T	T
T	⊥	T
⊥	T	T
⊥	⊥	⊥

und für den „klassischen" S u b j u n k t o r →

a	b	a → b
T	T	T
T	⊥	⊥
⊥	T	T
⊥	⊥	T

Auf die weiteren auf diese Weise einführbaren Junktoren einzugehen, lohnt sich nicht, da sie alle durch ∧ und den Negator ¬ definiert werden können. Die Negation wird für die klassische Logik durch die 2reihige Tafel

a	¬ a
T	⊥
⊥	T

eingeführt. Mit ∧ und ¬ lassen sich schon ∨ und → definieren: wie man leicht überprüft, hat nach den obigen Wahrheitstafeln a ∨ b stets denselben Wahrheitswert wie ¬ (¬ a ∧ ¬ b), und a → b hat stets denselben Wahrheitswert wie ¬ a ∨ b.

Die Auszeichnung der drei Junktoren ∧, ∨, → ergibt sich nicht innerhalb der skizzierten klassischen Junktorenlogik, sondern erst dann, wenn die klassische Beschränkung auf wahrheitsdefinite Aussagen fallen gelassen wird.

Es ergibt sich dann eine Logik, die umfassender ist, weil sie auch auf Aussagen anwendbar ist, über deren Wahrheit oder Falschheit nicht entschieden ist. Die Lehrbücher der Logik behandeln z.Z. allerdings fast ausschließlich die klassische Logik. Die umfassendere, nicht auf wahrheitsdefinite Aussagen eingeschränkte Logik wird

unter den Titeln „effektive" oder „intuitionistische" Logik nur in
Spezialbüchern als eine heterodoxe Variante (zusammen mit weiteren bloß formal ähnlichen Kalkülen) behandelt. Es ist nämlich
immer noch strittig, ob der geforderte Verzicht auf die Wahrheitsdefinitheit nicht nur eine Laune der Konstruktivisten (Intuitionisten)
ist. Es seien hier deshalb noch einmal die Gründe aufgeführt, die
den Verzicht auf die Wahrheitsdefinitheit als geboten erscheinen
lassen. Diese Gründe liegen (1) in der Anwendung der Logik auf
Unendliches (Arithmetik), (2) in der Anwendung der Logik auf Zukünftiges (Versprechen und Voraussagen).

Seit dem Angriff Brouwers 1907 auf die Wahrheitsdefinitheit
(unter dem Schlachtruf von der Ungültigkeit, „onbetrouwbaarheid",
des tertium non datur: jede Aussage ist entweder wahr oder falsch,
ein Drittes gibt es nicht) wird für eine effektive Logik fast ausschließlich wegen der Anwendung auf Unendliches argumentiert.
Brouwer argumentierte in psychologistischer Manier mit der „Anschauung" des Unendlichen und nannte die umfassendere Logik
(ohne tertium non datur) daher „intuitionistisch". Seine Argumentation läßt sich aber entpsychologisieren, wenn an die Stelle der
„Anschauung" der unendlichen Zahlenreihe die Konstruktionsregeln für die Zählzeichen (Ziffern) gesetzt werden:

$$\Rightarrow \ |$$
$$x \Rightarrow x \ | \ .$$

Von dieser Konstruktion der Zählzeichen leitet sich der Terminus „konstruktive Wissenschaftstheorie" ab.

Die Konstruktionsregeln erzeugen die unendliche Folge der Zähl-
zeichen |, ||, |||, . . . Eine Behauptung über „alle" Zahlen (z.B. alle
ungeraden Zahlen sind unvollkommen) läßt sich daher nicht wie
etwa bei einer Behauptung über „alle" Apostel durch eine Konjunktion ersetzen. Entsprechend läßt sich zwar eine Behauptung der
Form „einige Apostel sind p" durch eine Adjunktion ersetzen.
(„Petrus ist $p \vee$ Jacobus ist $p \vee$ . . ."), aber eine Behauptung wie
„einige ungerade Zahlen sind vollkommen" läßt sich nicht durch
eine (endliche) Adjunktion ersetzen.

Die deutschen Wörter „alle" und „einige" stehen hier für zwei
logische Partikeln, die man „Quantifikatoren" oder kürzer „Quan-
toren" nennt: $\bigwedge_x a(x)$ (für alle $x : a(x)$) und $\bigvee_x a(x)$ (für einige

$x : a(x)$), 'Λ_x' heißt der Allquantor, 'V_x' heißt der Einsquantor. Die Festlegung eines Wahrheitswertes durch eine Wahrheitstafel gelingt nicht mehr. Man müßte dazu ja eine unendliche Tafel hinschreiben, das ist aber ebenso sinnlos wie die Aufforderung, ein unendliches Zählzeichen hinzuschreiben.

Fordert man, daß z.B. $V_x a(x)$ wahr sein soll, wenn $a(x)$ für einige x wahr ist, so ist das nur eine Übersetzung von V_x in die deutsche Wendung „für einige x" – der Sinn dieser Wendung ist ja aber erst methodisch zu rekonstruieren. Ohne Rückgriff auf die deutsche Sprache als sogenannter Metasprache gelingt eine Festsetzung über die Verwendung von V_x auf folgende „dialogische" Weise: Wer $V_x a(x)$ behauptet, verspricht damit, auf Verlangen ein Zählzeichen n anzugeben und für dieses die Behauptung $a(n)$ zu verteidigen. Diese dialogische Verwendungsregel für V_x ist hier parasprachlich formuliert. Aber genauso wie Kinder z.B. Halma spielen lernen können, ohne daß man ihnen die Spielregeln explizit sagt, so kann auch die Verwendung des Quantors V_x nach der obigen dialogischen Verwendungsregel gelernt werden, ohne die formulierte Spielregel zu kennen. Übung in Dialogen mit einem Lehrer genügt.

Im Gegensatz zu den bisherigen Elementaraussagen gibt es zu den Aussagen der Form $V_x \, a(x)$ keine Negation. Wir müssen eine dialogische Verwendung für $\neg V_x \, a(x)$ erst festsetzen. Als Rekonstruktion einer Verwendung des deutschen Wortes „nicht" wird vorgeschlagen, daß auf die Behauptung von $\neg V_x \, a(x)$ der Dialogpartner (er heiße „Opponent") diese Behauptung dadurch angreifen darf, daß er seinerseits $V_x \, a(x)$ behauptet. Damit verspricht er jetzt auf Verlangen des ersten Dialogpartners (er heiße „Proponent") ein Zählzeichen n anzugeben und für dieses $a(n)$ zu verteidigen. Diese dialogische Verwendung von $\neg V_x \, a(x)$ bedeutet nicht, daß schon dann $\neg V_x \, a(x)$ als „wahr" bezeichnet werden soll, wenn man einen Opponenten gefunden hat, der diese Aussage ohne Erfolg angegriffen hat. Als „wahr" soll $\neg V_x \, a(x)$ vielmehr erst dann bezeichnet werden, wenn ein Opponent diese Behauptung (durch Verteidigung von $V_x \, a(x)$) auf keine Weise widerlegen kann. Die Wahrheit von Aussagen der Form $\neg V_x \, a(x)$ behauptet also etwas über a l l e Dialoge, die mit dieser These beginnen. Sie ist eine metadialogische Behauptung – es wird noch zu zeigen sein, wie solche Behauptungen zu verteidigen sind.

Auch die Verwendung des Allquantors kann nicht durch eine Wahrheitstafel festgelegt werden. Fordert man, daß $\bigwedge_x a(x)$ wahr sein soll, wenn $a(x)$ für alle x wahr ist, so greift man damit auf die als bekannt vorausgesetzte Verwendung von „für alle x" im Deutschen zurück. Ohne Deutsch als Metasprache in Anspruch zu nehmen, ist aber wieder eine dialogische Verwendung durch hinreichende Übung in Dialogen lehrbar. In diesem Buch benutzen wir statt der Einübung eine parasprachliche Verwendungsregel: Auf die Behauptung von $\bigwedge_x a(x)$ des Proponenten darf der Opponent ein Zählzeichen n angeben und der Proponent ist dann verpflichtet, für dieses n die Aussage $a(n)$ zu verteidigen. Als „wahr" soll eine Aussage der Form $\bigwedge_x a(x)$ wiederum nur dann bezeichnet werden, wenn der Opponent den Dialog auf keine Weise gewinnen kann. Wie man solche metadialogischen Wahrheitsbehauptungen verteidigen kann, muß noch gezeigt werden: ein Rückgriff auf die als bekannt vorausgesetzte Verwendung des deutschen „auf keine Weise" ergäbe keine methodische Konstruktion der Quantoren für eine Orthosprache.

Wir halten zunächst fest, daß neben der klassischen Einführung von Junktoren für wahrheitsdefinite Aussagen eine dialogische Einführung von Negator und Quantoren zur Verfügung steht, die nur benutzt, daß die zusammenzusetzenden Aussagen „dialogdefinit" sind, d.h., daß geregelt ist, wie diese Aussagen in einem Dialog anzugreifen und zu verteidigen sind. Für eine beliebige dialogdefinite Aussage $\mathfrak{A}$ bzw. Aussageform $\mathfrak{A}(x)$ haben wir nämlich dialogische Verwendungsregeln eingeführt, die wir jetzt folgendermaßen notieren wollen:

Behauptung	Angriff	Verteidigung
$\neg\,\mathfrak{A}$	$\mathfrak{A}$?	
$\bigwedge_x \mathfrak{A}\,(x)$	n?	$\mathfrak{A}\,(n)$
$\bigvee_x \mathfrak{A}\,(x)$	?	$\mathfrak{A}\,(n)$

Der Angriff in der zweiten Spalte ist jedesmal durch ein – ganz nach rechts gerücktes – Fragezeichen ? notiert. Zu einem Angriff auf $\neg\,\mathfrak{A}$ gehört die Behauptung von $\mathfrak{A}$, es gibt keine Verteidigung (aber selbstverständlich – als Gegenangriff – den Angriff auf $\mathfrak{A}$).

Zu einem Angriff auf $\bigwedge_x \mathfrak{A}(x)$ gehört die Angabe eines Zählzeichens n. Mit diesem n ist $\mathfrak{A}(n)$ zu bilden und vom Angegriffenen zu verteidigen. Zu einem Angriff auf $\bigvee_x \mathfrak{A}(x)$ gehört nur das Fragezeichen. Der Angegriffene hat eine Aussage $\mathfrak{A}(n)$ mit einem n nach seiner Wahl zu verteidigen.

Wir haben hier die Quantoren für den Spezialfall der Arithmetik eingeführt, weil die Arithmetik der einfachste Fall ist, in dem Variable x auftreten mit einem unendlichen Variabilitätsbereich, d.h., für die Variablen x sind in den dialogischen Verwendungsregeln unendlich viele Ersetzungen (nämlich durch beliebige Zählzeichen n) zugelassen. Wenn wir die übliche Redeweise von dem „Variabilitätsbereich" einer Variablen x übernehmen, so sollen damit nur die Z e i c h e n angegeben sein, durch die x ersetzt werden darf. Sind diese Zeichen speziell Eigennamen, so nennt man oft die benannten Gegenstände die „Werte" der Variablen — und redet von dem Bereich dieser Werte als dem Variabilitätsbereich. Für die dialogische Verwendung der Quantoren braucht aber von einer Variablen stets nur festgesetzt zu sein, durch welche Zeichen sie ersetzt werden darf. Wir nennen diese Zeichen die „Konstanten", die zur Variablen gehören. Alle Variabilitätsbereiche sind Zeichenbereiche solcher Konstanten — das wird später für die Problematik der Cantorschen Mengenlehre (vgl. Kap. II,1) wichtig werden.

Durch die Quantoren entstehen — im Fall unendlicher Variabilitätsbereiche — aus wahrheitsdefiniten Aussagen nicht allemal wieder wahrheitsdefinite Aussagen. Die mit Quantoren zusammengesetzten Aussagen bleiben aber dialogdefinit. Sie lassen sich dadurch nicht mehr auf die klassische Weise nach den Wahrheitstafeln mit Junktoren zusammensetzen. Es ist jedoch leicht, Konjunktionen und Adjunktionen auch für dialogdefinite Aussagen so einzuführen, daß sie im Spezialfall wahrheitsdefiniter Aussagen in die klassischen Konjunktionen und Adjunktionen übergehen.

Wir brauchen dazu nur die dialogischen Verwendungsregeln für die Quantoren auf Variabilitätsbereiche mit genau zwei Konstanten (etwa 1 und 2) zu spezialisieren. Statt $\bigwedge_x \mathfrak{A}(x)$ schreiben wir dann $\mathfrak{A}(1) \wedge \mathfrak{A}(2)$ oder kürzer $\mathfrak{A}_1 \wedge \mathfrak{A}_2$. Entsprechend schreiben wir statt $\bigvee_x \mathfrak{A}(x)$ dann $\mathfrak{A}_1 \vee \mathfrak{A}_2$.

Die dialogischen Verwendungsregeln lauten dann:

$$
\begin{array}{c|c|c}
\mathfrak{A}_1 \wedge \mathfrak{A}_2 & 1\,? & \mathfrak{A}_1 \\
\mathfrak{A}_1 \wedge \mathfrak{A}_2 & 2\,? & \mathfrak{A}_2 \\
\mathfrak{A}_1 \vee \mathfrak{A}_2 & ? & \mathfrak{A}_1 \\
\mathfrak{A}_1 \vee \mathfrak{A}_2 & ? & \mathfrak{A}_2 \\
\end{array}
$$

Um Verwechslungen zu vermeiden, schreiben wir für die Angriffszeichen 1 ? und 2 ? im Falle der Konjunktion L ? und R ? . Durch L ? bzw. R ? wird der Angegriffene verpflichtet, die l i n k e bzw. r e c h t e Teilaussage zu verteidigen.

Sind $\mathfrak{A}_1$ und $\mathfrak{A}_2$ wahrheitsdefinit, so ist die Konjunktion $\mathfrak{A}_1 \wedge \mathfrak{A}_2$ genau dann gegen beide Angriffe zu verteidigen, wenn sie klassisch wahr ist. Ebenso ist im Falle wahrheitsdefiniter Aussagen $\mathfrak{A}_1 \vee \mathfrak{A}_2$ genau dann verteidigbar, wenn diese Adjunktion klassisch wahr ist.

Eine Subjunktion $\mathfrak{A}_1 \to \mathfrak{A}_2$ kann wieder durch $\neg\, \mathfrak{A}_1 \vee \mathfrak{A}_2$ eingeführt werden. Hier besteht jedoch auch die Möglichkeit, direkt eine dialogische Verwendung von $\to$ einzuführen, die nur im Falle wahrheitsdefiniter Aussagen durch $\neg\, \mathfrak{A}_1 \vee \mathfrak{A}_2$ ersetzbar ist. Ein Dialog um $\neg\, \mathfrak{A}_1 \vee \mathfrak{A}_2$ sieht nämlich so aus:

$$
\begin{array}{r||l}
 & \neg\,\mathfrak{A}_1 \vee \mathfrak{A}_2 \\
? & \neg\,\mathfrak{A}_1 \\
\mathfrak{A}_1\,? &
\end{array}
\quad \text{oder} \quad
\begin{array}{r||l}
 & \neg\,\mathfrak{A}_1 \vee \mathfrak{A}_2 \\
? & \mathfrak{A}_2 \\
? &
\end{array}
$$

Hier stehen rechts vom Doppelstrich ‖ die Aussagen des Proponenten *P*, links von ‖ die Aussagen des Opponenten *O*. In der 1. Zeile steht rechts nur die These von *P*, nämlich $\neg\, \mathfrak{A}_1 \vee \mathfrak{A}_2$. In der 2. Zeile steht links der Angriff (?) von *O*. Darauf „spaltet" sich der Dialog, je nachdem *P* sich mit $\neg\, \mathfrak{A}_1$ oder mit $\mathfrak{A}_2$ verteidigt. Im linken Fall greift *O* dann mit $\mathfrak{A}_1$, im rechten Fall nur mit (?) an. Resultat: *O* hat $\mathfrak{A}_1$ zu verteidigen, oder *P* hat $\mathfrak{A}_2$ zu verteidigen. Dieses Resultat vergleiche man mit der Dialogstellung, die entsteht, wenn für $\mathfrak{A}_1 \to \mathfrak{A}_2$ die folgende Angriffs-Verteidigungsregel benutzt wird

$$
\begin{array}{c|c|c}
\textbf{Behauptung} & \textbf{Angriff} & \textbf{Verteidigung} \\
\mathfrak{A}_1 \to \mathfrak{A}_2 & \mathfrak{A}_1\ ? & \mathfrak{A}_2 \\
\end{array}
$$

Dann sieht ein Dialog um $\mathfrak{A}_1 \to \mathfrak{A}_2$ so aus

$$
\begin{array}{c c||c}
 & & \mathfrak{A}_1 \to \mathfrak{A}_2 \\
\mathfrak{A}_1 & ? & \mathfrak{A}_2 \\
 & ? &
\end{array}
$$

O greift hier in der 2. Zeile $\mathfrak{A}_1 \to \mathfrak{A}_2$ mit $\mathfrak{A}_1$ an, in der 3. Zeile greift er $\mathfrak{A}_2$ mit (?) an. Verlangt man von P jetzt, daß er sich entscheidet, entweder $\mathfrak{A}_1$ anzugreifen oder $\mathfrak{A}_2$ zu verteidigen, so haben wir dieselbe Dialogstellung erreicht wie beim Dialog um $\neg\,\mathfrak{A}_1 \lor \mathfrak{A}_2$. In der deutschen Formulierung „wenn $\mathfrak{A}_1$, dann $\mathfrak{A}_2$", die sich explizieren läßt als „w e n n $\mathfrak{A}_1$ von O verteidigt ist, dann ist $\mathfrak{A}_2$ von P zu verteidigen", steckt aber ein anderer Vorschlag zur Fortsetzung des Dialogs. Man verlangt nicht von P, sich zu entscheiden, e h e $\mathfrak{A}_1$ von O verteidigt ist, sondern verlangt von P nur, $\mathfrak{A}_2$ zu verteidigen, n a c h d e m $\mathfrak{A}_1$ von O verteidigt ist. Gelingt O die Verteidigung von $\mathfrak{A}_1$ nicht, dann ist P zu nichts verpflichtet.

Diese Verwendung von $\to$ kann also im Falle von Aussagen, die nicht wahrheitsdefinit sind, zu anderen Dialogstellungen führen als die durch $\neg\,\mathfrak{A}_1 \lor \mathfrak{A}_2$ definierte klassische Subjunktion. Wir bezeichnen $\to$ mit der Angriffs-Verteidigungsregel

$$
\mathfrak{A}_1 \to \mathfrak{A}_2 \;|\; \mathfrak{A}_1 \;\; ? \;|\; \mathfrak{A}_2
$$

als den „effektiven" Subjunktor. Seine Benutzung erfordert, insbesondere bei iterierter Anwendung, eine genauere Regelung der Reihenfolge der Angriffe und Verteidigungen im Gesamtdialog. Nehmen wir z.B. eine Aussage der Form $a \to b \overset{\cdot}{\to} c \overset{\cdot\cdot}{\to} b$. Die Punkte über den Pfeilen notieren die Reihenfolge der Zusammensetzung: je mehr Punkte, desto später soll die Zusammensetzung mit dem punktierten Pfeil erfolgen. In der aus der Schulmathematik gewohnten Klammerschreibweise würde die Aussage so aussehen: $(((a \to b) \to c) \to b)$.

Ein Dialog mit dieser Aussage als These kann zunächst so verlaufen:

$$
\begin{array}{c c||c c}
 & & a \to b \overset{\cdot}{\to} c \overset{\cdot\cdot}{\to} b & \\
a \to b \overset{\cdot}{\to} c & ? & a \to b & ? \\
 a & ? &
\end{array}
$$

In dieser Dialogstellung, in der der Opponent zuerst die Aussage $a \rightarrow b \rightarrow c \rightarrow b$ und danach — im Gegenangriff — die Aussage $a \rightarrow b$ angegriffen hat, ist zu entscheiden, ob z.B. der Proponent jetzt mit b (als Verteidigung auf den ersten Angriff) antworten darf — und ob er dann, wenn er anschließend b verteidigt hat, den Dialog schon gewonnen hat. Wir werden später Gründe gegen eine solche Normierung des Gesamtverlaufs anführen — um dem Leser aber jetzt noch diese Entscheidung zu ersparen (an dieser Stelle wird nämlich schon zwischen effektiver und klassischer Logik entschieden), bleibe zunächst die effektive Subjunktion außer Betracht.

Ohne Subjunktion, also nur mit der Negation ($\neg$), den Konjunktionen ($\wedge$ und $\wedge_x$) und den Adjunktionen ($\vee$ und $\vee_x$) läßt sich der Gesamtdialog am einfachsten dadurch regeln, daß jeder Partner nur auf den vorhergehenden Zug des anderen antworten darf. Ausführlicher heißt dies:

Anfangsregel: Der Proponent beginnt mit der Behauptung einer These. Die Dialogpartner sind anschließend abwechselnd am Zug.

Allgemeine Dialogregel: Jeder Dialogpartner greift die im vorhergehenden Zug des anderen gesetzte Aussage an oder verteidigt sich gegen den im vorhergehenden Zug erfolgten Angriff des anderen.

Gewinnregel: Der Proponent hat gewonnen, wenn er eine angegriffene Primaussage (d.h. eine Aussage, die keine logischen Partikeln enthält) verteidigt hat oder wenn der Opponent eine angegriffene Primaussage nicht verteidigt.

Weil keine Subjunktionen vorkommen, besteht bei der allgemeinen Dialogregel nur zum Schein eine Wahl. Eine Negation $\neg \mathfrak{A}$ wird durch $\mathfrak{A}?$ angegriffen und als Antwort bleibt nur ein Gegenangriff auf $\mathfrak{A}$. Alle anderen Aussagen werden ohne Setzung einer Aussage angegriffen, als Antwort bleibt nur eine Verteidigung. Im Unterschied zu später zu begründenden „allgemeinen" Dialogregeln seien Dialoge mit der obigen allgemeinen Regel als „streng" bezeichnet.

Ein strenger Dialog sieht z.B. so aus:

$$\begin{array}{r||l}
 & a \wedge \neg \Lambda_x\, b(x) \,\dot{\vee}\, \neg V_y\, c(y) \\
? & a \wedge \neg \Lambda_x\, b(x) \\
R\,? & \neg \Lambda_x\, b(x) \\
\Lambda_x b(x)\,? & n\,? \\
b(n) &
\end{array}$$

In dieser Stellung hat der Opponent die „Primaussage" $b(n)$ zu verteidigen. Je nachdem, ob ihm dies gelingt oder nicht, gewinnt oder verliert er diesen Dialog. Schon dieses Beispiel macht aber deutlich, daß nicht so sehr der einzelne Dialog interessieren wird, als vielmehr die Frage, ob der Proponent seine These gegen j e d e n Opponenten verteidigen kann, ob die These „verteidigbar" ist. Dazu müssen wir uns eine Übersicht über a l l e Dialogverläufe verschaffen. Das ist nicht schwierig.

In der 2. Zeile hat der Proponent P die Wahl zwischen $a \wedge \neg \Lambda_x\, b(x)$ und $\neg V_y\, c(y)$. Der Dialog spaltet sich in Teildialoge auf:

$$\| \; a \wedge \neg \Lambda_x\, b(x) \quad \text{und} \quad \| \; \neg V_y\, c(y)$$

Im linken Teildialog hat der Opponent O dann die Wahl zwischen L ? und R ?, so daß eine Verzweigung in diesem Teildialog auftritt. Anschließend sind nur noch Konstanten zu wählen. Eine Übersicht über alle Dialogverläufe sieht daher so aus:

$$\begin{array}{cc|c||cc}
 & & a \wedge \neg \Lambda_x\, b(x) & & \neg V_y\, c(y) \\
L\,? & R\,? & a \mid \neg \Lambda_x\, b(x) & V_y\, c(y)\,? & ? \\
? & \Lambda_x b(x)\,? & \qquad\quad m\,? & \text{und}\quad c(n) & ? \\
 & b(m) & \qquad\quad ? & &
\end{array}$$

Gelingt P eine Verteidigung seiner These derart, daß er für e i n e n Teildialog in a l l e n Zweigen gewinnt, d.h. hier: daß (1) P a verteidigen kann u n d ein m so wählen kann, daß der Opponent $b(m)$ nicht verteidigen kann, o d e r (2) O kein n wählen kann, für das er $c(n)$ verteidigen kann, dann ist die These wahr.

Um die Frage nach der Wahrheit einer These, also der Frage nach der Verteidigbarkeit gegen jede Opposition zu beantworten, läßt sich die Notation noch vereinfachen. Der Proponent hat die Wahlen des Opponenten zu antipizieren, er hat sich eine S t r a t e g i e auszudenken gegen alle Wahlen des Opponenten.

Dazu schreibt er sich folgendermaßen auf, wie sich der Dialog um die Anfangsthese „entwickelt".

Für die Konjunktionen verzweigt sich eine Dialogstellung

$$\| \; \mathfrak{A} \wedge \mathfrak{B}$$

zu

$$\begin{array}{c} \| \; \mathfrak{A} \wedge \mathfrak{B} \\ \| \; \mathfrak{A} \mid \mathfrak{B} \end{array}$$

Wir notieren dies dadurch, daß wir als einen Entwicklungsschritt

$$(\| \wedge) \quad \begin{array}{c} \| \; \mathfrak{A} \wedge \mathfrak{B} \\ \| \; \mathfrak{A} \mid \mathfrak{B} \end{array}$$

festhalten.

Für den Allquantor sieht dieser Entwicklungsschritt so aus

$$(\| \wedge) \quad \begin{array}{l} \| \; \bigwedge_x \mathfrak{A}(x) \\ \| \quad \mathfrak{A}(n) \quad [\text{für alle } n] \end{array}$$

Der Opponent hat hier die Wahl von n? , der Proponent muß sich gegen a l l e Wahlen verteidigen können (evtl. unendliche Verzweigung). Tritt dagegen $\wedge$ links von $\|$ auf, hat der Proponent die Wahl zwischen L? und R? , d.h., für die Verteidigung darf er zwischen zwei Entwicklungsschritten wählen

$$(\wedge \|)_{L,R} \quad \begin{array}{c} \mathfrak{A} \wedge \mathfrak{B} \\ \mathfrak{A} \end{array} \| \quad \text{und} \quad \begin{array}{c} \mathfrak{A} \wedge \mathfrak{B} \\ \mathfrak{B} \end{array} \|$$

Für den Allquantor hat er a l l e Entwicklungsschritte

$$(\wedge \|)_n \quad \begin{array}{c} \bigwedge_x \mathfrak{A}(x) \\ \mathfrak{A}(n) \end{array} \|$$

mit einem von ihm zu wählenden n zur Verfügung.

Die entsprechenden Entwicklungsschritte für die Adjunktionen lauten:

$$(\Vert \vee)_{L,R} \quad \left\Vert \begin{matrix} \mathfrak{A} \vee \mathfrak{B} \\ \mathfrak{A} \end{matrix} \right. \quad \text{und} \quad \left\Vert \begin{matrix} \mathfrak{A} \vee \mathfrak{B} \\ \mathfrak{B} \end{matrix} \right.$$

$$(\Vert \vee)_n \quad \left\Vert \begin{matrix} \vee_x \mathfrak{A}(x) \\ \mathfrak{A}(n) \end{matrix} \right.$$

$$(\vee \Vert) \quad \begin{matrix} \mathfrak{A} \vee \mathfrak{B} \\ \mathfrak{A} \mid \mathfrak{B} \end{matrix} \left\Vert \right.$$

$$(\vee \Vert) \quad \begin{matrix} \vee_x \mathfrak{A}(x) \\ \mathfrak{A}(n) \end{matrix} \left\Vert \right. \quad [\text{für alle } n]$$

Für die Negation haben wir als Entwicklungsschritte

$$(\Vert \neg) \quad \mathfrak{A} \left\Vert \begin{matrix} \neg \mathfrak{A} \\ \end{matrix} \right.$$

$$(\neg \Vert) \quad \begin{matrix} \neg \mathfrak{A} \\ \end{matrix} \left\Vert \mathfrak{A} \right.$$

Insgesamt sind dies 10 Entwicklungsregeln. Die Angaben e i n e r Entwicklung nach diesen Regeln, bei der der Proponent in allen Zweigen gewinnt (und das heißt, daß er die rechts von ‖ auftretenden Primaussagen verteidigen kann, kein Opponent aber die links von ‖ auftretenden P r i m aussagen verteidigen kann), ist die Angabe einer Strategie zur Verteidigung der These im strengen Dialog. Sind die Primaussagen wahrheitsdefinit, so ist es üblich, die obigen Entwicklungsschritte als „semantische" Definition der Wahrheit und Falschheit (d.h. der Wahrheit der Negation) zu formulieren. Diese lauten dann (mit dem Definitionszeichen ⇋) so:

$(\Vert \wedge)$ $\mathfrak{A} \wedge \mathfrak{B}$ ist wahr ⇋ $\mathfrak{A}$ ist wahr und $\mathfrak{B}$ ist wahr

$(\wedge \Vert)$ $\mathfrak{A} \wedge \mathfrak{B}$ ist falsch ⇋ $\mathfrak{A}$ ist falsch oder $\mathfrak{B}$ ist falsch

$(\Vert \wedge)$ $\wedge_x \mathfrak{A}(x)$ ist wahr ⇋ $\mathfrak{A}(n)$ ist wahr für alle n

$(\wedge \Vert)$ $\wedge_x \mathfrak{A}(x)$ ist falsch ⇋ $\mathfrak{A}(n)$ ist falsch für ein n

($\Vert\vee$)	$\mathfrak{A} \vee \mathfrak{B}$ ist wahr $\Leftrightarrow$	$\mathfrak{A}$	ist wahr oder $\mathfrak{B}$ ist wahr
($\vee\Vert$)	$\mathfrak{A} \vee \mathfrak{B}$ ist falsch $\Leftrightarrow$	$\mathfrak{A}$	ist falsch und $\mathfrak{B}$ ist falsch
($\Vert\mathsf{V}$)	$\mathsf{V}_x \mathfrak{A}(x)$ ist wahr $\Leftrightarrow$	$\mathfrak{A}(n)$	ist wahr für ein n
($\mathsf{V}\Vert$)	$\mathsf{V}_x \mathfrak{A}(x)$ ist falsch $\Leftrightarrow$	$\mathfrak{A}(n)$	ist falsch für alle n
($\Vert\neg$)	$\neg \mathfrak{A}$ ist wahr $\Leftrightarrow$	$\mathfrak{A}$	ist falsch
($\neg\Vert$)	$\neg \mathfrak{A}$ ist falsch $\Leftrightarrow$	$\mathfrak{A}$	ist wahr

In der klassischen Logik behauptet man, daß aufgrund dieser Definition von wahr und falsch jede Aussage wahrheitsdefinit sei (d.h. entweder wahr oder falsch). Diese Metabehauptung bekommt aber nur dann den Anschein, wahr zu sein, wenn man in der Metasprache nach klassischen Regeln schließt: man benutzt z.B., daß entweder $\mathfrak{A}(n)$ wahr ist für alle n oder $\mathfrak{A}(n)$ falsch für ein n. D.h., man benutzt $\Lambda_x \mathfrak{A}(x) \vee \mathsf{V}_x \neg \mathfrak{A}(x)$ als logisch-wahr. Die logische Wahrheit solcher Aussagen ist aber gerade das, was zur Diskussion steht. Es zeigt sich hier, daß die klassische Logik dogmatisch verfährt, wenn sie logische Regeln – auf der Stufe der Metasprache – unkritisch aus der natürlichen Sprache übernimmt.

Der Leser sei auch darauf aufmerksam gemacht, daß ($\neg\Vert$) suggeriert, für jede Aussage $\mathfrak{A}$ sei die Falschheit von $\neg \mathfrak{A}$, d.h. die Wahrheit von $\neg\neg \mathfrak{A}$ per definitionem äquivalent mit der Wahrheit von $\mathfrak{A}$. Dieser Anschein entsteht nur dadurch, daß die Aussagen $\mathfrak{A}$ als wahrheitsdefinit v o r a u s g e s e t z t wurden. Ohne diese Voraussetzung ist ($\Vert\neg$) die Definition der Falschheit und ($\neg\Vert$) sagt, daß $\neg\neg \mathfrak{A}$ verteidigt werden kann, wenn $\mathfrak{A}$ verteidigt werden kann. Ein Schluß von $\neg\neg \mathfrak{A}$ auf $\mathfrak{A}$ ist dadurch nicht gerechtfertigt. Für die klassische Logik ist $\neg\neg \mathfrak{A} \rightarrow \mathfrak{A}$ per definitionem äquivalent mit $\neg\neg\neg \mathfrak{A} \vee \mathfrak{A}$ und dieses mit $\neg \mathfrak{A} \vee \mathfrak{A}$. Für die klassische Logik ist $\neg\neg \mathfrak{A} \rightarrow \mathfrak{A}$ also äquivalent mit dem tertium non datur. Alle Behauptungen über l o g i s c h e Wahrheiten neben der Wahrheit schlechthin, wie wir sie bisher behandelt haben, sind aber erst später zu begründen.

Wir haben bisher dargestellt, daß für die Arithmetik (wegen der dort vorkommenden unendlichen Variabilitätsbereiche) die Behauptung der Wahrheitsdefinitheit aller Aussagen nicht mehr begründet ist. Die Kontroverse zwischen klassischer und effektiver Logik für die Arithmetik ist dadurch jedoch noch nicht zugunsten der effek-

tiven Logik entschieden, weil man zeigen kann – und zwar mit
konstruktiven Mitteln –, daß sich trotzdem die Verwendung der
klassischen Logik für die Arithmetik rechtfertigen läßt: es gibt,
wie wir noch zeigen werden, eine effektive Interpretation der klassischen Arithmetik. Dadurch erweist sich der Streit um das tertium
non datur in der Arithmetik als eine „nur" praktische Frage: ist es
erlaubt, neben der klassischen Logik auch die effektive Logik in der
Arithmetik anzuwenden? Es ist die Frage, ob sich die Arithmetiker
den „Luxus" der effektiven Logik neben der – für alle numerischen
Resultate ausreichenden – klassischen Logik leisten sollten (oder
jedenfalls dürften). Es sind jetzt die Vertreter der klassischen Logik,
die dogmatisch das alleinige Recht ihrer Logik behaupten, während
zu Brouwers Zeiten umgekehrt die Konstruktivisten (Intuitionisten)
allein ihre Logik gelten ließen. Dem Nicht-Mathematiker wird diese
Kontroverse, die nur wegen der Unendlichkeit der Zahlenreihe entstanden ist, irrelevant erscheinen müssen – wenn es um „wirkliche" Dinge geht, haben wir es ja stets nur mit endlich vielen Dingen
zu tun.

Dieser Schein trügt. Auch für den Nicht-Mathematiker ist die
klassische Logik unzureichend: das zeigt sich für ihn dann, wenn er
über Zukünftiges reden will. Schon ganz einfache Lebenssituationen
erfordern solches futurisches Reden, ohne daß es dazu nötig wäre,
besondere sprachliche Mittel zur Verfügung zu stellen. Verspricht
man jemandem: „Ich fahre nach München", so ist das im Deutschen
stillschweigend futurisch gemeint. Das Versprechen als eine besondere Redeleistung läßt sich in solchen Situationen erlernen, in denen
Aufforderungen nicht unmittelbar, sondern nur mit einer gewissen
zeitlichen Verzögerung befolgt werden. Die Aufforderung: „!Peter
fährt nach München" (es sei angenommen, daß die Aufforderung
sich an Peter selbst richtet) kann häufig nicht unmittelbar befolgt
werden. Es wird in solchen Situationen sinnvoll, daß der Adressat,
statt die Aufforderung zu befolgen, „verspricht", sie zu befolgen.
Es wird ein eigenes sprachliches Zeichen vereinbart (im Deutschen
z.B. die Wendung „ich verspreche"), mit dem man die Befolgung
verspricht. Es ist üblich, deutsche Sätze wie „Ich verspreche, daß
ich nach München fahre" so zu interpretieren, als ob durch sie die
Entscheidung (oder die Absicht, der Wille), nach München zu fah-
ren, m i t g e t e i l t würde. Man spricht von einer „Willenserklä-

rung". Dies ist aber irreführend, solange das noologische Vokabular „Entscheidung", „Absicht", „Wille" nicht methodisch rekonstruiert ist. Es bleibt dann außerdem noch dunkel, weshalb man v e r-p f l i c h t e t ist, sich an seine Willenserklärung zu halten. Rekonstruieren wir aber das Versprechen als Antwort auf eine Aufforderung, dann bedeutet dieses gerade, daß die Aufforderung, deren Befolgung versprochen ist, bei späteren Diskussionen als verpflichtend zugrunde gelegt werden soll. Das wird bei der Einführung der deontischen Modalitäten genauer zu erörtern sein.

Für eine orthosprachliche Formulierung nehmen wir den einfachen Fall eines Satzes $N \pi p$ (N tut p). N sei ein Eigenname. Es sei nun die Aufforderung $!N \pi p$ an N selbst gerichtet. Als „Versprechungszeichen" verwenden wir den Subjunktor $\rightarrow$. Die Antwort „$\rightarrow N \pi p$", die N gibt, wäre also im Deutschen zu interpretieren als „Ich verspreche, p zu tun". Es mag zunächst überraschend erscheinen, hier den Subjunktor $\rightarrow$ zu verwenden. Die Begründung liegt darin, daß unser Beispiel eines Versprechens nur der Sonderfall des „unbedingten Versprechens" ist. Den allgemeinen Fall bildet das „bedingte Versprechen". Unter Erwachsenen ist es nämlich nicht üblich (zumindest sollte es nicht üblich sein, wie wir noch sehen werden), daß einer die Aufforderungen eines anderen „bedingungslos" befolgt. Sage ich zu einem Maler: „Malen Sie diese Wand grün!", so wird er es normalerweise nur unter der Bedingung tun, daß ich ihm dafür Geld gebe. Verlangt er das Geld im voraus, so gibt er ein bedingtes Versprechen ab:
Wenn Sie mir . . . Mark geben, dann male ich die Wand grün.
Andernfalls gebe ich ein bedingtes Versprechen ab:
Wenn Sie die Wand grün malen, gebe ich Ihnen . . . Mark.
Orthosprachlich haben die beiden Versprechungen die Form

$$N_1 \pi p_1 \rightarrow N_2 \pi p_2 .$$

Dies ist ein Versprechen, wie es von N_2 gegenüber N_1 gemacht wird.

Die Bedingung eines Versprechens braucht keine Leistung (hier von N_1) zu sein, für die eine Gegenleistung (hier von N_2) versprochen wird. Die eigene Leistung kann auch auf andere Weise bedingt versprochen werden, z.B. im Deutschen: „Wenn ich das Buch gelesen habe, schreibe ich Dir darüber".

Der Vordersatz der Subjunktion kann also eine beliebige Aussage sein, obwohl Versprechungen wie „Wenn 2 · 2 = 4 ist, schreibe ich Dir" sinnlos sind: hier wird man ja erwarten dürfen, daß sich jeder die Wahrheit von 2 · 2 = 4 selber ausrechnet und daher diese trivialerweise erfüllte Bedingung gar nicht als Bedingung formuliert. Sagt man dagegen „Wenn 2 · 2 = 5 ist, schreibe ich Dir", so ist das nur eine scherzhafte Weise, das Versprechen n i c h t zu geben. Das deutsche Wort „Versprechen" wird im allgemeinen nur dann verwendet, wenn etwas versprochen wird, ohne daß die Leistung „auf dem Rechtswege" eingeklagt werden kann. Versprechungen in einer Form, die Rechtsschutz genießt, heißen „Verträge", genauer: privatrechtliche Verträge. Verträge gibt es erst, wenn es ein Rechtswesen gibt, also zumindest so etwas wie einen Häuptling, Priester oder Richter, vor den Fälle vermeintlich nicht erfüllter Verträge gebracht werden können. Wir beschränken uns hier, um nicht schon Rechtswissenschaft zu betreiben, auf die Vorform der Verträge, auf das Versprechen.

Nach deutschem Sprachgebrauch erfordert ein Versprechen eine eigene Leistung des Versprechenden. Nicht jeder Bedingungssatz gilt daher als „Versprechen". Trotzdem ist der Übergang gleitend. Sagt man z.B. zu einem Kind: „Wenn es dunkel ist, scheinen die Sterne", so kann es einem passieren, daß man nach eingetretener Dunkelheit an das Versprechen erinnert wird, die Sterne scheinen zu lassen. Das Versprechen geht in bedingtes Behaupten über.

Dies ist schon die dialogische Verwendung des effektiven Subjunktors. Wer einen Bedingungssatz (Subjunktion) behauptet hat, wird „wortbrüchig", wenn der Vordersatz erfüllt ist, der Nachsatz aber nicht. Man verpflichtet sich mit einer Subjunktion $a \rightarrow b$, den Nachsatz b zu verteidigen, wenn der Vordersatz a von einem Opponenten verteidigt ist.

Diese dialogische Verwendung der effektiven Subjunktion wird durch $\neg a \lor b$ n i c h t wiedergegeben — es ist nur so, daß im Falle wahrheitsdefiniter Aussagen die Verteidigbarkeit der effektiven Subjunktion $a \rightarrow b$ mit der Wahrheit von $\neg a \lor b$ zusammenfällt.

Ein Versprechen ist immer das Versprechen einer zukünftigen Leistung. Auf die Verwendung expliziter futurischer Sätze (etwa mit Zeitadverbien wie „morgen") gehen wir erst in die Modallogik ein.

Zunächst genügt es, die Gründe dargestellt zu haben, die dafür sprechen, in die Logik unseres wissenschaftlichen Redens auch die effektive Subjunktion aufzunehmen.

Keineswegs sind alle Partikeln der deutschen Sprache, mit denen Sätze verbunden werden können, l o g i s c h e Partikeln. Zunächst gibt es solche Partikeln, die zwar als logische Partikeln (z.B. wie „und") fungieren, aber noch zusätzliche außerlogische Funktionen haben. Z.B. sind die beiden Sätze „Er hat versprochen zu kommen, a b e r er kommt nicht" und „Er kommt nicht, o b w o h l er versprochen hat zu kommen" genau dann wahr, wenn die K o n j u n k - t i o n: „Er hat versprochen zu kommen u n d er kommt nicht" wahr ist. „Aber" und „obwohl" werden hier nur wegen der zusätzlichen Erwartung gebraucht, daß er kommen sollte.

Anders ist es etwa bei Satzverbindungen wie

„Er holt Wasser, weil es brennt" (Kausaljunktion),

„Er holt Wasser, um den Brand zu löschen" (Finaljunktion).

Die Wahrheit (oder Verteidigbarkeit) dieser Sätze ist nicht zurückführbar auf die Wahrheit (oder Verteidigbarkeit) der Teilsätze: Es brennt, er holt Wasser, er löscht den Brand.

Auch wenn alle diese Sätze wahr sind, so braucht er weder das Wasser geholt zu haben, weil es brennt (sondern aufgrund einer anderen Ursache), noch um den Brand zu löschen (sondern um eines anderen Zweckes willen).

Bei den von uns eingeführten logischen Partikeln wird die Verteidigung dagegen ausschließlich auf die Verteidigung der Teilaussagen zurückgeführt. Genau deshalb werden diese Partikeln als „logische" bezeichnet.

Es stellt sich damit sofort die Frage, ob es noch andere logische Partikeln gibt neben den bisher genannten: dem Negator $\neg$, den Junktoren $\wedge$, $\vee$, $\rightarrow$ und den Quantoren $\bigwedge$, $\bigvee$. Trivialerweise gibt es durch Definition zusammengesetzte Junktoren, etwa

und

$$A \leftrightarrow B \rightleftharpoons A \rightarrow B \,\dot{\wedge}\, B \rightarrow A \qquad \text{(Bisubjunktor)}$$

$$A \sqcup B \rightleftharpoons A \vee B \,\dot{\wedge}\, \neg(A \wedge B) \qquad \text{(Disjunktor)}.$$

Es bleibt nur zu fragen, ob es noch andere „einfache" Junktoren (oder Quantoren) gibt. Diese Frage kann verneint werden. Nach Hinzunahme der konversen Subjunktion ($A \leftarrow B \rightleftharpoons B \rightarrow A$) lassen sich Angriffe und Verteidigungen für die Junktoren $\wedge$, $\vee$, $\rightarrow$, $\leftarrow$ folgendermaßen übersichtlich zusammenstellen

L?		A
R?		B
	?	A
	?	B
A	?	B
B	?	A

Für jeden Junktor gilt hier: (1) beide Buchstaben treten nur einmal auf, (2) mindestens ein Buchstabe tritt in der Verteidigung auf. Diese beiden Bedingungen sind durch keine weiteren Angriffs-Verteidigungsregeln zu erfüllen. Verzichtet man für einen Junktor * auf die Bedingung (2), z.B. bei folgenden Angriffen und Verteidigungen

$A * B$	A	?	
$A * B$		?	$B,$

dann kann dieser Junktor mit Hilfe der Negation definiert werden, hier durch $A * B \leftrightharpoons \neg A \vee B$.

Die kombinatorischen Möglichkeiten für alle affirmativen „einfachen" Junktoren sind durch $\wedge$, $\vee$, $\rightarrow$, $\leftarrow$ erschöpft. Für einen ausführlicheren Nachweis der V o l l s t ä n d i g k e i t unserer Junktoren und Quantoren s. K. Lorenz 1968.

Für die „materialen" Dialoge ohne Subjunktionen haben wir damit die Auswahl der logischen Partikeln und die strenge Dialogregel begründet. Es bleibt nur die Aufgabe, eine allgemeine Dialogregel auszuzeichnen, die auch beim Auftreten von (evtl. iterierten) Subjunktionen anwendbar bleibt.

Die strenge Dialogregel läßt sich zwar auf effektive Subjunktionen anwenden. Aber in einer Stellung

	‖	$\mathfrak{A} \rightarrow \mathfrak{B}$
$\mathfrak{A}$?	‖	

müßte der Proponent jetzt zwischen einem Angriff auf $\mathfrak{A}$ und dem Setzen von $\mathfrak{B}$ wählen. Er darf nicht erst $\mathfrak{A}$ angreifen und nach gelungener Verteidigung (von 𝔄 durch den Opponenten) anschließend 𝔅 verteidigen.

Diese Erlaubnis erhält der Proponent aber, wenn man für ihn die strenge Dialogregel folgendermaßen liberalisiert:

Der Proponent greift e i n e vom anderen gesetzte Aussage an o d e r verteidigt sich gegen den zuletzt erfolgten Angriff des anderen.

Diese für den Proponenten liberalere Dialogregel — für den Opponenten bleibt die strenge Regel bestehen — heiße die e f f e k t i v e allgemeine Dialogregel. Um die Rechtfertigung dieser effektiven Dialogregel dreht sich der Streit zwischen konstruktiven und klassischen Logikern.

Die Klassiker benutzen nämlich — neben der strengen Dialogregel (die bei ihnen als „semantische Wahrheitsdefinition" auftritt) — nur die folgende, noch weiter liberalisierte Regel für den Proponenten:

Der Proponent greift e i n e vom anderen gesetzte Aussage an oder verteidigt sich gegen e i n e n Angriff des anderen.

Diese allgemeine Dialogregel — für den Opponenten bleibt es auch für die Klassiker bei der strengen Regel — heiße die k l a s s i - s c h e Dialogregel.

Die Konstruktivisten behaupten also, daß zwischen der strengen Regel und der klassischen Regel noch eine dritte Dialogregel sinnvoll ist, die zwar die A n g r i f f e des Proponenten liberalisiert, aber nicht zugleich die V e r t e i d i g u n g e n.

Für den Konstruktivismus stellt sich die Aufgabe, b e i d e Liberalisierungsschritte zu begründen. Schon das bloße Faktum, daß die Kontroverse zwischen Konstruktivisten und Klassikern seit Brouwers Dissertation 1907 bis heute nicht zu einem allgemeinen Konsens geführt hat, wird den Leser vermuten lassen, daß diese Begründungsaufgabe nicht ohne eine gewisse Subtilität zu lösen sein wird.

Zur Vereinfachung der Diskussion sehen wir zunächst von der Subjunktion ab, beschränken uns also, wie in strengen Dialogen, auf subjunktionsfreie Aussagen. Obwohl wir nämlich die Liberalisierungen eingeführt haben, um die Hinzunahme der Subjunktionen zu ermöglichen, wirken sich die Liberalisierungen auch auf die Verteidigbarkeit subjunktionsfreier Aussagen aus. Das zeigt

sich schon an den einfachen Beispielen von Thesen der Form
$\neg\, a \lor b$ und $\neg.\; a \land \neg b.$.

Effektiv sieht ein Dialog um $\neg.\; a \land \neg b.$ so aus:

1.		$\neg.\, a \land \neg b.$	
2.	$a \land \neg b\,?$	L ? 2	
3.	a	? 3	
4.	(a)	R ? 2	
5.	$\neg b$	b ? 5	
6.	?	(b)	

Hier sind die Zeilen numeriert und hinter den Angriffszeichen
des Proponenten *P* ist die Zeilennummer der angegriffenen Aussage
angegeben (weil *P* jetzt alle vorangegangenen Aussagen des Opponenten *O* angreifen darf – *O* greift stets nur die unmittelbar vorher-
gehende Aussage von *P* an. (a) bzw. (b) steht für eine Verteidigung
der Primaussage a bzw. b. Kann *O* die Aussage a in Zeile 4 nicht
verteidigen, so endet der Dialog schon in dieser Stellung mit Gewinn
für *P*. Im Unterschied zum strengen Dialog gewinnt *P* aber auch
dann, wenn er b nur verteidigen kann, nachdem *O* die Aussage a
verteidigt hat. Dieser Unterschied ist selbstverständlich nur dann
relevant, wenn die Primaussagen nicht als wahrheitsdefinit vorausgesetzt werden. Nimmt man an, daß *P* immer schon vorher weiß,
welche Aussagen *O* verteidigen kann, welche nicht – dann wäre
es angebracht, bei den strengen Dialogen zu bleiben.

Der Dialog um $\neg\, a \lor b$ sieht effektiv so aus

1.		$\neg a \lor b$			$\neg a \lor b$	
2.	?	$\neg a$		?	b	
3.	a ?	? 3	oder	?	...	
4.	...					

P gewinnt, wenn *O* die Aussage a nicht verteidigen kann **o d e r** *P*
die Aussage b verteidigen kann.

Klassisch sieht der Dialog um dieselbe These dagegen so aus

1.		$\neg\,a \vee b$	
2.	?	$\neg\,a$	
3.	a ?		? 3
4.	(a)	b	(2)
5.	?	$\ldots$	

In der 4. Zeile ist hier angenommen, daß O die Aussage a verteidigen kann. P verteidigt sich noch einmal gegen den Angriff in der
2. Zeile. P gewinnt also auch dann, wenn er b nur verteidigen kann,
n a c h d e m O die Aussage a verteidigt hat. D.h., es besteht kein
Unterschied zwischen dem effektiven Dialog um $\neg.\, a \wedge \neg\, b.$ und
dem klassischen Dialog um $\neg\, a \vee b$. Der effektive Dialog um
$\neg\, a \vee b$ ist aber von P nur zu gewinnen, wenn er vorher weiß, ob
O die Aussage a verteidigen kann oder ob er (P) die Aussage b
verteidigen kann. Die Frage, die wir − anhand von Beispielen wie
diesen − zu beantworten haben, ist, ob wir eine (subjunktionsfrei
zusammengesetzte) Aussage „wahr" nennen wollen, wenn sie streng,
effektiv oder klassisch verteidigbar ist. Es ist leicht, eine Antwort
zu vermeiden, indem man drei verschiedene „Wahrheitsbegriffe"
unterscheidet: strenge, effektive und klassische Wahrheit. Aber es
bleibt dann die Frage nach der Zweckmäßigkeit, d.h. die Frage danach, welchen Zwecken diese Wahrheitsbegriffe angemessen sind.
Hier läßt sich der effektive Wahrheitsbegriff leicht auszeichnen:
nur er läßt den Unterschied zwischen effektiver und klassischer
Adjunktion („Existenz") nicht verschwinden. Es sind nämlich
streng $\neg\, a \vee b$ und $\neg.\, a \wedge \neg\, b.$ ununterscheidbar (die strengen
Dialoge sind genau dann gewinnbar, wenn effektiv $\neg\, a \vee b$ verteidigbar ist), und ebenso sind beide Aussagen klassisch ununterscheidbar (die klassischen Dialoge sind genau dann gewinnbar,
wenn effektiv $\neg.\, a \wedge \neg\, b.$ verteidigbar ist). Nur effektiv führen
$\neg\, a \vee b$ und $\neg.\, a \wedge \neg\, b.$ zu verschiedenen Dialogstellungen.
　　Diese Bemerkungen liefern selbstverständlich noch keine Rechtfertigung der effektiven oder klassischen Dialoge. Wenn wir nämlich durch Wahl einer allgemeinen Dialogregel festlegen, wann
zusammengesetzte Aussagen als „wahr" bezeichnet werden sollen,

dann ist zunächst zu fordern, daß alles, was streng wahr ist, auch wahr im neuen Sinne ist. Dies folgt für die effektive und klassische Wahrheit daraus, daß die effektive und die klassische allgemeine Dialogregel „Liberalisierungen" für den Proponenten der strengen allgemeinen Dialogregel sind. Dies ist der Grund, der gegen die — vom Leser vielleicht zunächst erwartete — Liberalisierung der Angriffs- und Verteidigungserlaubnisse auch des Opponenten spricht. Nur für Liberalisierungen, die auf den Proponenten beschränkt sind, ist es trivial, daß strenge Wahrheiten stets Wahrheiten bleiben.

Außerdem ist aber zu untersuchen, ob die Angriffs- und Verteidigungsregeln für die logischen Partikeln erhalten bleiben. Dies ist für die Konjunktion (einschließlich All-Quantoren) trivial: ist z.B. $\| \mathfrak{A} \wedge \mathfrak{B}$ effektiv bzw. klassisch verteidigbar, dann sind auch $\| \mathfrak{A}$ und $\| \mathfrak{B}$ effektiv bzw. klassisch verteidigbar. Für die Adjunktion sind die Verhältnisse klassisch etwas unübersichtlicher, aber klassisch kann die Adjunktion durch $\neg . \neg \mathfrak{A} \wedge \neg \mathfrak{B}.$ ersetzt werden. Problematisch ist nur die Negation $\neg$ und die effektive Subjunktion (die klassisch durch $\neg . \mathfrak{A} \wedge \neg \mathfrak{B}.$ zu ersetzen ist). Von den durch Liberalisierung der Proponentenregel entstehenden Wahrheitsbegriffen ist zu fordern, daß $\| \neg \mathfrak{A}$ nur dann verteidigbar ist, wenn $\| \mathfrak{A}$ n i c h t verteidigbar ist. Es soll nicht zugleich $\| \mathfrak{A}$ und $\| \neg \mathfrak{A}$ verteidigbar sein — das ist die Forderung der Widerspruchsfreiheit (oder Konsistenz).

Zum effektiven Fall ist zu fordern, daß $\| \mathfrak{A} \rightarrow \mathfrak{B}$ nur dann verteidigbar ist, wenn $\| \mathfrak{B}$ verteidigbar ist, falls $\| \mathfrak{A}$ verteidigbar ist. Es wird also gefordert, daß mit $\| \mathfrak{A}$ und $\| \mathfrak{A} \rightarrow \mathfrak{B}$ stets auch $\| \mathfrak{B}$ verteidigbar ist. Das ist der bekannte Schluß „modus ponens" auf metadialogischer Stufe.

Ersetzt man die Stellung $\| \mathfrak{A} \rightarrow \mathfrak{B}$ durch die gleichwertige Stellung $\mathfrak{A} \| \mathfrak{B}$, so handelt es sich darum, die Z u l ä s s i g k e i t der folgenden Regel

$$(*) \qquad \| \mathfrak{A} \,,\, \mathfrak{A} \| \mathfrak{B} \Rightarrow \| \mathfrak{B}$$

zu zeigen: diese Regel heißt „zulässig", wenn sie von verteidigbaren Stellungen stets nur zu verteidigbaren Stellungen führt.

Spezialisiert man in (∗) die Aussage $\mathfrak{B}$ auf eine falsche Primaussage $\mathfrak{b}$, so entsteht die Regel

$$\| \mathfrak{A} ,, \mathfrak{A} \| \mathfrak{b} \;\Rightarrow\; \| \mathfrak{b} \,.$$

Da $\| \mathfrak{b}$ nicht verteidigbar ist (per definitionem: es gibt überhaupt
keine Entwicklungsschritte), liefert dieser Spezialfall von (∗) die
Konsistenz, denn $\mathfrak{A} \| \mathfrak{b}$ ist gleichwertig mit $\| \neg \mathfrak{A}$. Anders ausgedrückt: die Widerspruchsfreiheit der effektiven Dialoge ist durch
die Zulässigkeit von (∗) zu beweisen.

Zur Erleichterung der technischen Schwierigkeiten dieses Widerspruchsfreiheitsbeweises geben wir die Entwicklungsschritte an, die
für die effektiven Dialoge zur Angabe von Gewinnstrategien des
Proponenten führen. Wegen der liberalisierten Angriffserlaubnis für
den Proponenten sind in jeder Stellung des Dialogs alle bis dahin
gesetzten Aussagen des Opponenten zu berücksichtigen. Zu verteidigen ist vom Proponenten dagegen immer nur seine zuletzt gesetzte
Aussage. Ist eine Aussage $\neg \mathfrak{A}$ des Proponenten angegriffen (durch
$\mathfrak{A}$?), so darf im folgenden $\neg \mathfrak{A}$ nicht mehr als „zuletzt gesetzt"
gelten. Wir setzen deshalb ein Symbol „$\wedge$" als neu gesetzte Aussage — mit der Vereinbarung, daß $\wedge$ vom Proponenten nicht verteidigt werden darf ($\wedge$ wird „falsum" genannt, auch „das logisch Falsche"). Wir notieren die Spalte der jeweils vom Opponenten bisher
gesetzten Aussagen durch Σ. Kommt eine Aussage $\mathfrak{A}$ in Σ vor, so
schreiben wir $\Sigma(\mathfrak{A})$.

Die Entwicklungsschritte für die Gewinnstrategien im effektiven
Dialog sind dann die folgenden:

$$
\begin{array}{ll}
(\|\wedge) \quad \Sigma \;\|\; \dfrac{\mathfrak{A} \wedge \mathfrak{B}}{\mathfrak{A} \mid \mathfrak{B}}
& (\wedge\|)_{L,R} \quad \dfrac{\Sigma(\mathfrak{A} \wedge \mathfrak{B})}{\mathfrak{A}} \;\Big\|\; \mathfrak{C} \;\; \text{und} \;\; \dfrac{\Sigma(\mathfrak{A} \wedge \mathfrak{B})}{\mathfrak{B}} \;\Big\|\; \mathfrak{C}
\\[2ex]
(\|\wedge) \quad \Sigma \;\Big\|\; \dfrac{\wedge_x \mathfrak{A}(x)}{\mathfrak{A}(n) \,[\text{für alle } n\,]}
& (\wedge\|)_n \quad \dfrac{\Sigma(\wedge_x \mathfrak{A}(x))}{\mathfrak{A}(n)} \;\Big\|\; \mathfrak{C}
\\[2ex]
(\|\vee)_{L,R} \;\Sigma \;\Big\|\; \dfrac{\mathfrak{A} \vee \mathfrak{B}}{\mathfrak{A}} \;\; \text{und} \;\; \Sigma \;\Big\|\; \dfrac{\mathfrak{A} \vee \mathfrak{B}}{\mathfrak{B}}
& (\vee\|) \quad \dfrac{\Sigma(\mathfrak{A} \vee \mathfrak{B})}{\mathfrak{A} \mid \mathfrak{B}} \;\Big\|\; \dfrac{\mathfrak{C}}{\mid}
\\[2ex]
(\|\vee)_n \quad \Sigma \;\Big\|\; \dfrac{\vee_x \mathfrak{A}(x)}{\mathfrak{A}(n)}
& (\vee\|) \quad \dfrac{\Sigma(\vee_x \mathfrak{A}(x))}{\mathfrak{A}(n)} \;\Big\|\; \dfrac{\mathfrak{C}}{\;[\text{für alle } n]}
\\[2ex]
(\|\neg) \quad \Sigma \;\Big\|\; \dfrac{\neg \mathfrak{A}}{\mathfrak{A}} \;\Big\|\; \wedge
& (\neg\|) \quad \dfrac{\Sigma(\neg \mathfrak{A})}{} \;\Big\|\; \dfrac{\mathfrak{C}}{\mathfrak{A}}
\end{array}
$$

Diese Schritte unterscheiden sich von denen des strengen Dialogs nur durch das Auftreten der Spalte Σ links von $\|$. Neu hinzu kommen die Entwicklungsschritte der effektiven Subjunktion:

$$(\|\rightarrow) \quad \Sigma \; \| \; \mathfrak{A} \rightarrow \mathfrak{B} \qquad\qquad (\rightarrow\|) \quad \Sigma \; (\mathfrak{A} \rightarrow \mathfrak{B}) \; \| \; \mathfrak{C}$$
$$\mathfrak{A} \; \| \; \mathfrak{B} \qquad\qquad\qquad\qquad |\mathfrak{B} \; \| \; \mathfrak{A} \,|$$

Ein Dialog um eine These $\mathfrak{A}$ ist genau dann gegen jeden Opponenten effektiv gewinnbar, wenn es e i n e Entwicklung der Stellung $\|\mathfrak{A}$ gibt, die in a l l e n Zweigen „abgeschlossen" ist. Das soll heißen: es tritt rechts von $\|$ eine vom Proponenten verteidigbare Primaussage auf. Abgeschlossene Zweige — so können wir auch formulieren — schließen mit wahrheitsdefiniten Primaussagen ab, und zwar rechts von $\|$ mit einer wahren Primaussage, o d e r links von $\|$ mit einer falschem Primaussage (d.h. einer Primaussage, deren Negation wahr ist).

Für die Widerspruchsfreiheit ist zu zeigen, daß für keine zusammengesetzte Aussage $\mathfrak{A}$ die Stellungen $\|\mathfrak{A}$ und $\mathfrak{A}\|\wedge$ a b s c h l i e ß b a r sind, d.h. eine in allen Zweigen abgeschlossene Entwicklung haben.

Der Leser, dem dieser Nachweis die Mühe nicht zu lohnen scheint, wird gebeten, sich wenigstens anhand von einigen Beispielen davon zu überzeugen, daß er dann, wenn er für eine Aussage $\mathfrak{A}$ die Stellung $\|\mathfrak{A}$ abschließen kann, nicht auch eine abgeschlossene Entwicklung für $\|\neg \mathfrak{A}$ findet. Ebenso umgekehrt: Wenn er $\|\neg \mathfrak{A}$ abschließen kann, dann nicht auch $\|\mathfrak{A}$. Daß dieses für a l l e Aussagen so ist, kann nur durch einen allgemeinen Beweis gezeigt werden, eben durch Beweis der Zulässigkeit von (∗). Es folgt im Kleindruck ein Beweis für die Zulässigkeit einer allgemeineren Regel, der sogenannten S c h n i t t r e g e l

$$\Sigma \; \| \; \mathfrak{A} \; ,, \; \frac{\Sigma}{\mathfrak{A}} \; \Big\| \; \mathfrak{B} \; \Rightarrow \; \Sigma \; \Big\| \; \mathfrak{B}.$$

Hier ist nur eine beliebige Spalte Σ von „Hypothesen" (d.h. den vorausgeschickten Behauptungen des Opponenten) hinzugefügt. Der Satz, daß die Schnittregel zulässig ist, heißt der G e n t z e n - s c h e H a u p t s a t z (oder auch kurz der Schnittsatz).

Beweis des Schnittsatzes:

Die Zulässigkeit der Schnittregel wird durch eine Teilaussageninduktion über $\mathfrak{A}$ bewiesen, d.h., es wird der Schnittsatz (1) für Primaussagen $\mathfrak{a}$ gezeigt und (2) für zusammengesetzte Aussagen $\mathfrak{A}$ unter der Annahme, er sei für alle Teilaussagen von $\mathfrak{A}$ schon gezeigt.

(1) Für eine Primaussage $\mathfrak{a}$ liefert eine abgeschlossene Entwicklung von $\Sigma \parallel \mathfrak{a}$, die keine Verteidigung von $\mathfrak{a}$ benutzt, sofort eine abgeschlossene Entwicklung von $\Sigma \parallel \mathfrak{B}$ (indem man $\mathfrak{a}$ überall durch $\mathfrak{B}$ ersetzt). Benutzt eine abgeschlossene Entwicklung von $\Sigma \parallel \mathfrak{a}$ dagegen eine Verteidigung von $\mathfrak{a}$, dann liefert eine abgeschlossene Entwicklung von $\dfrac{\Sigma}{\mathfrak{a}} \Big\| \mathfrak{B}$ sofort eine abgeschlossene Entwicklung von $\Sigma \parallel \mathfrak{B}$ (indem man das unbenutzbare $\mathfrak{a}$ überall wegläßt).

(2) Für die Teilaussageninduktion nehmen wir jetzt die Schnittregel als zulässig an für alle Teilaussagen einer zusammengesetzten Aussage $\mathfrak{A}$. (Beginnt $\mathfrak{A}$ mit einem Quantor: $\bigwedge_x \mathfrak{A}_1(x)$ oder $\bigvee_x \mathfrak{A}_1(x)$, dann heißen alle Aussagen $\mathfrak{A}_1(n)$ mit einer Konstanten n aus dem Variabilitätsbereich von x „Teilaussagen".)

Wir gehen von einer abgeschlossenen Entwicklung $\Sigma \parallel \mathfrak{A}$ aus und entnehmen aus ihr die Anfänge bis zu Stellungen $\Sigma' \parallel \mathfrak{A}$, in denen $\mathfrak{A}$ als nächster Schritt entwickelt wird. (Wird $\mathfrak{A}$ nicht entwickelt, so ersetze man $\mathfrak{A}$ durch $\mathfrak{B}$, und man erhält eine abgeschlossene Entwicklung von $\Sigma \parallel \mathfrak{B}$.)

Man erhält für $\mathfrak{A}_1 \wedge \mathfrak{A}_2$ (bzw. $\bigwedge_x \mathfrak{A}_1(x)$), $\mathfrak{A}_1 \to \mathfrak{A}_2$ (bzw. $\neg \mathfrak{A}_1$), $\mathfrak{A}_1 \vee \mathfrak{A}_2$ (bzw. $\bigvee_x \mathfrak{A}_1(x)$) im Falle der

Konjunktion: die Abschließbarkeit von $\Sigma' \parallel \mathfrak{A}_i$ für $i = 1, 2$ bzw. von $\Sigma' \parallel \mathfrak{A}(n)$ für alle n;

Subjunktion: die Abschließbarkeit von $\dfrac{\Sigma'}{\mathfrak{A}_1} \Big\| \mathfrak{A}_2$ bzw. von $\dfrac{\Sigma'}{\mathfrak{A}_1} \Big\| \wedge$;

Adjunktion: die Abschließbarkeit von $\Sigma' \parallel \mathfrak{A}_i$ für ein i bzw. von $\Sigma' \parallel \mathfrak{A}(n)$ für ein n.

Da Σ in Σ' enthalten ist, ist mit $\dfrac{\Sigma}{\mathfrak{A}} \Big\| \mathfrak{B}$ auch $\dfrac{\Sigma'}{\mathfrak{A}} \Big\| \mathfrak{B}$ abschließbar. Für die Abschließbarkeit von $\Sigma \parallel \mathfrak{B}$ genügt die Abschließbarkeit von $\Sigma' \parallel \mathfrak{B}$, denn $\Sigma \parallel \mathfrak{B}$ kann – ohne Entwicklungen von $\mathfrak{B}$ – zu den Stellungen $\Sigma' \parallel \mathfrak{B}$ entwickelt werden.

Als Entwicklung von $\Sigma' \parallel \mathfrak{B}$ nehme man jetzt die Entwicklung von $\dfrac{\Sigma'}{\mathfrak{A}} \Big\| \mathfrak{B}$ bis zu Stellungen $\dfrac{\Sigma^*}{\mathfrak{A}} \Big\| \mathfrak{B}^*$, in denen als nächster Schritt $\mathfrak{A}$ entwickelt wird.

Man entwickle $\Sigma' \parallel \mathfrak{B}$ zu Stellungen $\Sigma^* \parallel \mathfrak{B}^*$. Zu zeigen ist ihre Abschließbarkeit. Wir beweisen diese durch Induktion über die Anzahl der Entwicklungsschritte von $\mathfrak{A}$ in der Abschließung von $\frac{\Sigma^*}{\mathfrak{A}} \| \mathfrak{B}^*$. Ist diese Anzahl 0 –

d.h., wird $\mathfrak{A}$ nicht entwickelt –, so ist die Abschließbarkeit von $\Sigma^* \| \mathfrak{B}^*$

trivial (man streiche in der abgeschlossenen Entwicklung von $\frac{\Sigma^*}{\mathfrak{B}} \| \mathfrak{B}^*$ überall

$\mathfrak{A}$). Wir nehmen jetzt an, daß der Schnittsatz gilt für alle Stellungen, die mit

w e n i g e r Entwicklungsschritten von $\mathfrak{A}$ abschließbar sind als $\frac{\Sigma^*}{\mathfrak{A}} \| \mathfrak{B}^*$.

Aufgrund eines Entwicklungsschrittes von $\mathfrak{A}$ in $\frac{\Sigma^*}{\mathfrak{A}} \| \mathfrak{B}^*$ erhalten wir im
Falle der

Konjunktion: die Abschließbarkeit von $\frac{\Sigma^*}{\mathfrak{A} \atop \mathfrak{A}_i} \| \mathfrak{B}^*$ für ein i bzw. von $\frac{\Sigma^*}{\mathfrak{A} \atop \mathfrak{A}_1(n)} \| \mathfrak{B}^*$
für ein n;

Subjunktion: die Abschließbarkeit von $\frac{\Sigma^*}{\mathfrak{A} \atop |\mathfrak{A}_2 \| \mathfrak{A}_1|} \| \mathfrak{B}$ bzw. von $\frac{\Sigma^*}{\mathfrak{A} \atop \mathfrak{A}_1} \| \mathfrak{B}^*$;

Adjunktion: die Abschließbarkeit von $\frac{\Sigma^*}{\mathfrak{A} \atop \mathfrak{A}_i} \| \mathfrak{B}^*$ für $i = 1, 2$ bzw. von $\frac{\Sigma^*}{\mathfrak{A} \atop \mathfrak{A}_1(n)} \| \mathfrak{B}^*$
für alle n.

Diese Stellungen haben abgeschlossene Entwicklungen, in denen $\mathfrak{A}$ weni-

ger oft entwickelt wird als in $\frac{\Sigma^*}{\mathfrak{A}} \| \mathfrak{B}^*$. Nach Induktionsannahme folgt aus

der Abschließbarkeit von $\Sigma^* \| \mathfrak{A}$ also im Falle der

Konjunktion: die Abschließbarkeit von $\frac{\Sigma^*}{\mathfrak{A}_i} \| \mathfrak{B}^*$ für ein i bzw. von $\frac{\Sigma^*}{\mathfrak{A}_1(n)} \| \mathfrak{B}^*$
für ein n;

Subjunktion: die Abschließbarkeit von $\frac{\Sigma^*}{|\mathfrak{A}_2} \| \frac{\mathfrak{B}^*}{\mathfrak{A}_1|}$ (d.h. von $\Sigma^* \| \mathfrak{A}_1$ und

von $\frac{\Sigma^*}{\mathfrak{A}_2} \| \mathfrak{B}^*$) bzw. von $\Sigma^* \| \mathfrak{A}_1$;

Adjunktion: die Abschließbarkeit von $\frac{\Sigma^*}{\mathfrak{A}_i} \| \mathfrak{B}^*$ für $i = 1, 2$ bzw. $\frac{\Sigma^*}{\mathfrak{A}_1(n)} \| \mathfrak{B}^*$
für alle n.

Da Σ' in Σ^* enthalten ist, sind die Stellungen $\Sigma^* \| \mathfrak{A}$ abschließbar.

Mit Σ^* anstelle von Σ' liefern die obigen Fallunterscheidungen jetzt für Konjunktion und Adjunktion aufgrund der Annahme des Schnittsatzes für alle Teilaussagen von $\mathfrak{A}$ die Abschließbarkeit von $\Sigma^* \parallel \mathfrak{B}^*$.

Im Falle der Negation erhalten wir die Abschließbarkeit von $\Sigma^* \parallel \curlywedge$ – und damit a fortiori von $\Sigma^* \parallel \mathfrak{B}^*$.

Im Falle der Subjunktion erhalten wir mit der Abschließbarkeit von $\Sigma^* \parallel \mathfrak{A}_1$ zunächst die von $\Sigma^* \parallel \mathfrak{A}_2$ und dann mit der Abschließbarkeit von

$$\left.\begin{matrix}\Sigma^*\\\mathfrak{A}_2\end{matrix}\right\|\mathfrak{B}^* \text{ die von } \Sigma^* \parallel \mathfrak{B}^*.$$

Damit ist der Schnittsatz bewiesen.

Mit dem Schnittsatz haben wir gezeigt, daß der effektive Wahrheitsbegriff eine konsistente Erweiterung der strengen Wahrheit ist.

Für den klassischen Wahrheitsbegriff, der durch Verteidigbarkeit nach der klassischen allgemeinen Dialogregel definiert ist, ließe sich nun durch einen ähnlichen Beweis die Konsistenz beweisen. Trotzdem läßt sich aber mehr aussagen als bloß dieses, daß beide (der effektive und der klassische Dialog) konsistente Erweiterungen des strengen Dialogs seien. Der klassische Dialog ist nämlich eine Erweiterung des effektiven: jede effektiv-wahre Aussage ist auch klassisch-wahr. Es gilt aber nicht die Umkehrung. Für die Konsistenz würde also ein Konsistenzbeweis des klassischen Dialogs genügen, die Konsistenz der effektiven Dialoge würde trivial daraus folgen, es würde aber nicht der eben bewiesene Schnittsatz folgen.

Es bleibt zu begründen, wozu zwischen strengen und klassischen Dialogen noch zusätzlich die effektiven Dialoge betrachtet werden sollen. Wie oben schon an Beispielen gezeigt, gestattet der effektive Dialog mehr Unterscheidungen: der klassische Dialog ist nur ein vergröberndes Abbild des effektiven Dialogs. Diese etwas polemisch klingende Formulierung kann folgendermaßen substantiiert werden: man kann die klassische Wahrheit innerhalb der effektiven Dialoge definieren, indem man gewisse Hypothesen (wir werden sie als Stabilitätshypothesen bezeichnen) zum effektiven Dialog zusätzlich hinzunimmt. Weil die klassische Dialogregel eine Liberalisierung der effektiven ist, läßt sich umgekehrt der effektive Dialog nicht auf diese einfache Weise (durch bloße Hypothesenhinzunahme) in-

nerhalb des klassischen Dialogs definieren. In der Literatur findet
man nur die Möglichkeit, die effektive Logik innerhalb der klassischen M o d a l l o g i k zu definieren — das ist etwas anderes und
wird erst in Kap. I,4 behandelt werden können.

Die klassische Dialogregel erlaubt dem Proponenten, jede seiner
Thesen jederzeit zu verteidigen. Für einen Entwicklungskalkül der
klassischen Logik ersetzen wir daher die These rechts von $\parallel$ durch
ein System $\top$ von Thesen. Eine Stellung $\Sigma \parallel \top$ ist klassisch verteidigbar, wenn sie mit folgenden Entwicklungsschritten „abschließ-
bar" ist, d.h., wenn es eine Entwicklung gibt, die in allen Zweigen
abgeschlossen ist:

$$(\wedge \parallel)_{L,R} \quad \Sigma\,(\mathfrak{A} \wedge \mathfrak{B}) \quad \parallel \top \text{ und } \Sigma\,(\mathfrak{A} \wedge \mathfrak{B}) \parallel \top \qquad (\parallel\wedge) \quad \Sigma \parallel \top\,(\mathfrak{A} \wedge \mathfrak{B})$$
$$\mathfrak{A} \qquad \mathfrak{B} \qquad\qquad\qquad \mid \quad \mathfrak{A} \mid \mathfrak{B}$$

$$(\vee \parallel) \quad \Sigma\,(\mathfrak{A} \vee \mathfrak{B}) \quad \parallel \top \qquad (\parallel\vee)_{L,R} \; \Sigma \parallel \top\,(\mathfrak{A} \vee \mathfrak{B}) \text{ und } \Sigma \parallel \top\,(\mathfrak{A} \vee \mathfrak{B})$$
$$\mathfrak{A} \mid \mathfrak{B} \qquad \mid \qquad\qquad \mathfrak{A} \qquad\qquad \mathfrak{B}$$

$$(\wedge\parallel)_n \quad \Sigma\,(\wedge_x \mathfrak{A}\,(x)) \parallel \top \qquad (\parallel\wedge) \quad \Sigma \parallel \top\,(\wedge_x \mathfrak{A}(x))$$
$$\mathfrak{A}(n) \qquad\qquad \mathfrak{A}(n)\,[\text{für alle } n]$$

$$(\vee\parallel) \quad \Sigma\,(\vee_x \mathfrak{A}(x)) \parallel \top \qquad (\parallel\vee)_n \; \Sigma \parallel \top\,(\vee_x \mathfrak{A}(x))$$
$$\mathfrak{A}(n) \quad [\text{für alle } n] \qquad\qquad \mathfrak{A}(n)$$

$$(\neg\parallel) \quad \Sigma\,(\neg\,\mathfrak{A}) \qquad \parallel \top \qquad (\parallel\neg) \quad \Sigma \parallel \top\,(\neg\,\mathfrak{A})$$
$$\parallel \mathfrak{A} \qquad\qquad \mathfrak{A} \parallel$$

Wir haben zu zeigen, wie sich diese Liberalisierung, die in der Zu-
lassung von Aussagensystemen $\top$ rechts von $\parallel$ liegt, effektiv erreichen läßt. Dies geschieht dadurch, daß für jede These $\mathfrak{A}$ des Proponenten auf der Seite des Opponenten die Aussage $\neg\,\neg\,\mathfrak{A} \to \mathfrak{A}$ als
Hypothese hinzugenommen wird. Eine Dialogstellung

$$\Sigma \qquad \parallel \qquad \mathfrak{A}$$
$$\cdot \qquad\qquad \cdot$$
$$\cdot \qquad\qquad \cdot$$
$$\cdot \qquad\qquad \mathfrak{B}$$

in der effektiv nur $\mathfrak{B}$ verteidigt werden darf, kann bei Hinzufügen
von $\neg\,\neg\,\mathfrak{A} \to \mathfrak{A}$ als Hypothese nämlich folgendermaßen entwickelt
werden:

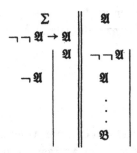

Im linken Zweig darf der Proponent jetzt jederzeit die These $\mathfrak{A}$ wiederholen (als Angriff auf $\neg\,\mathfrak{A}$). Fügt man zu j e d e r These $\mathfrak{A}$ des Proponenten stets die entsprechende Hypothese $\neg\,\neg\,\mathfrak{A} \to \mathfrak{A}$ hinzu, so ist ein Dialog genau dann klassisch gewinnbar, wenn der effektive Dialog mit den jeweils hinzugefügten Hypothesen gewinnbar ist. Dies ergibt sich aus dem Vergleich des linken Zweiges des effektiven Dialogs mit dem klassischen Dialog

$$
\begin{array}{c|c}
\Sigma & \mathfrak{A} \\
\vdots & \\
\vdots & \mathfrak{B} \\
 & \cdots
\end{array}
$$

in dem nach $\mathfrak{B}$ eine Entwicklung von $\mathfrak{A}$ folgt.

Der rechte Zweig des effektiven Dialogs ist trivialerweise gewinnbar, weil hier $\mathfrak{A}$ als These angegriffen ist, zugleich aber $\mathfrak{A}$ vom Opponenten gesetzt ist. Auf diesen Sonderfall von Dialogen, in denen der Proponent nur zu verteidigen braucht, was der Opponent schon behauptet hat, gehen wir im nächsten Kapitel genauer ein: er führt zur „formalen" Logik. Dort kann auch geklärt werden, welchen Status die „Stabilitätshypothesen" $\neg\,\neg\,\mathfrak{A} \to \mathfrak{A}$ haben, insbesondere wann sie effektiv wahr sind, so daß dann effektive und klassische Wahrheit zusammenfallen.

Ohne explizit auf die Stabilität einzugehen, sind klassisch verteidigbare Dialogstellungen sofort effektiv zu deuten, wenn man sich auf Konsistenzbehauptungen beschränkt. Ein System Σ von Aussagen heißt (effektiv bzw. klassisch) inkonsistent, wenn die Dialogstellung $\Sigma \parallel \lambda$ mit einer falschen Primaussage λ (effektiv bzw. klassisch) verteidigbar ist. Σ heißt konsistent, wenn Σ n i c h t

inkonsistent ist. Für stabile Aussagen ist die Verteidigbarkeit von
$\Sigma \parallel \mathfrak{A}$ äquivalent mit der Inkonsistenz des Systems $\Sigma, \neg \mathfrak{A}$, d.h.
der Verteidigbarkeit von

$$\frac{\Sigma}{\neg \mathfrak{A}} \Big\|_{\curlywedge}$$

Da sich die klassische Dialogregel von der effektiven nur in der
Behandlung der rechts von $\parallel$ auftretenden Aussagen unterscheidet,
ist zu vermuten, daß sich in vielen Fällen die klassische Konsistenz
nicht von der effektiven Konsistenz unterscheidet. Die Entwicklungsregeln ergeben in der Tat sofort, daß jede klassisch abschließ-
bare Dialogstellung $\Sigma \parallel \curlywedge$ auch effektiv abschließbar ist, wenn Σ
konjunktionsfrei ist. Ohne Konjunktionen läßt sich nämlich jede
These (d.h. jede rechts von $\parallel$ auftretende Aussage) auch effektiv
wiederholen, weil dazu nur ein Angriff auf eine Aussage von Σ zu
wiederholen ist.

Nur Konjunktionen machen Schwierigkeiten, weil eine Konjunktion als These im Verlauf der Entwicklung zu Verzweigungen führt.

Eine Entwicklung von $\dfrac{\Sigma}{\neg.\mathfrak{A} \wedge \mathfrak{B}.}\Big\|_{\mathfrak{C}}$, die klassisch Wiederholun-
gen von $\mathfrak{A}$ und $\mathfrak{B}$ benutzt

läßt sich zunächst nur durch Wiederholung von $\mathfrak{A} \wedge \mathfrak{B}$ statt $\mathfrak{A}$ bzw.
$\mathfrak{B}$ in eine effektive Entwicklung transformieren

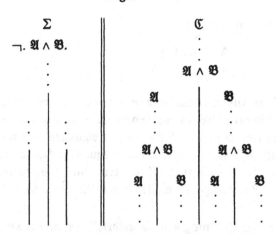

Es tritt also im linken Zweig rechts ein neuer Unterzweig auf, im rechten Zweig links. Wiederholt man aber (effektiv!) im rechten Unterzweig des linken Zweiges den rechten Zweig, und entsprechend im linken Unterzweig des rechten Zweiges den linken Zweig, so entsteht

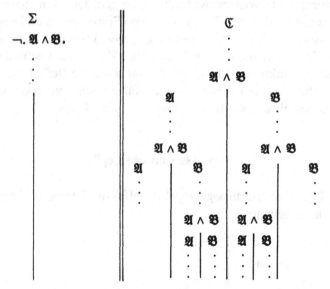

Auf diese Weise ist in allen Zweigen auch effektiv die Wiederholung von 𝔄 und 𝔅 gelungen. Man sieht zugleich, daß dieses Verfahren auf endliche Konjunktionen beschränkt ist.

Ein Gegenbeispiel liefert

$$\Lambda_x \neg \neg a(x) \parallel$$
$$\neg \Lambda_x a(x) \quad \parallel \lambda$$

Klassische Inkonsistenzbeweise lassen sich nach diesen Verfahren also nicht in effektive Inkonsistenzbeweise umformen, falls Allquantoren (mit evtl. unendlichen Verzweigungen) auftreten. Ersetzt man in einem System Σ überall den Allquantor Λ_x durch $\neg V_x \neg$, so stimmt aber die klassische Konsistenz mit der effektiven überein. Dieses Resultat geht auf Glivenko (1929) und Kuroda (1951) zurück.

Für den junktorenlogischen Sonderfall von non-et-komplexen Aussagen $\mathfrak{A}$ (d.h. solchen, die nur mit $\neg$ und $\wedge$ aus Primaussagen zusammengesetzt sind) folgt hieraus sogar — wie zuerst Gödel 1933 bemerkt hat —, daß $\mathfrak{A}$ genau dann klassisch wahr ist, wenn $\mathfrak{A}$ effektiv wahr ist. Diese Äquivalenz gilt nämlich für negative Aussagen $\neg \mathfrak{A}_1$ (da deren Wahrheit mit der Inkonsistenz von $\mathfrak{A}_1$ übereinstimmt) und trivialerweise für Primaussagen. Jede non-et-komplexe Aussage ist aber eine Konjunktion von Primaussagen und negativen Aussagen — und genau dann (effektiv bzw. klassisch) wahr, wenn die Konjunktionsglieder wahr sind. Der Verzicht auf Adjunktionen und Subjunktionen (die klassisch dann als bloße Definitionen wieder eingeführt werden können) bewirkt für die Junktorenlogik das Zusammenfallen von effektiver und klassischer Logik.

3. Assertorische Logik

Ist a eine Primaussage, so ist der effektive Dialog um $\parallel a \to a$ leicht zu gewinnen

		$\parallel a \to a$
1.		$a \to a$
2.	$a\,?$	a
3.	$?$	$?\,2$

Der Opponent muß jetzt zuerst a verteidigen. Kann er es, so braucht der Proponent diese Verteidigung nur nachzumachen, kann er es nicht, so hat der Proponent sofort gewonnen.

Beim effektiven Dialog um $\parallel \neg \neg \mathfrak{a} \to \mathfrak{a}$ ist die Situation anders:

$$
\begin{array}{ll}
\neg\neg\mathfrak{a}\,? & \left\|\begin{array}{l} \neg\neg\mathfrak{a}\to\mathfrak{a} \\ \quad\mathfrak{a} \end{array}\right. \quad\text{oder}\quad \neg\neg\mathfrak{a}\,? \left\|\begin{array}{l} \neg\neg\mathfrak{a}\to\mathfrak{a} \\ \quad\neg\mathfrak{a}\,? \end{array}\right. \\
 & \left\|\quad \mathfrak{a}\,? \right. \qquad\qquad\qquad\quad \left\|\quad ? \right.
\end{array}
$$

Kann der Opponent $\mathfrak{a}$ verteidigen, so wird der Proponent im rechten Dialog verlieren. Um zu gewinnen, muß er im linken Dialog selber $\mathfrak{a}$ verteidigen können, ohne daß es ihm der Opponent vorgemacht hat. Klassisch gewinnt der Proponent dagegen auch $\parallel \neg \neg \mathfrak{a} \to \mathfrak{a}$ durch bloßes Nachmachen. Der hier sich zeigende Unterschied führt zur „formalen" Logik, in der vom Inhalt, der „Materie", der vorkommenden Aussagen abgesehen wird.

Wir beschränken uns zunächst auf die e f f e k t i v e formale Logik. Wir werden sie in mehreren Schritten erreichen, bei denen die Abstraktion vom Inhalt jedesmal etwas weitergetrieben wird. Wie bisher benutzen wir für die Aussageformen Variable x, y usw., die durch Konstanten m, n, ... aus ihrem Variablilitätsbereich ersetzt werden dürfen. Wir nennen den Variabilitätsbereich ω.

Anstelle der Aussagen mit den Konstanten aus ω führen wir jetzt F o r m e l n ein: zunächst Primformeln

$a, b, \ldots$
$ax, by, \ldots$
$axy, byz, \ldots$

und logische Zusammensetzungen A, B, ... der Primformeln. Freie Variable in den Formeln dürfen durch Konstanten aus ω ersetzt werden. Wir werden mit diesen Formeln operieren, als ob es (materiale) Aussagen bzw. Aussageformen wären. Es sind aber nur Buchstabenfolgen.

Hat man es mit dialogdefiniten Aussagen zu tun, so kann sinnvoll gefragt werden, ob man sie verteidigen könne oder nicht. Bei Formeln hat dies keinen Sinn. Um im Dialog um Formeln gewisse Stellungen als Endstellungen auszuzeichnen (dies geschieht im materialen Dialog dadurch, daß der Proponent gewinnen kann, wenn rechts von $\parallel$ eine verteidigbare Primaussage steht o d e r links von $\parallel$ eine nicht verteidigbare), denken wir uns jetzt eine Menge $\mathfrak{B}$ von Basisformeln vorgegeben: $\mathfrak{B}$ enthalte nur Primformeln ohne freie Variable oder deren Negate. $\mathfrak{B}$ heiße eine k o n s i s t e n t e B a s i s m e n g e, wenn $\mathfrak{B}$ für keine Primformel p zugleich p und $\neg\, p$ enthält.

Die bisherigen Dialoge lassen sich dann folgendermaßen mit Formeln statt mit Aussagen simulieren: Der Proponent hat gewonnen, wenn rechts von $\parallel$ eine Primformel p aus $\mathfrak{B}$ steht oder wenn links von $\parallel$ eine Primformel steht, deren Negat in $\mathfrak{B}$ vorkommt.

Diese Dialoge mögen (materiale) Dialoge r e l a t i v zu $\mathfrak{B}$ über ω heißen (sie wurden von K. Lorenz 1968 eingeführt). Kommen alle Primformeln, aus denen eine Formel A (oder ein System Σ von Formeln) logisch zusammengesetzt sind, in einer konsistenten Basismenge $\mathfrak{B}$ entweder affirmiert oder negiert vor, dann heiße $\mathfrak{B}$ „total" bezüglich A (bzw. Σ). In der semantischen Terminologie heißt ein Bereich ω mit einer konsistenten, bezüglich A totalen Basismenge auch eine „Interpretation" von A.

Der Benutzung einer konsistenten und totalen Basismenge entspricht in den „absolut" materialen Dialogen die Voraussetzung der Wahrheitsdefinitheit aller Primaussagen.

Bezüglich einer Formel wie $\neg\,\neg\, a \rightarrow a$, die nur aus der Primformel a zusammengesetzt ist, sind $\mathfrak{B}_1 = \{\, a\,\}$ und $\mathfrak{B}_2 = \{\,\neg\, a\,\}$ konsistente und totale Basismengen. Relativ zu jeder dieser Basismengen ist $\neg\,\neg\, a \rightarrow a$ effektiv verteidigbar. Eine abgeschlossene Entwicklung relativ zu $\mathfrak{B}_1$ ist

$$
\begin{array}{c|c}
 & \neg\,\neg\, a \rightarrow a \\
\neg\,\neg\, a & a
\end{array}
$$

Eine abgeschlossene Entwicklung zu $\mathfrak{B}_2$ ist

$$
\begin{array}{c|c}
 & \neg\,\neg\, a \rightarrow a \\
\neg\,\neg\, a & a \\
 & \neg\, a \\
a &
\end{array}
$$

Diese Entwicklung ist effektiv relativ zu $\mathfrak{B}_2 = \{\,\neg\, a\,\}$ abgeschlossen, weil a als Linksformel auftritt. Klassisch ist sie auch relativ zu $\mathfrak{B}_1 = \{\, a\,\}$ abgeschlossen, weil a — wenn auch nicht als letzte Formel — als Rechtsformel auftritt. Klassisch kann man also

$\neg\neg\, a \rightarrow a$ verteidigen, ohne die Basismenge zu kennen, effektiv hängt die zu wählende Entwicklung von der Basismenge ab.

Andere Formeln, etwa $\neg\,.\, a \wedge \neg\, a.$, sind auch effektiv unabhängig von der Basismenge zu verteidigen.

1.		$\neg.a \wedge \neg a.$	
2.	$a \wedge \neg a$		
3.	a	L? 2	
4.	$\neg a$	R? 2	
5.		a	? 4

Hier tritt eine Primformel a als Links- u n d Rechtsformel auf. Die Entwicklung ist also relativ zu jeder (bezüglich a) totalen Basismenge abgeschlossen. Hinter den Zügen ist durch eine Nummer angegeben, welche Zeile angegriffen ist.

Wir bezeichnen einen Zweig, der eine Primformel als Links- und Rechtsformel enthält, als f o r m a l - a b g e s c h l o s s e n. Indem wir die Abgeschlossenheit in materialen Dialogen jetzt als m a t e - r i a l - a b g e s c h l o s s e n bezeichnen, heiße die formale Abgeschlossenheit in Zukunft kürzer „abgeschlossen". Eine Dialogstellung, die eine Entwicklung besitzt, die in allen Zweigen abgeschlossen ist, heiße entsprechend „abschließbar" (formal abschließbar).

Die Formel $\neg.\, a \wedge \neg\, a.$, die Formel des ausgeschlossenen Widerspruchs, ist also effektiv abschließbar. Die Formel $a \vee \neg\, a$, die Formel des ausgeschlossenen Dritten: tertium non datur, ist dagegen effektiv nicht abschließbar. Als Entwicklungen haben wir nämlich

$a \vee \neg a$			$a \vee \neg a$
a	oder		$\neg a$
			a

Diese Formel ist aber klassisch abschließbar.

1		$a \vee \neg a$	
2		$\neg a$	1
3	a		2
4		a	1

(Die Zahlen ohne ? geben die Zeile an, die verteidigt wird.)

Man sieht hieran, daß der Streit um die „logische Wahrheit" (das ist ein anderer Terminus für die formale Abschließbarkeit) nur um die Geltung der effektiven oder klassischen Dialogregel geht.

Ehe wir dazu übergehen zu zeigen, wie sich dieser Streit in Nichts auflöst, weil die klassische Dialogregel innerhalb der effektiven Dialoge für den Spezialfall „stabiler" Primaussagen als zulässig nachgewiesen werden kann, abstrahieren wir noch von dem Variabilitätsbereich ω, der bisher (für quantifizierte Formeln) auch in den formal-abschließbaren Dialogen auftritt.

Ein Beispiel liefert das Induktionsprinzip der Arithmetik. Der Variabilitätsbereich sei dazu die Menge der Konstanten $0, 0', 0'', \ldots$ Dann gibt es für die folgende Dialogstellung

$$a\,0 \quad \Big\| \quad$$
$$\Lambda_x.\ a\,x \to a\,x' \quad \Big\| \quad \Lambda_y\,a\,y$$

eine effektive Entwicklung, die in allen Zweigen (das sind hier unendlich viele) abgeschlossen (formal-abgeschlossen) ist. Einer der Zweige sieht z.B. so aus:

1	$a\,0$			
2	$\Lambda_x.\ a\,x \to a\,x'$		$\Lambda_y\,a\,y$	
3			$a\,0''$	
4	$a0 \to a0'$			? 2
5		$a0'$	$a0$	? 4
6		$a0' \to a0''$		? 2
7		$\underline{a0''}$	$\underline{a0'}$	? 6

(Die jeweils abschließenden Primformeln sind hier unterstrichen.)

Diese Verteidigungen können nicht für a l l e Ziffern hingeschrieben werden, es kann höchstens das Verfahren hingeschrieben werden, nach denen diese Verteidigungen zu konstruieren sind.

Für die Behauptung, daß das Verfahren für a l l e Ziffern eine Verteidigung liefert, kann dann wieder keine Verteidigung hingeschrieben werden, sondern nur ein Verfahren, nach dem diese Verteidigungen zu konstruieren sind – und so weiter. Nur derjenige,

der sich entschließen kann, diesen Regreß an einer Stelle abzubrechen — weil er, wie man psychologisch sagen würde, das Konstruk-
tionsverfahren „beherrscht" (die Verteidigbarkeit „eingesehen"
hat) —, ist fähig, konstruktive Arithmetik zu treiben. Wegen dieser
„Einsicht" heißt die konstruktive Arithmetik auch „intuitionistisch"
(nach Brouwer).

In der axiomatischen Arithmetik tritt an die Stelle der Behauptung der Wahrheit des Induktionsprinzips

$$a0 \wedge \Lambda_x.\, a\, x \to a\, x'. \to \Lambda_y\, a\, y$$

die Wahl dieses Prinzips als „Axiom". Das ist aber ersichtlich nur
eine andere Redeweise dafür, daß man das Beweisverfahren beherrscht.

Ein nicht nur verbaler Unterschied tritt erst auf, wenn man in
der axiomatischen Arithmetik davon abstrahiert, daß die Variablen
$x, y, \ldots$ den Variabilitätsbereich $\omega = \{0, 0', 0'', \ldots\}$ haben. Dies
geschieht dadurch, daß man für die Entwicklungsschritte quantifizierter Formeln keine Konstanten mehr benutzt, sondern freie
Variable.

Wir behandeln zunächst den Allquantor. Der Entwicklungsschritt
($\wedge \|$) lautet jetzt

$$(\wedge \|)_y \qquad \Sigma\, (\Lambda_x A\, (x)) \; \Big\| \; C$$
$$A\, (y) \qquad \Big\|$$

mit einer beliebigen Variablen ‚y' anstelle einer Konstanten ‚n'.
Hier ist eine technische Schwierigkeit zu berücksichtigen. Es kann
sein, daß die Variable x in der Formel $\Lambda_x A(x)$ nicht „frei für y"
ist, weil x an mindestens einer Stelle im Wirkungsbereich eines
Quantors X_y mit der gebundenen Variablen y vorkommt. Ist $A(x)$
z.B. die Formel $\Lambda_y\, a\, x\, y$, so liefert die Ersetzung von x durch eine
Konstante n die Formel $\Lambda_y\, a\, n\, y$, die Ersetzung durch y würde
aber $\Lambda_y\, a\, y\, y$ liefern. Um diese Schwierigkeit zu vermeiden, sei stets
(stillschweigend) gestattet, gebundene Variable „umzubenennen":
man schreibe statt $\Lambda_y\, a\, x\, y$ z.B. $\Lambda_z\, a\, x\, z$. Dann ist x frei für y: es
entsteht $\Lambda_z\, a\, y\, z$.

Der Entwicklungsschritt ($\| \wedge)_\omega$ lautet mit freien Variablen statt
Konstanten folgendermaßen

$$(\,\|\wedge) \qquad \Sigma \qquad \left\| \begin{array}{l} \wedge_x\, A\,(x) \\ A\,(y) \qquad \text{[für alle } y\,]. \end{array} \right.$$

Die Dialoge über einen unendlichen Variabilitätsbereich ω haben hier eine unendliche Verzweigung. Für freie Variablen ist es dagegen unnötig, „alle" freien Variablen y gesondert zu betrachten. Es sei wieder vorausgesetzt, daß x frei für y in $A(x)$ ist. Für eine Dialogstellung wie

$$a\,z \,\|\, \wedge_x\, a\,x$$

ist der Zweig der Entwicklung, der mit $a\,z$ (also ‚z' statt ‚y') fortsetzt, abgeschlossen, alle Zweige mit von ‚z' verschiedenen Variablen sind aber nicht abschließbar. Um zu zeigen, daß alle Zweige abschließbar sind, genügt es, e i n e Variable y (gewissermaßen als Paradigma) zu betrachten. An diese paradigmatische Variable y ist nur die Bedingung zu stellen, daß sie nicht in den Formeln der Ausgangsstellung, also weder in Σ noch in $A(x)$, f r e i vorkommt. Sie soll, so wollen wir sagen, „neu" sein.

Dadurch liefert der Entwicklungsschritt ($\|\wedge$) k e i n e Verzweigung mehr. Gibt es aber eine abgeschlossene Entwicklung mit diesem „formalen" Quantorenschritt, dann sind – bei Verwendung von Konstanten aus einem Variabilitätsbereich ω – die Entwicklungen über ω ebenfalls stets abgeschlossen. Ohne die Neuheitsbedingung würde dies nicht gelten. Über ω wurde dabei nur die triviale Voraussetzung gemacht, daß ω mindestens eine Konstante enthält, d.h., daß ω nicht leer ist.

Für den Einsquantor gilt entsprechendes. Die Entwicklungsschritte lauten

$$(\vee\|) \qquad \Sigma\,(\vee_x\, A\,(x)) \,\left\| \begin{array}{l} C \\ A\,(y) \qquad\qquad\quad\, [y\ \text{neu}] \end{array} \right.$$

$$(\|\vee)_y \qquad \Sigma \qquad\qquad \left\| \begin{array}{l} \vee_x\, A\,(x) \\ A\,(y) \end{array} \right.$$

Eine Dialogstellung, die formal nach diesen Schritten abschließbar ist, ist über j e d e m Variabilitätsbereich abschließbar.

Wir haben damit neben den (materialen) Dialogen relativ zu $\mathfrak{B}$ über ω Dialoge mit der formalen Abschließbarkeit über ω und

Dialoge mit der formalen Abschließbarkeit ohne Angabe eines Variabilitätsbereiches. Da die Dialoge über ω evtl. unendliche Verzweigungen liefern, mögen sie h a l b f o r m a l heißen. Die Dialoge ohne Konstanten haben nur endliche Verzweigungen, sie heißen f o r m a l e, genauer „vollformale" Dialoge. In der konstruktiven Arithmetik benutzt man halbformale Entwicklungen, in der axiomatischen Arithmetik dagegen nur formale Entwicklungen. Dieser Unterschied führt zu der sogenannten ω-Unvollständigkeit (vgl. P. Lorenzen 1962). Statt der (formalen) Verteidigbarkeit einer Stellung kann stets ihre (formale) Abschließbarkeit betrachtet werden.

Ist eine Stellung $\| A$ formal abschließbar, so heißt die Formel A auch „logisch wahr". Ist allgemeiner eine Stellung $\Sigma \| A$ formal abschließbar, so sagt man, daß das Formelsystem Σ die Formel A „logisch impliziert", in Zeichen $\Sigma \prec A$. Je nachdem ob die effektive oder klassische allgemeine Dialogregel verwendet wird, unterscheidet man effektive und klassische logische Wahrheiten, effektive und klassische logische Implikationen.

Ob eine logische Implikation besteht oder nicht, das ist jetzt eine Frage eines bloßen Operierens mit Formeln, eines Kalküls, wie man sagt. Man kann alles bisher über materiale Dialoge Gesagte vergessen (man vergißt damit dann allerdings auch die Gründe, die die Operationen zu sinnvollen Operationen machen) und sich − gleichsam als Denksport − komplizierte Stellungen $\Sigma \| A$ ausdenken, die darauf zu untersuchen sind, ob sie (entweder bei effektiver oder klassischer Entwicklung) eine Entwicklung gestatten, die in allen Zweigen abgeschlossen ist. Diese Logikkalküle treten in der Literatur als Bethsche Kalküle auf: statt Dialogstellungen behandelte Beth 1955 „Tableaux". Obwohl seine Begründungen anders (über „semantische" Betrachtungen) verliefen, kam er zu denselben Kalkülen wie den obigen Entwicklungskalkülen. Smullyan 1968 behandelt sie unter dem Titel „analytische" Kalküle. Mit dem Konsistenzbeweis der effektiven und materialen Dialoge haben wir zugleich schon eine Begründung für die Verwendung der effektiven Entwicklungskalküle. Sie dienen dazu, genau diejenigen materialen Dialogstellungen auszuzeichnen, die sich schon formal − also mit Endstellungen $\Sigma (p) \| p$ − verteidigen lassen.

Für den klassischen Entwicklungskalkül fehlt noch die Konsistenz. Sie wird bei Beth mit der Wahrheitsdefinitheit aller Aussagen dogmatisch vorausgesetzt.

Auf der Basis der effektiven Logik (d.h. der effektiven formalen Dialoge und ihrer Entwicklungen) läßt sich aber die klassische Logik, insbesondere der klassische Tableauxkalkül von Beth, durch eine einfache Methode als ein Spezialfall der effektiven Logik gewinnen. Diese Methode geht auf Gödel 1933 zurück. Er benutzte sie, um aus der Unableitbarkeit der Konsistenz klassischer Theorien auch die Unableitbarkeit der Konsistenz effektiver Theorien zu beweisen. Hier wird seine Methode — wie bei van Dantzig 1947 — dazu benutzt, um aus der Konsistenz der effektiven Logik die Konsistenz der klassischen Logik zu erhalten. Man ersetze dazu alle Primformeln p durch die „schwache" Affirmation $\neg\,\neg p$, ferner ersetze man die Adjunktionen $A \lor B$ bzw. $\bigvee_x A(x)$ durch die „schwachen" Adjunktionen $\neg.\neg A \land \neg B.$ bzw. $\neg \bigwedge_x \neg A(x)$. Es ist dann zu zeigen, daß jede so abgeschwächte Formel genau dann klassisch logisch-wahr ist, wenn sie effektiv logisch-wahr ist. Die klassische Logik ist also nichts anderes als der Spezialfall der effektiven Logik, der durch Beschränkung auf abgeschwächte Formeln entsteht.

Der Beweis wird dadurch geführt, daß zunächst die S t a b i l i - t ä t der abgeschwächten Formeln gezeigt wird: für jede abgeschwächte Formel A gilt effektiv: $\neg\,\neg A \prec A$, also sogar $\neg\,\neg A \asymp A$ mit dem Äquivalenzzeichen $\asymp$ für $\prec$ in beiden Richtungen.

Dies ist gleichbedeutend damit, daß für abgeschwächtes A die Formel $\neg\,\neg A \to A$ stets effektiv logisch-wahr ist.

Beweis:

(1) Jede negierte Formel ist stabil (also a fortiori jede schwach-affirmative Formel).

1	$\neg\,\neg\,\neg a$	$\neg a$	
2	a	$\bigwedge$	
3		$\neg\neg a$	? 1
4	$\neg a$	$\bigwedge$	
5		a	? 4

(2) Jede Konjunktion stabiler Formeln ist stabil. Wir zeigen, daß die Allquantifizierung von stabilen Formeln zu stabilen Formeln führt.

$$
\begin{array}{llll}
1 & \bigwedge_x.\,\neg\neg a\,x \to a\,x. & & \\
2 & \neg\neg\bigwedge_x a\,x & \bigwedge_x a\,x & \\
3 & & a\,y & \\
4 & \neg\neg a\,y \to a\,y & & ?1 \\
5 & \quad a\,y & \neg\neg a\,y & ?4 \\
6 & \neg a\,y & \wedge & \\
7 & & \neg\,\bigwedge_x a\,x & ?2 \\
8 & \bigwedge_x a\,x & \wedge & \\
9 & a\,y & & \\
10 & & a\,y & ?6
\end{array}
$$

(3) Jede Subjunktion ist stabil, wenn die Formel rechts von $\to$ (die Hinterformel der Subjunktion) stabil ist.

$$
\begin{array}{llll}
1 & \neg\neg b \to b & & \\
2 & \neg\neg.\,a \to b. & a \to b & \\
3 & a & b & \\
4 & \quad b & \neg\neg b & ?1 \\
5 & \neg b & \wedge & \\
6 & & \neg.\,a \to b. & ?2 \\
7 & a \to b & \wedge & \\
8 & \quad b & a & ?7 \\
9 & & \quad b & ?5
\end{array}
$$

Da in effektiven Dialogentwicklungen nur die Angriffe notiert werden müssen (die Verteidigungszüge beziehen sich immer auf die letzte These rechts von ‖), sind die Fragezeichen in dieser Notation redundant. Wir behalten sie trotzdem bei, weil in den klassischen Dialogen auch die Verteidigungszüge notiert werden müssen (ohne Fragezeichen).

Nach dem Schnittsatz ist eine Formel effektiv verteidigbar, wenn sie mit Hilfe von Hypothesen verteidigbar ist, die ihrerseits effektiv verteidigbar sind. Dies liefert direkt die effektive Verteidigbarkeit aller abgeschwächten Formeln, die klassisch verteidigbar sind. Wir haben nämlich gezeigt, daß eine klassische Verteidigung stets umgeformt werden kann in eine effektive Verteidigung mit Stabilitätshypothesen für Teilformeln. Für abgeschwächte Formeln sind diese Stabilitätshypothesen effektiv verteidigbar: es gibt also eine effektive Verteidigungsstrategie, wenn es eine klassische gibt.

Es läßt sich noch etwas mehr behaupten, wenn man berücksichtigt, daß jede Formel mit ihrer Abschwächung klassisch äquivalent ist, d.h., daß eine Formel genau dann klassisch logisch-wahr ist, wenn ihre Abschwächung klassisch logisch-wahr ist, also genau dann, wenn ihre Abschwächung effektiv logisch-wahr ist.

Es ist daher gar nicht nötig, die Abschwächung explizit vorzunehmen. Man kann Adjunktionen auch klassisch verwenden. Nur wenn man das Endresultat, eine logische Wahrheit oder eine logische Implikation, effektiv deuten will, sind alle Formeln durch ihre Abschwächung zu ersetzen. Benutzt man die logische Wahrheit dazu, um auf die materiale Wahrheit zu schließen, z.B. in der Arithmetik, so kommt hinzu, daß man wahrheitsdefinite Primaussagen nicht abzuschwächen braucht. Wahrheitsdefinite Aussagen sind nämlich stets stabil, wie folgende effektive Entwicklung zeigt:

$$
\begin{array}{llll}
1 & a \vee \neg a & \quad \neg\neg a \rightarrow a & \\
2 & \neg\neg a & \quad a & \\
3 & a \mid \neg a & & ?\,1 \\
4 & & \quad \neg a & ?\,2 \\
5 & a & \quad \wedge & \\
6 & & \quad a & ?\,3
\end{array}
$$

Mit den Mitteln der effektiven Logik läßt sich auf diese Weise die klassische Logik als die Untersuchung abgeschwächter Aussagen rechtfertigen. Für viele Zwecke genügt es, nur die Wahrheit abgeschwächter Aussagen zu untersuchen, insbesondere dann, wenn die Primaussagen stabil sind und man nur an gewissen Primaussagen (z.B. numerischen Resultaten in der Arithmetik) interessiert ist. Es ist aber eine dogmatische Beschränkung, deshalb die Untersuchung „starker" Aussagen als sinnlos zu verwerfen. Effektiv ist es ein Unterschied, ob $V_x\,A(x)$ oder nur $\neg\,\Lambda_x\,\neg\,A(x)$ behauptet werden kann. Statt von „starken" Einsquantifizierungen spricht man hier auch von „effektiver" Existenz. „Schwache" Existenzaussagen heißen dann auch nicht-effektive Existenzaussagen. Nur die effektive Logik gestattet diese Unterscheidung und liefert logische Implikationen zwischen effektiven Existenzaussagen und zwischen starken Adjunktionen.

Für die Junktorenlogik (vgl. den Schluß von Kap. I,2) läßt sich das obige Resultat verschärfen: Eine Formel ohne Adjunktionen und ohne Subjunktionen (man ersetze $A \to B$ durch die „schwache" Subjunktion $\neg.\,A \wedge \neg\,B$.) ist genau dann klassisch wahr, wenn sie effektiv logisch-wahr ist.

Für die orthodoxen klassischen Logiker steht die Rechtfertigung der klassischen Logikkalküle auf dem Weg über die effektive Logik nicht zur Verfügung. An die Stelle einer Rechtfertigung treten dort „semantische" Zulässigkeits- und Vollständigkeitsbeweise. Es ist im folgenden zu zeigen, wie diese Beweise effektiv einzuordnen sind.

Für die Zulässigkeit („Korrektheit", „soundness" oder auch „semantische Konsistenz") versucht man zu beweisen, daß jede klassisch logisch-wahre Formel, jetzt ohne $\to$, über jedem (nicht-leeren) Variabilitätsbereich ω und bzgl. jeder konsistenten totalen Basismenge „semantisch" (d.h. streng) wahr ist.

Man „beweist" die semantische Zulässigkeit dadurch, daß man allgemeiner „beweist", daß bei einer abgeschlossenen Entwicklung einer Stellung $\Sigma \parallel \mathsf{T}$ relativ zu jeder konsistenten totalen Basismenge, relativ zu der a l l e Formeln von Σ wahr sind, mindestens e i n e Formel von T wahr ist.

Dieser „Beweis" für $\parallel \Lambda_x a\,x \vee \neg\,\Lambda_x a\,x$ sieht z.B. für $\omega = \{\,1, 2, 3, \ldots\}$ so aus, daß behauptet wird, relativ zu jeder konsistenten totalen Basismenge $\mathfrak{B}$ (die also entweder $a\,n$ oder $\neg\,a\,n$ für jede Konstante n enthält) sei $\Lambda_x a\,x$ oder $\neg\,\Lambda_x a\,x$ „wahr". Diese „semantische" Wahrheit ist die strenge: $\Lambda_x a\,x$ heißt genau dann wahr, wenn $a\,n$ für alle n wahr ist, d.h. in $\mathfrak{B}$ enthalten ist. $\neg\,\Lambda_x a\,x$ heißt genau dann wahr, wenn $\neg\,a\,n$ für ein n wahr ist. Daß hier-

nach $\bigwedge_x a\,x \vee \neg\ \bigwedge_x a\,x$ wahr sei, heißt also, daß $\bigwedge_x a\,x \vee \bigvee_x \neg a\,x$
wahr sei – und dies wird in der metasprachlichen Form: „*a n* ist
für alle *n* wahr oder $\neg\,a\,n$ ist für ein *n* wahr" aufgrund der metasprachlichen Voraussetzung über $\mathfrak{B}$ (relativ zu $\mathfrak{B}$ ist für jedes *n* entweder *a n* oder $\neg\,a\,n$ wahr) behauptet. Hier wird in der Metaspra-
che von einer Aussage der Form $\bigwedge_n.\ A(n) \vee B(n).$ auf
$\bigwedge_n A(n) \vee \bigvee_n B(n)$ „geschlossen". Um diesen Schluß zu rechtfertigen, müßte es eine l o g i s c h e Implikation sein. Die Implikation

$$\bigwedge_x.\ a\,x \vee b\,x \prec \bigwedge_x a\,x \vee \bigvee_x b\,x$$

ist aber nur klassisch eine logische Implikation, nicht effektiv. Es
wird in der Metasprache die klassische Logik vorausgesetzt. Der semantische Zulässigkeits„beweis" ist also ein Zirkelschluß, kein Beweis.

　　Dieser Beweisfehler wird in den modernen Darstellungen dadurch
verdeckt, daß anstelle von konsistenten Basismengen $\mathfrak{B}$ von „Interpretationen" gesprochen wird, die jeder Primformel *a x* eine „Men-
ge" M_a zuordnen. An die Stelle von $a\,n \in \mathfrak{B}$ tritt dann $n \in M_a$. Für
den Fall eines unendlichen Variabilitätsbereichs ω ändert sich dadurch aber nichts daran, daß nur durch eine (materiale) Aussage-
form $\mathfrak{a}(x)$ definiert werden kann, wann $a\,n \in \mathfrak{B}$ (oder $n \in M_a$) gelten soll, nämlich genau dann, wenn $\mathfrak{a}(n)$.

　　Jede Behauptung über a l l e Interpretationen (oder über alle
konsistenten Basismengen) ist also eine Behauptung über alle diese
definierenden Aussageformen. In den modernen Lehrbüchern der
klassischen Logik werden Behauptungen über alle Interpretationen
aber formuliert als Behauptungen über alle Mengen. Für den an der
modernen Mathematik Geschulten entsteht dadurch der Eindruck,
die logische Wahrheit würde auf mengentheoretische Sätze zurückgeführt. Daß die mengentheoretische Behauptungen sich aber auf
die klassische Logik stützen, wird dabei ignoriert. Auf diese Weise
wird die Zirkelhaftigkeit verdeckt.

　　Anstelle dieses Zirkelschlusses tritt in der konstruktiven Begründung der Logik der folgende Gedankengang. Ist eine Formel *A*
klassisch-wahr, dann ist jede materiale Aussage $\mathfrak{A}$ dieser Form mit
wahrheitsdefiniten Primaussagen klassisch-wahr. Das ergibt sich
aufgrund der Einführung des Entwicklungskalküls, bei der (1) die

formale Abgeschlossenheit an die Stelle der materialen Abgeschlossenheit getreten ist und (2) die Entwicklungsschritte für Quantoren mit freien Variablen an die Stelle der Entwicklungsschritte mit Konstanten getreten sind. Beide Übergänge sind „zulässig" in dem Sinne, daß eine formal abschließbare Stellung a fortiori material abschließbar ist.

Nennen wir eine materiale Aussage, die aus einer Formel A dadurch entsteht, daß die Primformeln durch wahrheitsdefinite Primaussagen ersetzt werden (die logische Form, d.h. die Form der logischen Zusammensetzung aber erhalten bleibt), eine Interpretation αA von A, so erhalten wir das triviale Ergebnis, daß für jede klassisch logisch-wahre Formel A j e d e Interpretation αA klassisch wahrheit Man nennt die Formel A dann klassisch allgemein-wahr.

Aus dieser Zulässigkeit (was logisch-wahr ist, ist allgemein wahr) folgt für klassisch logisch inkonsistente Formeln A, daß $\neg A$ klassisch allgemein-wahr ist, also jede Interpretation αA nicht klassisch-wahr, damit auch nicht streng (oder „semantisch") wahr ist. Durch Kontraposition folgt, daß eine Formel A, die „erfüllbar" ist, d.h., für die eine Interpretation αA streng wahr ist, klassisch logisch konsistent ist. Für A genügt hier die „schwache" Erfüllbarkeit, d.h. die schwache Existenz einer streng wahren Interpretation.

Wichtiger als diese Folgerung der trivialen Zulässigkeit der klassischen Logik ist die Umkehrung dieses Satzes, die „semantische" Vollständigkeit.

Zwar sind die klassisch-logisch wahren Formeln — konstruktiv gesehen — schon vollständig charakterisiert als diejenigen, deren Abschwächung effektiv-logisch wahr ist, man wird aber auf eine „semantische" Vollständigkeit der klassischen Logik geführt, wenn man — was konstruktiv sinnvoll ist — nach einem Entscheidungsverfahren für die klassisch-logische Wahrheit fragt. Beschränkt man sich auf Junktoren, so ist ein Entscheidungsverfahren leicht zu gewinnen. Um über die Abschließbarkeit einer Stellung $\Sigma \parallel T$ zu entscheiden, braucht man nur eine Entwicklung herzustellen, deren Zweige m a x i m a l entwickelt sind, d.h., jeder erlaubte Entwicklungsschritt soll mindestens einmal ausgeführt sein. Eine solche maximale Entwicklung läßt sich für die Junktorenlogik stets in endlich vielen Schritten erreichen. Z.B. hat $a \wedge b \mathbin{\dot\wedge} c \mathbin{\ddot\vee} \neg a \vee \neg b$ als eine maximale Entwicklung

$$
\begin{array}{c}
\| \; a \wedge b \mathbin{\dot\wedge} c \mathbin{\ddot\vee} \neg a \vee \neg b \\
a \wedge b \mathbin{\dot\wedge} c \\
\neg a \vee \neg b \\
\neg a \\
\neg b
\end{array}
$$

a

b

$$
| \quad | \quad \| \; \begin{array}{c} a \wedge b \\ a \;|\; b \end{array} \; | \quad c
$$

Diese Entwicklung ist nicht in allen Zweigen formal abgeschlossen, nämlich nicht in dem Zweig, in dem c rechts von $\|$ steht. In diesem Zweig stehen a und b als Primformeln links von $\|$. Relativ zu der konsistenten Basismenge $\{a, b, \neg c\}$ ist dieser Zweig auch material nicht abgeschlossen. Relativ zu dieser Basismenge sind vielmehr alle Formeln des Zweiges wahr, sofern sie links von $\|$ stehen, und falsch, sofern sie rechts von $\|$ stehen. Die „Wahrheit" ist hier wieder streng zu nehmen, die „Falschheit" als „Wahrheit" der negierten Formel.

Nach diesem Muster ergibt sich, daß eine Formel, die nicht klassisch-logisch wahr ist, relativ zu einer konsistenten Basismenge streng falsch ist.

Für die Quantorenlogik kommt die Schwierigkeit hinzu, daß evtl. keine endliche Entwicklung formal-abgeschlossen oder maximal entwickelt ist.

Es liegt nahe, auf „systematische" Weise zu versuchen, zu maximalen Zweigen zu kommen (vgl. Smullyan 1968). Dazu werden z u n ä c h s t a l l e die folgenden Entwicklungsschritte durchgeführt:

$$
(\neg\|) \qquad \Sigma \,(\neg A) \; \Big\|\begin{array}{l} \top \\ A \end{array} \qquad\qquad (\|\neg) \qquad \dfrac{\Sigma}{A} \; \Big\|\; \top\,(\neg A)
$$

$(\wedge \|)$ $\quad \Sigma (A \wedge B) \;\|\; \mathsf{T}$
$\qquad\qquad\quad A$
$\qquad\qquad\quad B$

$(\| \wedge)$ $\quad \Sigma \;\|\; \mathsf{T}(A \wedge B)$
$\qquad\qquad\quad\; \| \; A \mid B$

$(\vee \|)$ $\quad \Sigma (A \vee B) \;\|\; \mathsf{T}$
$\qquad\qquad A \mid B \quad \| \;\mid$

$(\| \vee)$ $\quad \Sigma \;\|\; \mathsf{T}(A \vee B)$
$\qquad\qquad\qquad A$
$\qquad\qquad\qquad B$

$(V \|)$ $\quad \Sigma (V_x A(x)) \;\|\; \mathsf{T}$
$\qquad\qquad A(y) \quad \|$ [y neu]

$(\| \wedge)$ $\quad \Sigma \;\|\; \mathsf{T}(\wedge_x A(x))$
$\qquad\qquad\qquad A(y) \qquad$ [y neu]

Daran a n s c h l i e ß e n d werden die „kritischen" Schritte (vgl. Schütte 1960) durchgeführt:

$(\wedge \|)$ $\quad \Sigma (\wedge_x A(x)) \;\|\; \mathsf{T}$
$\qquad\qquad A(y_1)$
$\qquad\qquad\;\; \vdots$
$\qquad\qquad A(y_n)$

$(\| V)$ $\quad \Sigma \;\|\; \mathsf{T}(V_x A(x))$
$\qquad\qquad\qquad A(y_1)$
$\qquad\qquad\qquad\;\; \vdots$
$\qquad\qquad\qquad A(y_n)$

mit a l l e n freien Variablen $y_1, \ldots, y_n$, die bisher in der Entwicklung vorgekommen sind. (Ist keine vorgekommen, so nehme man irgendeine Variable.)

Durch die kritischen Schritte entstehen evtl. neue Formeln, die dann zunächst mit den „unkritischen" Schritten entwickelt werden müssen; dadurch treten evtl. neue freie Variable auf, die zu weiteren „kritischen" Entwicklungsschritten führen usw.

Entsteht bei dieser systematischen Entwicklung eine in allen Zweigen formal-abgeschlossene Entwicklung, so ist die Ausgangsstellung $\Sigma \;\|\; \mathsf{T}$ klassisch-logisch verteidigbar. Entsteht bei dieser systematischen Entwicklung eine e n d l i c h e Entwicklung, die n i c h t in allen Zweigen formal-abgeschlossen ist, dann enthält die Entwicklung e i n e n maximal entwickelten nicht-abgeschlossenen Zweig. Entsteht bei dieser systematischen Entwicklung eine u n-e n d l i c h e Entwicklung, dann schließt man nach klassischer Logik auf der Metastufe auf die Existenz eines unendlichen maximal-entwickelten Zweiges, der nicht formal-abgeschlossen ist, weil nach erreichtem formalen Abschluß selbstverständlich keinerlei Entwicklungsschritte mehr ausgeführt werden sollen. Um aus der Unendlichkeit einer Entwicklung auf die (schwache) Existenz eines unendlichen Zweiges zu schließen, braucht man die folgende Überlegung (vgl. D. König 1936). Enthält die Entwicklung einer Stellung unendlich viele Stellungen, so gilt dies auch für mindestens eine der durch e i n e n Entwicklungsschritt entstehenden Stellungen (weil nur e n d l i c h e Verzweigungen vorkommen). Induktiv läßt sich so eine unendliche Folge von Stellungen definieren, deren jede eine unendliche Entwicklung hat und die einen unendlichen Zweig bilden.

Die effektive Existenz eines solchen Zweiges läßt sich nicht verteidigen, aber — wie der klassische Beweis zeigt — die nicht-effektive Existenz eines solchen Zweiges. In manchen Fällen wird man jedoch auch effektiv die Existenz eines unendlichen Zweiges zeigen können. Er ist dann in folgendem Sinne maximal entwickelt:

Er enthält:

(1)   mit $A \wedge B$ als Linksformel auch A und B,
mit $A \wedge B$ als Rechtsformel auch A oder B;

(2)   mit $A \vee B$ als Linksformel auch A oder B,
mit $A \vee B$ als Rechtsformel auch A und B;

(3)   mit $\bigwedge_x A(x)$ als Linksformel auch $A(y)$ für alle im Zweig vorkommenden freien Variablen,
mit $\bigwedge_x A(x)$ als Rechtsformel auch $A(y)$ für eine im Zweig vorkommende freie Variable;

(4)   mit $\bigvee_x A(x)$ als Linksformel auch $A(y)$ für eine im Zweig vorkommende freie Variable,
mit $\bigvee_x A(x)$ als Rechtsformel auch $A(y)$ für alle im Zweig vorkommenden freien Variablen;

(5)   mit $\neg A$ als Linksformel auch A als Rechtsformel,
mit $\neg A$ als Rechtsformel auch A als Linksformel.

Bildet man eine Basismenge $\mathfrak{B}$, die eine Primformel p enthält, wenn p eine Linksformel des Zweiges ist, und die $\neg p$ enthält, wenn p eine Rechtsformel des Zweiges ist, dann ist $\mathfrak{B}$ eine konsistente Basismenge. Als Variabilitätsbereich ω der gebundenen Variablen nehme man alle im Zweig vorkommenden freien Variablen.

Ein Vergleich mit der strengen Dialogregel zeigt dann sofort, daß alle Linksformeln des Zweiges streng wahr sind relativ zu $\mathfrak{B}$

über ω. Für alle Rechtsformeln A ist dagegen $\neg A$ streng wahr relativ zu $\mathfrak{B}$ über ω.

Zusammengefaßt: Aus der klassisch-logischen Nichtabschließbarkeit einer Stellung $\Sigma \parallel T$ folgt nicht-effektiv die Existenz einer konsistenten Basismenge $\mathfrak{B}$ und eines Variabilitätsbereichs ω, so daß relativ zu $\mathfrak{B}$ über ω alle Formeln von Σ streng wahr sind und alle Formeln von T streng falsch.

Das ist die „semantische" Vollständigkeit des klassischen Entwicklungskalküls. Diese „semantischen" Überlegungen zeigen, daß für die klassische Logik eine Rechtsformel A stets durch $\neg A$ als Linksformel zu ersetzen ist. Das führt zu dem von Smullyan 1968 vorgeschlagenen „analytischen" Entwicklungskalkül, der nur mit e i n e m Formelsystem Σ arbeitet, das anstelle der Dialogstellung $\Sigma \parallel \wedge$ gebraucht wird. Für ein Formelsystem lauten die „analytischen" Entwicklungsregeln

$(\wedge)_{L,R}$ $\dfrac{\Sigma (A \wedge B)}{A}$ oder $\dfrac{\Sigma (A \wedge B)}{B}$ $(\neg \wedge)$ $\dfrac{\Sigma (\neg . A \wedge B.)}{\neg A \mid \neg B}$

$(\vee)$ $\dfrac{\Sigma (A \vee B)}{A \mid B}$ $(\neg \vee)_{L,R}$ $\dfrac{\Sigma (\neg . A \vee B.)}{\neg A}$ oder $\dfrac{\Sigma (\neg . A \vee B.)}{\neg B}$

$(\bigvee)$ $\dfrac{\Sigma (\bigvee_x A(x))}{A(y)}$ $[y \text{ neu}]$ $(\neg \bigvee)_y$ $\dfrac{\Sigma (\neg \bigvee_x A(x))}{\neg A(y)}$

$(\bigwedge)_y$ $\dfrac{\Sigma (\bigwedge_x A(x))}{A(y)}$ $(\neg \bigwedge)$ $\dfrac{\Sigma (\neg \bigwedge_x A(x))}{\neg A(y)}$ $[y \text{ neu}]$

Für die Negation entfällt die Regel $(\neg)$, und es bleibt die eine Regel

$(\neg\neg)$ $\dfrac{\Sigma (\neg\neg A)}{A}$

übrig. Um diese Unsymmetrie zu beseitigen, ließe sich für die klassische Logik schon als syntaktische Regel vereinbaren, daß doppelte Negationen stets wegzulassen sind. Dann entfallen beide Entwicklungsregeln für die Negation.

Für die „analytischen" Logikkalküle sind die semantischen Vollständigkeitsbeweise technisch besonders einfach zu führen, insbesondere auch die Verallgemeinerung auf beliebige (abzählbare) Formelmengen anstelle der Formelsysteme Σ (Theorem von Löwenheim-Skolem, vgl. Smullyan 1968).

Man erhält den üblichen Wortlaut, wenn man von „Interpretationen" (für die Bereiche ω und die totalen konsistenten Basismengen) spricht und eine Interpretation ein M o d e l l einer Formelmenge nennt, falls alle Formeln streng wahr sind relativ zu $\mathfrak{B}$ über
ω. Eine Formelmenge S ist logisch-konsistent (d.h. für kein (end-
liches) Teilsystem Σ von S ist die Stellung $\Sigma \parallel \bigwedge$ klassisch-logisch
abschließbar) genau dann, wenn ein Modell von S (nicht effektiv)
existiert.

4. Modallogik

In den Aristotelischen Büchern, den Analytiken, in denen zum
ersten Mal eine „formale Logik" aufgestellt wurde, treten die Junktoren als Lehrgegenstand eigens gar nicht auf, die Quantoren nur in
Sätzen der Form: Alle S sind P, einige S sind P bzw. deren Negationen. Der weitaus größte Teil der Untersuchungen ist der Modallogik gewidmet. Die deutsche Sprache, sogar in ihrem umgangs-
sprachlichen Teil, enthält Modalitäten zunächst als modale Hilfsverben: müssen (können) und sollen (dürfen). Statt dieser Hilfsverben
können im Deutschen Konstruktionen mit „Es ist notwendig (möglich), daß . . ." und „Es ist geboten (erlaubt), daß . . ." auftreten.
Die lange Tradition der Modallogik, wie auch die häufige Verwendung von Modalitäten in der Umgangssprache und in den Wissenschaftssprachen legen die Vermutung nahe, daß es sich nicht um
müßige Hervorbringungen des Sprachgeistes handelt, sondern daß
hier „Vernunft am Werk" gewesen ist, die eine Rekonstruktion in
einer Orthosprache gestattet. Obwohl sich bei Aristoteles, soweit
mir bekannt ist, keine Ansätze zu einer solchen Rekonstruktion finden, haben schon die Megariker (z.B. Diodoros Kronos, † 307 ante)
diskutiert, daß die „Möglichkeit" nur für Aussagen A_t mit einem
Zeitindikator t (z.B. „gestern", „heute", „morgen") definiert werden sollte. Strittig war, ob die Möglichkeit von A (dies sei symbolisiert durch ∇A: es ist möglich, daß A) zu definieren sei durch
$\bigvee_t A_t$ für zukünftige Zeitpunkte t oder für alle Zeitpunkte t.
Bei Leibniz tritt an die Stelle eines Zeitindikators ein „Weltindi-
kator" M (mundus – oder scheinbar zirkulär: mundus possibilis).

Eine Rekonstruktion dieser Rekonstruktionsversuche scheint aussichtslos. Wie kann man denn verteidigen, daß etwas zu einem beliebigen zukünftigen Zeitpunkt sein wird? Niemand kann so lange warten. Die Modalitäten sind vielmehr gerade umgekehrt deshalb sinnvoll, weil wir nicht wissen, was sein wird. Wir wissen nur gelegentlich, ob Zukünftiges möglich oder unmöglich ist – und, falls es möglich ist, ist es uns manchmal sogar erreichbar. Dann bleibt allerdings noch die Frage, ob das Erreichbare geboten, erlaubt oder verboten ist. Diese Frage benutzt „deontische" Modalitäten. Zunächst beschränken wir uns auf sog. „ontische" Modalitäten. Nur die *theoretischen* (notwendig – möglich) führen zu einer Modallogik, nämlich zu Kalkülen, die formal Erweiterungen der quantorenlogischen Kalküle sind. Die *praktischen* Modalitäten (erreichbar – unvermeidbar) führen dagegen nicht zu neuen Kalkülen. Die modernen Lehrbücher der Modallogik beschränken sich daher auf theoretische Modalitäten – trotz der Hinweise von Aristoteles auf praktische Modalitäten.

Die moderne Logik hat die Modallogik nur sehr zögernd in den Kreis ihrer Untersuchungen einbezogen. Dies läßt sich dadurch erklären, daß die moderne Logik bis Russell einschließlich nur von Mathematikern für die Mathematik entwickelt worden ist. In der Mathematik sind aber Formulierungen wie „Eine Quadratzahl ist unmöglich Primzahl" nur eine saloppe Redeweise für „Keine Quadratzahl ist Primzahl". Die „deontischen" Modalitäten (geboten – erlaubt) werden erst seit ca. 1940 logisch untersucht – ohne daß sich schon ein Konsens abzeichnet.

Die Logik der „ontischen" Modalitäten (notwendig – möglich) hat dagegen seit den Arbeiten Kripkes (1959) durch „semantische" Vollständigkeitsbeweise einen ähnlichen Abschluß wie die klassische Quantorenlogik erreicht.

Diese „Semantik" liefert allerdings keine methodische Rekonstruktion der Modalitäten, weil sie einen klassischen Modalkalkül als „gegeben" betrachtet: er wurde – ohne Quantoren– zuerst von L e w i s 1932 unter dem Namen „*S* 4" g e g e b e n. Zur Begründung beruft man sich nur auf Intuitionen oder faktische Sprachgebräuche. Es sei daher hier von der Situation einer Redegruppe ausgegangen, in der noch keine Modalitäten benutzt werden. Zur Erweiterung der bisherigen Elementarsätze sind zunächst „Zeitindikatoren" einzuführen. Wir reden über Geschehnisse in unserer Gegenwart (sie geschehen vor unseren Augen — das ist noch kein spezifisch zeitlicher Ausdruck), indem wir zunächst die Relationen „früher" und die konverse Relation „später" exemplarisch für sie einführen:

(A)　　„Er setzt sich auf den Stuhl",

(B)　　„Er ißt einen Apfel",

„A ist früher als B".

Wechseln die Geschehnisse in unserer Gegenwart, etwa bei der Beobachtung eines ermüdeten Läufers: „Er läuft jetzt (noch)", „Er läuft jetzt nicht (mehr)", „Er läuft jetzt (wieder)", so kann der Gebrauch eines Zeitindikators „jetzt" eingeübt werden. Wir unterteilen unsere Gegenwart (das, was vor unseren Augen geschieht) in „Augenblicke": beim ersten Blick läuft er (noch), beim zweiten nicht (mehr), beim dritten (wieder). Diese Teilgegenwarten, die auch noch ausgedehnt sind, werden jeweilig durch „jetzt" indiziert. Anschließend werden definiert

„vergangen" $\rightleftharpoons$ „früher als jetzt",

„zukünftig" $\rightleftharpoons$ „später als jetzt".

Es wird angenommen, daß der Leser hierin genügend geübt ist. Als Symbolisierung dafür, daß ein Geschehnis A „vergangen" bzw. „zukünftig" ist, benutzen wir

$$T(A) < 0 \quad \text{bzw.} \quad T(A) > 0.$$

Zu Aussagen, zu denen als Zeitindikator „jetzt", symbolisch 0, hinzugefügt werden kann — z.B. bei $2 \cdot 2 = 4$ ist dies sinnlos —, kann anstelle von 0 auch eine Zeitkennzeichnung $T(A)$ (im Deutschen: zur Zeit von A) eingesetzt werden. Mit $t_1, t_2, \ldots$ als Variablen für $T(A_1)$, $T(A_2)$, $\ldots$ erhalten wir dann orthosprachlich z.B. für „N ist jetzt p": „$N \, \epsilon_0 \, p$", indem wir die Zeitbestimmung an die Kopula anfügen. „N ist vergangen p" (N war p) heißt orthosprachlich $\underset{t<0}{\mathrm{V}_t} \, N \, \epsilon_t \, p$. Entsprechend für Zukunftsaussagen: $\underset{t>0}{\mathrm{V}_t} \, N \, \epsilon_t \, p$ ist eine Rekonstruktion von „N ist zukünftig p" (N wird p sein).

Zeitbestimmungen wie „morgen", „vorgestern", „in 10 Jahren" benutzen ein Z e i t m a ß. Ein Zeitmaß ermöglicht eine quantitative Zeitbestimmung, z.B. n Tage vor jetzt. Aristoteles benutzte „den gleichmäßigen Umschwung des Himmels" (was wir die Erddrehung nennen) als „ideale Uhr", d.h., er behauptete die (genau) gleiche Dauer der Tage, also der Zeitdifferenz von Mittagskulmination zu Mittagskulmination (vgl. hierzu Kap. II,2.). Für die Modallogik genügt die vorphysikalische Zeitmessung: man zählt z.B. nur die Tage (die Sonnenuntergänge), ohne auf die Gleichheit der Tagesdauer (= Tageslänge) zu achten. Dann können Zeitindikatoren wie „in n Tagen nach jetzt", symbolisch $0 + \delta$, oder „in n Tagen vor jetzt", symbolisch $0 - \delta$, gebildet werden und Zeitkennzeichnungen $t - \delta$, z.B. δ vor t. δ steht hier als Variable für Zeitdauern: N Tage, 399 Jahre usw., die die Zeitdifferenz zwischen Geschehnissen angeben. Mit einem „Centralereignis" C, z.B. „Jesus wird geboren", lassen sich die Zeitbestimmungen standardisieren: $T(C) \pm \delta$.

Nach diesen Vorbemerkungen über zeitliche Aussagen betrachten wir jetzt Zukunftsaussagen. Als einfachste Form haben wir $S \, \epsilon_{0+\delta} \, p$, in deutsch: S „wird" δ nach jetzt p – wobei im Deutschen der Übergang von „ist" zu „wird" ein redundantes Mittel ist, die Zukünftigkeit anzugeben. Das gleiche gilt für $S \, \epsilon_{0-\delta} \, p$, das im Deutschen mit „war" statt „ist" formuliert wird.

Vergangenheitsaussagen sind anders zu begründen als Gegenwartsaussagen. Augenzeugen konnten ein Jahr nach Sokrates' Tod sagen: „Sokrates starb jetzt vor einem Jahr". Wir, die wir keine Augenzeugen mehr unter uns haben (abgesehen von der Schwierigkeit, daß auch Zeugen sich irren oder uns belügen können), sind auf „Relikte" aus der Vergangenheit angewiesen (z.B. Texte, die uns als „Quellen" dienen), um behaupten zu können: „Sokrates starb 399 Jahre vor $T(C)$". Wie schwierig auch immer die Verteidigung von Behauptungen über Vergangenes sein mag, gibt es doch zunächst keinen Grund, irgendwelche Vergangenheitsaussagen aus den Aussagen auszuschließen, die sinnvoll behauptet werden können. Nur in jedem Einzelfall geht es darum, ob die Aussage „wichtig" genug ist, daß sich der Aufwand lohnt, ihre Wahrheit herauszufinden.

Bei Zukunftsaussagen (Prognosen) ist die Situation dessen, der sie behauptet, anders: hier gibt es zunächst keinen Grund, sie überhaupt als Behauptungen zuzulassen. Behauptet jemand: „Ich werde jetzt nach einem Jahr (noch) leben", so bleibt nichts anderes übrig, als das Jahr abzuwarten. Man ersetzt den Zeitindikator durch eine Zeitkennzeichnung: „Ich lebe im Jahre N nach $T(C)$" – und wer an dieser Aussage interessiert ist, w a r t e dann bis zum Jahre N nach $T(C)$. Die Modalitäten sind ein Mittel, aus dieser Situation, in der

zunächst alles Behaupten von Prognosen wissenschaftlich nicht
ernst zu nehmen ist, herauszukommen. Schon die vorwissenschaftliche Lebenserfahrung liefert uns nämlich „Verlaufsgesetze", z.B.
„Ein Menschenleben währt 70 Jahre, höchstens 80 Jahre", „Auf
einen nassen Mai folgt ein trockener Sommer". Diese Verlaufsgesetze (ob es Bauernregeln sind, Weisheitssprüche oder Äußerungen
soziologischer Institute) haben sich selten − das ist selbst eine Lebenserfahrung − b e w ä h r t, d.h., die aus ihnen abgeleiteten
Prognosen haben sich oft nicht „bewahrheitet".

   Jedoch: es hofft der Mensch, so lang' er lebt − immer wieder
greift er nach solchen „Verlaufsgesetzen". Die Physik versucht −
auf der Basis apriorischer Konstruktionen (vgl. Kap. II,2) −
e x a k t e Verlaufsgesetze, Bewegungsgesetze, aufzustellen, deren
Bewährung mit eigens dazu erfundenen Methoden überprüft wird.
Diese physikalischen Gesetzeshypothesen, wie sie auch heißen, haben
die Form

$$S_{t+\delta} = F_\delta (S_t),$$

wobei S_t bzw. $S_{t+\delta}$ Zustandsbeschreibungen zur Zeit t bzw. $t + \delta$
sind und F eine Transformationsgruppe, die für jedes δ angibt, wie
aus der Zustandsbeschreibung S_t die Zustandsbeschreibung $S_{t+\delta}$
herzustellen ist. Gibt z.B. S_t Höhe und Geschwindigkeit eines „frei"
über dem Erdboden fallenden Körpers zur Zeit t an, so liefert das
Fallgesetz eine Vorschrift (Transformation), wie für jedes δ Höhe
und Geschwindigkeit zur Zeit $t + \delta$ „auszurechnen" sind. Prognosen sind selbst mit solchen physikalischen Bewegungsgesetzen
schwierig, weil wir nicht vorher wissen, ob der Körper von t bis
$t + \delta$ „frei" (= ungestört) fallen wird. Das Experiment versucht,
alle Störungen auszuschalten − kommt aber ein Erdbeben dazwi-
schen, so daß das ganze Laboratorium des Physikers im Erdboden
verschwindet, ist alle menschliche Kunst vergebens. Gerade der
Physik gelingt es jedoch immer wieder, im Experiment alle Störungen auszuschalten, die technischen Anwendungen bis zur Industrie
gelingen immer wieder − und schon in der Antike gewährten die
Gestirne immer wieder den Anblick „störungsfreier" Bewegungs-
verläufe.

   Modalitäten werden sinnvoll dann, wenn man − aus welchen
Gründen immer − gewisse Verlaufsgesetze als „bewährt" anerkennt.

Ein anerkanntes System G solcher Verlaufsgesetze zusammen mit den als wahr anerkannten Zustandsbeschreibungen S_0 der Vergangenheit und Gegenwart, möge unser gegenwärtiges „Wissen" W heißen. Wir schreiben W als Konjunktion $G \wedge S_0$. Im üblichen Sinne des Wortes braucht W kein „Wissen" zu sein, sondern nur ein sogenanntes vermeintliches Wissen. Ist aber W in einer Redegruppe anerkannt und ist diese Redegruppe hinreichend logisch gebildet, so ist es sinnvoll, Zukunftsaussagen A_t (es sei also $t > 0$) daraufhin zu untersuchen, ob sie aus W schon logisch folgen oder nicht.

Gilt $W \prec A_t$, so „weiß" man damit noch nicht, daß die Prognose sich bewahrheiten w i r d, man „weiß" es nur r e l a t i v zu dem (vermeintlichen) Wissen W. Hieran ändert sich nichts, wenn wir die Ausdrucksweise ändern und A_t als „notwendig" (relativ zu W) bezeichnen. Auch eine eigene Symbolik

$$\Delta_W A_t \leftrightharpoons W \prec A_t$$

ändert nichts daran, daß wir über die Zukunft nichts wissen, sondern nur aus Hypothesen schließen – und diese Schlußfolgerungen als „notwendig" bezeichnen.

Die Rede von einer Notwendigkeit futurischer Aussagen gewinnt erst dadurch Sinn, daß Implikationen zwischen solchen Notwendigkeitsaussagen bestehen, die u n a b h ä n g i g davon sind, auf welches (vermeintliche) Wissen diese Notwendigkeit bezogen ist. Ein triviales Beispiel sieht so aus: es seien bezüglich W die beiden Aussagen A und $A \to B$ „notwendig". Dann ist auch B bezüglich W notwendig. In Formeln:

$$(W \prec A) \wedge (W \prec A \to B) \to (W \prec B).$$

Hier sind die Notwendigkeitsaussagen als Primaussagen behandelt und junktorenlogisch mit $\wedge$ und $\to$ zusammengesetzt. Wir haben also eine „metalogische" Aussage, eine Aussage ü b e r logische Implikationen, vor uns. Wer sie behauptet, hat sie nach den Regeln materialer Dialoge zu verteidigen. Mit dem Symbol Δ sind die ersten Schritte dieses Dialogs die folgenden:

$$\Delta_W A \wedge \Delta_W. \, A \to B. \;\dot\to\; \Delta_W B$$

$$\Delta_W A \wedge \Delta_W. \, A \to B. \quad ? \qquad\qquad \Delta_W B$$

$$? \qquad\qquad\qquad\qquad\qquad \text{L?}$$

$$\Delta_W A \qquad\qquad\qquad\qquad\qquad \text{R?}$$

$$\Delta_W. \, A \to B.$$

Statt Primformeln erreichen wir hier Δ-Formeln, d.h. Formeln, die mit Δ beginnen. Wir erreichen die folgende Dialogstellung mit Δ-Formeln allein:

$$\Delta_W A$$
$$\Delta_W. \, A \to B. \qquad \Big\| \qquad \Delta_W B$$

Diese Stellung ist aber f ü r j e d e s W gewinnbar: Impliziert W die Aussagen A und $A \to B$, so auch die Aussage $A \wedge A \to B$, diese Aussage impliziert aber B. Also impliziert W — nach dem Gentzenschen Hauptsatz (anders formuliert: aufgrund der Transitivität von $\prec$) — auch B.

Schon bei Aristoteles (Analytica priora I,8) ist die Bemerkung zu finden, daß notwendige Prämissen eine notwendige Konklusion genau dann zu erschließen gestatten, wenn man simpliciter, also ohne Δ, von den Prämissen auf die Konklusion l o g i s c h schließen kann. In der hier vorgeschlagenen Präzisierung heißt dies, daß eine metalogische Dialogstellung

$$\Delta_W A_1$$
$$\vdots$$
$$\Delta_W A_m \qquad \Big\| \qquad \Delta_W B$$

genau dann f ü r a l l e W zu gewinnen ist, wenn

$$A_1$$
$$\vdots$$
$$A_m \qquad \Big\| \qquad B$$

f o r m a l zu gewinnen ist.

Auch dies ist nur eine triviale Erweiterung des Gentzenschen Hauptsatzes: Gilt $A_1 \wedge \ldots \wedge A_m \prec B$ und gilt $W \prec A_1, W \prec A_2,$ $\ldots, W \prec A_m$, dann gilt auch $W \prec B$. Umgekehrt liefert der Schluß von $W \prec A_1, \ldots, W \prec A_m$ auf $W \prec B$, falls er für jedes W zu verteidigen ist, insbesondere den Schluß von $A_1 \wedge \ldots \wedge A_m \prec A_1,$ $\ldots, A_1 \wedge \ldots \wedge A_m \prec A_m$ auf $A_1 \wedge \ldots \wedge A_m \prec B$. Hier sind aber die Prämissen wahr, also gilt dann − ohne Prämissen − $A_1 \wedge \ldots \wedge A_m \prec B$.

Diese Entdeckung, daß von relativen Notwendigkeiten auf weitere geschlossen werden kann, ohne daß man auf ein b e s t i m m t e s Wissen W zurückgreifen muß, liefert die Grundlage einer M o d a l l o g i k: Man unterdrücke in den Symbolen Δ_w stets die Angabe von W und operiere mit den Δ-Formeln als Primformeln in Dialogen wie bisher, wobei zu den quantorenlogischen Entwicklungsschritten noch der folgende Δ-Schritt hinzugefügt wird:

$$
\begin{array}{c|c}
\Sigma \, (\Delta A_1 \ldots \Delta A_m) & \Delta B \\
\hline
A_1 & \\
\vdots & \\
A_m & B
\end{array}
$$

Hier ist vor dem Entwicklungsschritt ein Querstrich eingefügt, weil nach dem Δ-Schritt nur noch die Δ-freien Formeln $A_1, \ldots, A_m$ und B für die weitere Entwicklung benutzt werden dürfen.

Modalformeln, die in diesem Entwicklungskalkül abschließbar sind, sind modallogisch-wahr, sie sind wahr relativ zu jedem Wissen W. Ist eine Stellung $\Sigma \parallel B$ mit Modalformeln auf diese Weise abschließbar, so sagen wir auch, daß das System Σ die Formel B modallogisch impliziert. Wir schreiben $\Sigma \prec B$.

Wir definieren die „Möglichkeit" ∇ durch

$$\nabla A \leftrightharpoons \neg \, \Delta \neg A.$$

Dies ist die sogenannte einseitige Möglichkeit im Unterschied zur Kontingenz (der sogenannten zweiseitigen Möglichkeit)

$$\text{Ⴟ} A \leftrightharpoons \nabla A \wedge \neg \, \Delta A.$$

Ein Beispiel einer effektiven modallogischen Implikation ist das folgende:

$$
\begin{array}{c|c}
V_x \neg \Delta \neg a\,x & \neg \Delta \neg V_x a\,x \\
\Delta \neg V_x a\,x & \curlywedge \\
\neg \Delta \neg a\,y & \\
& \Delta \neg a\,y \\
\hline
\neg V_x a\,x & \neg a\,y \\
a\,y & \curlywedge \\
& V_x a\,x \\
& a\,y
\end{array}
$$

Die Umkehrung ist keine modallogische Implikation. Sogar der Schluß von $\bigwedge_x \Delta a\,x$ auf $\nabla \bigwedge_x a\,x$ ist keine modallogische Implikation, auch dann nicht, wenn die – naheliegende – Hypothese der formalen Konsistenz von W, also $W \nvdash \curlywedge$, d.h. $\neg \Delta \curlywedge$, hinzugefügt wird. (Diese ergibt trivialerweise $\Delta A \prec \nabla A$.)

$$
\begin{array}{c|c}
\neg \Delta \curlywedge & \\
\bigwedge_x \Delta p\,x & \neg \Delta \neg \bigwedge_x p\,x \\
\Delta \neg \bigwedge_x p\,x & \curlywedge \\
\Delta p\,y_1 & \\
\Delta p\,y_2 & \\
& \Delta \curlywedge \\
\hline
\neg \bigwedge_x p\,x & \\
p\,y_1 & \\
p\,y_2 & \curlywedge \\
& \bigwedge_x p\,x \\
& p\,y_3
\end{array}
$$

Ersichtlich führen auch andere Entwicklungen nicht zu einer abgeschlossenen Entwicklung.

Dieser modallogische Satz ist durch Beispiele aus der Metamathematik bekannt: es gibt konsistente Axiomensysteme (diese entsprechen einem Wissen mit $\neg \Delta \curlywedge$), die ω-inkonsistent sind, d.h., $p\,n$ ist für alle Konstanten n ableitbar: $\bigwedge_x \Delta p\,x$, obwohl auch $\neg \bigwedge_x p\,x$ ableitbar ist ($\Delta \neg \bigwedge_x p\,x$).

In der effektiven Modallogik M_0, die wir hier zunächst betrachten, gibt es neben den 4 klassischen Basismodalitäten und der Kontingenz

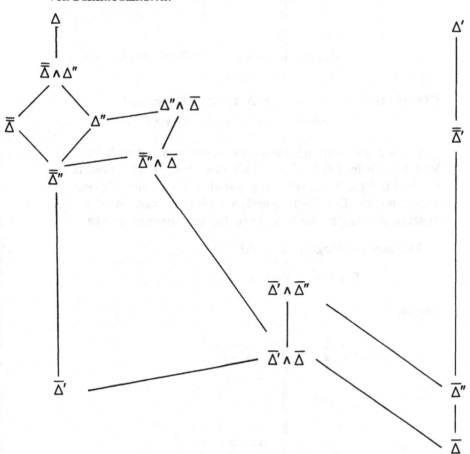

(wir schreiben zur Abkürzung $\underline{\Delta}' A$ statt $\underline{\Delta} \neg A$
und $\overline{\underline{\Delta}} A$ statt $\neg \underline{\Delta} A$),

die aus $\underline{\Delta}$ allein mit $\neg$ und $\wedge$ gebildet werden können, weitere 5 Basismodalitäten (aus $\underline{\Delta}$ allein mit $\neg$) und 4 weitere Konjunktionen von Basismodalitäten:

Diese Differenzierungen verschwinden, wenn man sich auf s t a - b i l e Modalformeln beschränkt. Man interpretiert alle Δ-Formeln als schwach-affirmative Notwendigkeiten $\neg\,\neg\,\Delta\,A$ und ersetzt alle starken Adjunktionen (Einsquantoren) ebenfalls durch schwache. Der entstehende klassische Modalkalkül M enthält für die Entwicklung von Stellungen $\Sigma \parallel \top$ (jetzt stehen auch rechts Systeme von quantorenlogisch zusammengesetzten Δ-Formeln) dieselben Entwicklungsschritte wie der klassische Quantorenkalkül, aber zusätzlich die folgenden Δ-Schritte

$$\frac{\Sigma\,(\Delta\,A_1,\ldots,\Delta\,A_m) \quad \Big\Vert \quad \top\,(\Delta\,B_1,\ldots,\Delta\,B_n)}{\begin{array}{ll} A_1 & \\ \cdot & \\ \cdot & \\ \cdot & \\ A_m & B_i \qquad \text{für ein } i \in \{1,\ldots,n\} \end{array}}$$

Gilt effektiv $\quad \Delta\,A_1 \wedge \ldots \wedge \Delta\,A_m \prec \Delta\,B_i$, so auch
$\neg\neg\Delta\,A_1 \wedge \ldots \wedge \neg\neg\Delta\,A_m \prec \neg\neg\Delta\,B_i$.

Wie in den effektiven Kalkülen haben wir auch in der klassischen Modallogik beim Δ-Schritt eine Wahl unter den Δ-Formeln rechts von $\parallel$ zu treffen. Die Entwicklung spaltet sich in mehrere Teilentwicklungen auf. Eine Stellung heißt abschließbar, wenn es e i n e Teilentwicklung gibt, die in a l l e n Zweigen abgeschlossen ist.

Klassisch modallogisch, aber nicht effektiv, gilt z.B.

$$\nabla.\,a \vee b. \prec \nabla a \vee \nabla b.$$

Beweis:

$$\frac{\begin{array}{ll} \neg\,\Delta\,\neg.\,a \vee b. & \Big\Vert \quad \neg\,\Delta\,\neg a \\ & \qquad\;\; \neg\,\Delta\,\neg b \\ \Delta\,\neg a & \\ \Delta\,\neg b & \\ & \qquad\;\; \Delta\,\neg.\,a \vee b. \end{array}}{}$$

$$\begin{array}{c|c} \neg a & \\ \neg b & \neg.\ a \lor b. \\ a \lor b & \\ a\ |\ b & \\ & a\ |\ b \end{array}$$

Die sogenannte Barcan-Implikation $\nabla\ \mathbf{V}_x\ a\,x \prec \mathbf{V}_x\ \nabla\ a\,x$ gilt dagegen auch klassisch nicht, denn eine Entwicklung sieht so aus:

$$\begin{array}{c|c} \neg\,\Delta\,\neg\,\mathbf{V}_x\ a\,x & \mathbf{V}_x\ \neg\,\Delta\,\neg\,a\,x \\ & \neg\,\Delta\,\neg\,a\,y \\ \Delta\,\neg\,a\,y & \\ & \Delta\,\neg\,\mathbf{V}_x\ a\,x \\ \hline \neg\,a\,y & \neg\,\mathbf{V}_x\ a\,x \\ \mathbf{V}_x\ a\,x & \\ & a\,y \\ a\,z & \end{array}$$

Ersichtlich gibt es auch keine andere abgeschlossene Entwicklung.

Der Satz des Aristoteles, der den Δ-Schritt rechtfertigt, läßt sich auf die klassischen Stellungen

$$\begin{array}{c|c} \Delta_W A_1 & \Delta_W B_1 \\ \vdots & \vdots \\ \Delta_W A_m & \Delta_W B_n \end{array}$$

verallgemeinern. Diese Stellung ist genau dann f ü r a l l e W verteidigbar, wenn aus $(W \prec A_1) \land (W \prec A_2) \land \dots \land (W \prec A_m)$ stets $(W \prec B_1) \lor \dots \lor (W \prec B_n)$ folgt. Dies ist ersichtlich der Fall, wenn für ein $i \in \{1, \dots, n\}$ gilt $A_1 \land \dots \land A_m \prec B_i$. Für die Umkehrung nehme man $A_1 \land \dots \land A_m$ als W: dieses W erfüllt $(W \prec A_1) \land \dots \land (W \prec A_m)$, also $W \prec B_i$ für ein i. Hieraus folgt – für jedes W – $W \prec B_1 \lor \dots \lor B_n$. Aber dieser Schluß läßt sich nicht mehr umkehren, denn z.B. gilt mit $B_1 \lor \dots \lor B_n$ als W für kein i mehr $W \prec B_i$. Insbesondere gilt auch klassisch, d.h. mit der schwachen Adjunktion, nicht für a l l e W: $\Delta_W.\ A \lor B. \rightarrow \Delta_W A \lor$

$\Delta_W B$. Durch den Übergang von Δ_W zu Δ haben wir eine effektive und klassische Modallogik begründet. Die Modalformeln waren dabei auf den 1. Grad beschränkt: Δ-Formeln, d.h. solche, die genau ein Δ am Anfang der Formel enthalten, wurden nur quantorenlogisch zusammengesetzt. Δ wurde nicht iteriert. Syntaktisch ist die Iteration problemlos. Die bisherigen Δ-Formeln mögen jetzt Δ-Formeln 1. Grades heißen. Die aus ihnen quantorenlogisch zusammengesetzten Formeln heißen Modalformeln 1. Grades. Durch Vorsetzen von Δ vor Modalformeln 1. Grades entstehen Δ-Formeln 2. Grades, aus ihnen durch quantorenlogische Zusammensetzungen Modalformeln 2. Grades. Durch Vorsetzen von Δ entstehen dann Δ-Formeln 3. Grades usw. Für diese Modalformeln höheren Grades lassen sich auch leicht die Entwicklungsregeln verallgemeinern. Der einfachste Weg ist der h o m o g e n e Modalkalkül, der

effektiv mit Stellungen $\qquad$ $\Sigma \parallel C$,

klassisch mit Stellungen $\qquad$ $\Sigma \parallel \mathsf{T}$

beginnt, in denen alle Formeln Modalformeln desselben Grades n sind. Wir bezeichnen diese Modalkalküle als M_0^n bzw. M^n. Nach jedem Δ-Schritt in der Entwicklung einer Stellung erniedrigt sich der Grad aller Formeln um 1, bis man bei quantorenlogischen Formeln (Modalformeln 0. Grades, wenn man so will) angelangt ist.

Um eine Deutung zu finden, wird man zunächst für Δ-Formeln 2. Grades zu dem bisherigen W — es heiße jetzt W^1 — ein „Wissen 2. Grades" W^2 hinzunehmen: es enthalte Sätze über W^1, z.B. $\neg (\Delta A \wedge \Delta \neg A)$. Relativ zu diesem Wissen W^2 gilt z.B. $\neg \Delta (A \wedge \neg A)$, d.h., es gilt $W^2 \prec \neg \Delta (A \wedge \neg A)$. Wir schreiben $\Delta_{W^2} \neg \Delta (A \wedge \neg A)$. Es ist hier W^1 nicht notiert, weil von W^1 nur bekannt ist, was in W^2 darüber ausgesagt wird. Die Modallogik 2. Grades ist dann ein Kalkül, der genau die Modalformeln liefert, die f ü r a l l e W^2 wahr sind, z.B. $\Delta \nabla A \vee \Delta \nabla B \rightarrow \Delta \nabla . A \vee B$. . Wie weit für Wissenschaftssprachen diese Modalitäten höheren Grades wichtig sind, ist z.Z. unklar. Obwohl in der natürlichen Sprache Wendungen wie „es muß doch möglich sein" (z.B. das Fenster zu schließen) durchaus üblich sind, ist es fraglich, ob ernsthaft iterierte Modalitäten gemeint sind. Meint man nicht nur, daß — nach unserem Wissen über Fenster — alle Fenster schließbar sind? Das wäre eine generelle Modalaussage 1. Grades, wenn „schließbar" interpretiert wird durch: „es ist möglich, daß das Fenster geschlossen sein wird". Klarer scheint die Verwendung iterierter Modalitäten zu sein, wenn schon die Modalität $\triangle$ nicht – wie bisher – als N o t w e n-d i g k e i t von Zukunftsaussagen (daß etwas notwendigerweise s e i n w i r d) interpretiert wird, sondern als G e b o t e n h e i t von Zukunftsaussagen: daß etwas sein s o l l. Die Notwendigkeit bezieht sich nicht auf das Sein, sondern auf das Werden, auf die Zukunft. Statt die Notwendigkeit $\triangle$ als „ontische" Modalität zu bezeichnen, heiße sie daher hier genauer „mellontisch". Die Gebotenheit eines zukünftigen Zustandes heißt eine „deontische" Modalität (nach Bentham).

Deontische Modalitäten kommen sinnvoll in unser Reden hinein, wenn wir von Imperativen ausgehen und Situationen betrachten, in denen Imperative nicht nur an bestimmte Personen adressiert sind, sondern an alle Personen einer Gruppe, etwa eines Staates. Z.B. wendet sich Jahve in seinen „Geboten" stets an alle Israeliten: „Du sollst nicht töten". Die Formulierung ist irreführend, weil es so klingt, als ob sich das Gebot nur an „Dich" wendet – außerdem ist es kein Gebot, sondern (wegen des „nicht") ein Verbot, und schließlich verwendet die deutsche Formulierung schon das modale Hilfsverb „sollen". In imperativischer Sprache müßte es heißen: „Jahve an alle x: ! x tötet nicht" (mit „! x tötet nicht" für das übliche „töte nicht!"). Beschränken wir uns auf den Fall, daß nur Zwecke befohlen werden, nicht die Handlungen zur Erreichung der Zwecke, so brauchen bei allgemeinen Befehlen die Adressaten (das sind stets „alle") nicht eigens genannt zu werden. Beschreibt A einen Sachverhalt, zu dessen Herbeiführung a l l e aufgefordert werden, so notieren wir dies kurz durch „! A". Im Gegensatz zur mellontischen Modallogik, in der wir als Verlaufsgesetze paradigmatisch die Bewegungsgesetze der Physik in der Form $S_{t+\delta} = F_\delta(S_t)$ zugrundegelegt haben, wird für die deontische Modallogik vorgeschlagen, zunächst von den unbedingten Imperativen ! A zu bedingten Imperativen $C \rightarrow ! A$ überzugehen. Hier wird an jeden, unter der Bedingung, daß er sich in einer durch C darstellbaren Situation befindet, die Aufforderung gerichtet, sich A als Zweck zu setzen.

Wer einen solchen Imperativ anerkennt, verspricht damit, sich A als Zweck zu setzen, wenn C. Er stimmt damit schon jetzt zu, daß er zu jeder späteren Zeit, wenn die Bedingungen C erfüllt sind, den

unbedingten Imperativ ! A anerkennen will. Tut er es nicht, so „darf"
man es ihm vorwerfen (d.h., es wird dieser Regelung späterer Dialoge schon jetzt zugestimmt).

Im Unterschied zur mellontischen Modallogik, bei der wir zur
Einführung der Notwendigkeit von Zukunftsaussagen ein Wissen
W über den gegenwärtigen Zustand S_0 und allgemeine Gesetze G
brauchen, ist es für die deontische Modallogik angemessener, nur
von einem anerkannten System allgemeiner Imperative („Gesetzen")
auszugehen. Rechtskodizes oder Moralkodizes sind solche Systeme
allgemeiner Imperative. Für die Beurteilung einzelner Handlungen,
etwa im Falle eines Rechtsstreites (aus dem Strafrecht oder Zivil-
recht) ist die Feststellung des Tatbestands, d.h. die Argumentation
darüber, ob und welche Bedingungen der allgemeinen Imperative
erfüllt waren, gesondert durchzuführen.

Mit einem System allgemeiner bedingter Imperative

$$C_1 \rightarrow !A_1$$
$$C_2 \rightarrow !A_2$$
$$\vdots$$
$$C_n \rightarrow !A_n$$

und einer Darstellung S_0 der Situation, in der sich eine Person x etwa „jetzt" befindet, gewinnt man weitere bedingte Imperative, z.B.
ein Verbot $S_0 \rightarrow ! \neg A$. Daher ist zunächst zu untersuchen, welche C_i
logisch aus S_0 folgen. Ist die Bedingung C_i erfüllt, so ist an x der
unbedingte Imperativ ! A_i gerichtet. Hat aber x so gehandelt, daß
er einen Zustand A bewirkt hat, der mit den A_i unverträglich ist
(d.h., folgt logisch $\neg A$ aus der Konjunktion der A_i, für die C_i erfüllt ist), dann war die Handlung von x „verboten". Es war nämlich
der Zweck A „verboten", d.h., der Zweck $\neg A$ war „geboten".
(Ob x deshalb „schuldig" ist, ist eine andere Frage – dazu muß er
„fahrlässig" oder „vorsätzlich" gehandelt haben.)

In jeder Situation ist also – wenn ein Kodex von allgemeinen
bedingten Imperativen anerkannt ist – ein bestimmtes System !Z
von unbedingten Imperativen an x gerichtet. Ist !$A_{i1}, \ldots, !A_{im}$
dieses System !Z, so sei mit Z das System der indikativen Zukunfts-
sätze $A_{i1}, \ldots, A_{im}$ bezeichnet. Wir bezeichnen einen Befehl !A,

für den A logisch aus Z folgt, als „geboten relativ zu !Z" und schreiben

$$\Delta_{!Z} !A \leftrightharpoons Z \prec A.$$

Als Aufgabe der „deontischen" Modallogik stellt sich dann die Untersuchung dessen, was „geboten" ist, r e l a t i v   z u   b e l i e - b i g e m !Z. Diese Aufgabe führt zu demselben homogenen Modalkalkül, zunächst 1. Grades, wie in der mellontischen Modallogik.

Schreibt man überall Δ !A statt $\Delta_{!Z}$!A, wenn eine Behauptung über die relative Gebotenheit gleichmäßig für alle !Z gilt, so besteht der Unterschied zur Mellontik nur darin, daß man „Δ!" statt „Δ" benutzt. Beidesmal handelt es sich um Behauptungen über die logischen Implikationen, die für alle W bzw. Z verteidigbar sind.

Die deontischen Basismodalitäten und deren Konjunktionen schreiben wir entsprechend mit einem Ausrufungszeichen

$$\nabla ! \leftrightharpoons \neg \Delta ! \neg \qquad \text{(„erlaubt")}$$

$$\Sigma ! \leftrightharpoons \nabla ! \wedge \neg \Delta ! \qquad \text{(„freigestellt")}.$$

Der Umgang mit Imperativen, wie er oben auftrat, in dem ein Imperativ !A als relativ geboten zu einem System anderer Imperative !$A_{i1}, \ldots, !A_{im}$ bezeichnet wurde, läßt sich jetzt durch ein Schließen mit Modalaussagen ersetzen, nämlich durch Δ !$A_{i1} \wedge \ldots \wedge \Delta$!$A_{im} \prec \Delta$!A (mit ‚$\prec$' für die modallogische Implikation).

Dies führt dazu — und das ist auch sprachüblich —, die allgemeinen Imperative, von denen wir ausgingen, überall durch Modalaussagen zu ersetzen. Die so entstehenden Modalaussagen nennen wir B a s i s n o r m e n: sie haben die Form $C \to \Delta$!A.

In einer Garage kann man etwa ein Schild anbringen: (Vorsicht) „Nicht rauchen, wenn der Motor läuft!" oder aber auch „Rauchen verboten, wenn der Motor läuft". Das macht keinen Unterschied, es sei denn, die modale Form (verboten) deutet daraufhin, daß der Befehlende über (staatliche) Zwangsmittel verfügt.

Aus den Basisnormen sind weitere Modalaussagen modallogisch ableitbar, nämlich jetzt $S_0 \to \Delta$! $\neg A$ im obigen Beispiel. Solange diese dieselbe Form haben ($C \to \Delta$! A), mögen sie ebenfalls N o r m e n heißen. Modallogisch ableitbare Aussagen anderer Form, etwa über Erlaubtheiten (∇!) mögen dagegen (normative) U r t e i l e heißen.

Sie beziehen sich stets auf ein Basissystem von Normen, genau so wie alle Voraussagen sich stets auf ein Basissystem von Gesetzeshypothesen (Verlaufsgesetzen) beziehen.

Wegen dieser Relativität sind „Gebote" nur dann im üblichen (absoluten) Sinne „geboten" (verpflichtend), wenn die Basisnormen g e r e c h t sind. Das Problem, wie Normen zu r e c h t f e r t i g e n sind (d.h., wie für ihre Gerechtheit argumentiert werden kann), wird in der deontischen Modallogik nicht behandelt: es gehört zur Theorie der politischen Wissenschaften.

Obwohl deontische und mellontische Modallogik isomorph sind, haben wir doch dadurch einen Unterschied gemacht, daß wir Normen explizit als Modalsubjunktionen eingeführt haben mit modalfreiem Vordersatz und einer $\triangle$-Aussage als Nachsatz. Für die Mellontik ist es dagegen nicht üblich, Verlaufsgesetze mit „notwendig" im Nachsatz zu formulieren. Es handelt sich hier um eine Konvention, die den Vorteil hat, daß dadurch in allen Fällen die Subjunktionen grammatisch aus Indikativsätzen bestehen. Auch im mellontischen Fall sind aber allein die Vordersätze „echte" Indikativsätze (derart, daß man sie evtl. in Dialogen verteidigen kann), die Nachsätze sind futurische Sätze, die nur modal behauptet werden können. Das wirkt sich auch darin aus, daß in Normen $C \rightarrow \triangle \,! \, A$ wie in bedingten Prognosen $C \rightarrow \triangle A$ die Vordersätze C mit den Nachsätzen ($\triangle A$ bzw. $\triangle \,! \, A$) logisch nicht anders als mit dem Subjunktor $\rightarrow$ zusammengesetzt werden. Formal läßt sich selbstverständlich alles hinschreiben — aber der Gebrauch, der von Normen bzw. Prognosen zu machen ist, enthält zunächst immer eine Zustandsbeschreibung. Aus dieser wird erschlossen, welche Normen oder Prognosen anzuwenden sind. Man geht dann zu den Nachsätzen dieser Normen oder Prognosen über — und schließt in der homogenen Modallogik weiter.

Diese Einschränkung auf Subjunktionen zur Zusammensetzung der Zustandsbeschreibungen und der Modalaussagen macht die Einführung bedingter Modalitäten „$\triangle A/C$" statt $C \rightarrow \triangle A$ (vgl. v. Wright 1951 nach dem Vorbild der Wahrscheinlichkeitstheorie von J. M. Keynes) verständlich — die effektive Subjunktion $C \rightarrow \triangle A$ leistet aber, im Gegensatz zur klassischen Subjunktion $\neg C \vee \triangle A$, genau dasselbe wie $\triangle A/C$.

Für die deontische Modallogik schließt eine Interpretation iterierter Modalitäten zwangloser an Gewohntes an als im mellontischen Falle, nämlich in Situationen, in denen eine H i e r a r c h i e von Normensetzungen sinnvoll ist, z.B. in differenzierteren Verwaltungssystemen oder hierarchischen Rechtsordnungen. So sind die Normensetzungen des Parlaments an die Verfassungsnormen gebunden: dem Parlament ist etwa geboten, gewisse Zwecke nicht zu verbieten. In der amerikanischen Verfassung heißt es: „Congress shall make no law . . ."

Ein Satz der homogenen Modallogik n-ten Grades ist deontisch zu interpretieren, wenn eine Hierarchie vorliegt, in der es eine n-gliedrige Kette von normsetzenden Instanzen gibt (vgl. O. Becker 1952). Wird vorausgesetzt, daß jede Instanz logisch-konsistent ist, so gilt $\Delta \,! \prec \nabla \,!$ auf jeder Stufe, und man erhält z.B.

$$\Delta \,! \, \Delta \,! \prec \nabla \,! \, \Delta \,! \prec \nabla \,! \, \nabla \,!$$

und ebenso $\Delta \,! \, \Delta \,! \prec \Delta \,! \, \nabla \,! \prec \nabla \,! \, \nabla \,!$

Zur Interpretation der Modalitäten gehört auch die Unterscheidung der praktischen von den theoretischen Modalitäten. Theoretisch wird die Möglichkeit von A definiert als negierte Notwendigkeit von $\neg A$: nach unserem Wissen ist nicht auszuschließen, daß A eintritt. Das deutsche Wort „möglich" gehört aber zu vermögen (= können), bezieht sich also nicht auf unser Wissen, sondern auf unser Können. Praktische Modalitäten werden gebraucht, wenn es um unser Handeln, um unser Handelnkönnen geht — theoretische Modalitäten werden dagegen gebraucht, wenn es um „Abläufe" ohne unser Zutun, ohne unser Handeln geht. Das Wissen um solche Vorgänge wird erst wichtig, wenn wir uns schon handelnd im Leben eingerichtet haben, wenn ein Können eingeübt ist, auf das wir uns verlassen. Als Elementarsätze haben wir insbesondere Tatsätze $N \, \pi \, p$ (N tut p) eingeführt. Methodisch sind danach — auch noch empraktisch — Kannsätze (N kann p tun) einzuführen. Ob jemand über einen Graben springen *kann*, das zeigt sich nur, wenn wirklich gesprungen wird. Ist der Sprung schon häufig gelungen, so folgt daraus — theoretisch — nicht, daß der Sprung auch das nächste Mal gelingt. Aber in der Praxis verläßt sich der Handelnde auf sein Können.

Zur Vereinfachung spezialisieren wir das Können auf Handlungen, mit denen ein Sachverhalt A (dargestellt durch die Aussage A)

erreicht wird: durch unser Handeln wird A eine Tatsache, die Aussage A wird wahr. Für die Planung von Handlungen wird aber nicht nur über schon Erreichtes gesprochen, sondern auch über bisher Unerreichtes. Dann geht es um die Frage, ob ein Sachverhalt *erreichbar* ist. Wer behauptet, A sei erreichbar, der behauptet, er könne A erreichen. Dieses Reden ist empraktisch lehrbar: im Ernst des Lebens oder in spielerischen Übungen erfährt man, was man erreicht. Es bildet sich ein Vertrauen aus, was *erreichbar* ist — obwohl sich das manchmal als Illusion erweist.

Für Aussagen „A ist erreichbar" sei orthosprachlich die Form „Err A" vorgeschlagen. Diese Sätze sind selbstverständlich auch ohne Umweg über die deutsche Sprache lehrbar, interlingual könnte etwa „$\nabla_\pi A$" gelernt werden: π für $\pi\rho\tilde{\alpha}\xi\iota\varsigma$. Wir bleiben hier aber zur Bequemlichkeit des Lesers bei „Err" für die „praktische Möglichkeit". Praktische Modalaussagen, wie Err A, sind stets auf eine Person oder Personengruppe bezogen, für die es darum geht, ob etwas getan werden soll, um A zu erreichen. Jede politische Diskussion um dieses „Sollen" erübrigt sich, wenn A unerreichbar ist.

Zur Abkürzung definieren wir

Verm A	(A ist vermeidbar)	$\rightleftharpoons$ Err $\neg A$
Unerr A	(A ist unerreichbar)	$\rightleftharpoons$ $\neg$ Err A
Unverm A	(A ist unvermeidbar)	$\rightleftharpoons$ $\neg$ Err $\neg A$

Nach klassischer Logik ist A genau dann erreichbar, wenn $\neg A$ vermeidbar ist.

Analog zur Definition der Kontingenz (als theoretischer Modalität) sei für die praktischen Modalitäten noch die „Verfügbarkeit" eingeführt:

Verf A $\rightleftharpoons$ Err A $\wedge$ Verm A

Das tertium non datur der klassischen Logik, angewendet auf Aussagen der Form Verf A, liefert ein praktisches quartum non datur

Unverm A $\vee$ Verf A $\vee$ Unerr A

Aufgrund der Definition impliziert Verf A die Konjunktionsglieder Err A und Verm A. Es entsteht aber keine eigenständige „Logik" der praktischen Modulitäten, denn die aus der theoreti-

schen Modallogik bekannten Implikationen gelten hier nicht.
Ein Sachverhalt, der unvermeidbar ist, kann zugleich unerreichbar
sein, z.B. ist bei jedem binären Zufallsgenerator (der entweder 0
oder 1 liefert) die 1 unvermeidbar – d.h. wir können durch unser
Handeln nicht die 0 erreichen (= erzwingen), ebenso ist die 1 unerreichbar (= unerzwingbar). Es bleibt nur das Warten auf den Zufall.

Die Bedeutung der praktischen Modalitäten liegt nicht darin,
Anlaß für neue Logikkalküle zu sein. Die praktischen Modalitäten
haben eine unmittelbare Bedeutung für unser Handeln und sie erst
geben Anlaß zu den theoretischen Modalitäten usw., weil theoretische Modalsätze als Stützen für praktische Modalsätze nützlich
sind. Will man wissen, ob für uns A erreichbar ist, so ist es hilfreich
zu wissen, ob A denn überhaupt möglich ist: Unmögliches können
wir nicht erreichen. Kontraponiert heißt das

$$\text{Err}\, A \prec \nabla A$$
(Erreichbarkeit impliziert Möglichkeit)

Andererseits brauchen wir uns um Sachverhalte, die notwendig
sind (d.h. nach unserem Wissen zwangsläufig Tatsachen werden)
nicht zu sorgen. Sie sind in einem trivialen Sinne erreichbar, nämlich ohne unser Zutun. Damit haben wir durch die Implikationen

$$\Delta A \prec \text{Err}\, A \prec \nabla A$$

zwei theoretische Stützen, zwischen die Err A eingespannt ist.

Selbstverständlich sind diese Implikationen nicht umkehrbar:
nicht alles, was möglich ist (z.B. Frieden) ist schon deshalb für uns
erreichbar. Über die Erreichbarkeit ist immer zusätzlich zu beraten – und sie ist meistens das weitaus schwierigere Problem als
die Möglichkeit. Und noch einmal gesondert ist die Frage zu erörtern, ob das, was erreichbar ist, überhaupt erlaubt ist. Die ethisch-
politische Frage hat stets Vorrang vor der technischen Frage nach
der Möglichkeit bzw. Erreichbarkeit. Die Ungültigkeit des Schlusses
von der Möglichkeit auf die Erlaubtheit bleibt auch für die Erreichbarkeit bestehen: bloß weil A erreichbar ist, ist A noch nicht erlaubt. Es gilt aber, daß die Gebotenheit die Erreichbarkeit impliziert. Diese berühmte Implikation gilt nämlich als Forderung an
den Gesetzgeber (und dann an den Richter bei der Interpretation

von Gesetzen), nur zu gebieten (= verlangen), was der Bürger auch erreichen (= leisten) kann:

$$\Delta\, !\, A \prec \mathrm{Err}\, A$$

In kontraponierter Form

$$\mathrm{Unerr}\, A \prec \neg\, \Delta\, !\, A$$

ist das die römische Rechtsformel (für den Richter) ultra posse nemo obligatur.

Über sein Können hinaus ist niemand verpflichtet, d.h. niemand darf dafür bestraft werden, daß er etwas nicht erreicht hat, was er nicht erreichen konnte. Für die 6 affirmativen Modalitäten (je zwei praktische, ontische und deontische) haben wir damit insgesamt folgende Implikationsfigur

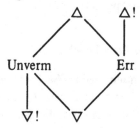

Für die weiteren Untersuchungen zur Modallogik, unabhängig davon, ob wir sie „mellontisch" oder „deontisch" interpretieren, benutzen wir als Modaloperatoren Δ, ∇ usw. Wir haben bisher den effektiven Modalkalkül M_0 (hier seien jetzt homogene Modalformen beliebigen Grades zugelassen) begründet und anschließend durch Beschränkung auf stabile Aussagen den klassischen Modalkalkül M.

Wie zuerst von Kanger 1957 und Kripke 1959 bemerkt wurde, läßt sich der Beweis der „semantischen" Vollständigkeit der klassischen Quantorenlogik zwanglos auf die klassischen Modalkalküle ausdehnen. Im Unterschied zu Kripke (vgl. hierzu K. Schütte 1968) haben wir es hier zunächst mit dem klassischen homogenen Modalkalkül zu tun (noch nicht mit inhomogenen Kalkülen). Dialogstellungen $\Sigma\ \|\ \mathsf{T}$, die links und rechts von $\|$ Modalformeln desselben Grades n enthalten, werden für den Vollständigkeitsbeweis wieder „systematisch" entwickelt, d.h., es werden zunächst a l l e unkritischen Entwicklungsschritte der Quantorenlogik ausgeführt, außerdem a l l e Δ-Schritte (falls rechts von ‖ mindestens eine Δ-Formel steht), erst danach werden alle kritischen Entwicklungsschritte ausgeführt. Es ist dabei nur zu beachten, daß für die kritischen Entwicklungsschritte von Formeln, die oberhalb eines Δ-Schrittes (markiert durch einen Querstrich) stehen, auch die freien Variablen unterhalb des Δ-Schrittes berücksichtigt werden (Δ-kritische Schritte).

Eine Stellung ist genau dann abschließbar, wenn bei dieser „systematischen" Entwicklung e i n e Teilentwicklung entsteht, die in a l l e n Zweigen abgeschlossen ist. Aus der Nicht-Abschließbarkeit einer Stellung läßt sich daher für alle Teilentwicklungen nicht-effektiv die Existenz eines maximal-entwickelten, aber nicht-abgeschlossenen Zweiges erschließen. (Im Fall der modalen Junktorenlogik folgt die effektive Existenz: es gibt ein Entscheidungsverfahren.)

Nehmen wir zunächst den Fall einer Stellung Σ ‖ T mit Modalformeln 1. Grades. In allen Teilentwicklungen gäbe es nach einem Δ-Schritt einen maximal-entwickelten, nicht-abgeschlossenen Zweig aus quantorenlogischen Formeln. Jeder dieser Zweige liefert (wie im Beweis der semantischen Vollständigkeit der Quantorenlogik) eine Interpretation α, die als Basismenge $\mathfrak{B}$ die Menge der Primformeln des Zweiges links von ‖ und der Negate der Primformeln des Zweiges rechts von ‖ hat. Als Variabilitätsbereich ω hat α alle im Zweig vorkommenden freien Variablen.

Für den Δ-Schritt

$$\begin{array}{c|c} \Sigma\,(\Delta A_1,\dots,A_m) & T\,(\Delta B_1,\dots,\Delta B_n) \\ \hline A_1 & \\ \vdots & \\ \vdots & \\ A_m & B_i \end{array}$$

erhalten wir auf diese Weise Interpretationen α_i für $i \in \{1,\dots,n\}$, so daß alle Formeln $A_1,\dots,A_m$ α_i-wahr sind (d.h. streng wahr relativ zu $\mathfrak{B}_i$ über ω_i), die Formel B_i ist aber α_i-falsch (d.h., $\neg B_i$ ist streng wahr relativ zu $\mathfrak{B}_i$ über ω_i).

Wir bezeichnen diese quantorenlogischen Interpretationen jetzt als „Interpretationen 0. Grades" und definieren eine „Interpretation 1. Grades" α dadurch, daß eine Δ-Formel ΔC genau dann α-wahr (also $\neg \Delta C$ α-wahr heißt), wenn C für mindestens ein i α_i-falsch ist (also $\neg C$ α_i-wahr ist). Für dieses α sind alle $\Delta A_1, \ldots, \Delta A_m$ α-wahr, alle $\Delta B_1, \ldots, \Delta B_n$ α-falsch. Als Variabilitätsbereich ω von α nehmen wir die Menge aller freien Variablen, die o b e r - h a l b des Δ-Schrittes vorkommen. Es gilt dann $\omega \subseteq \omega_i$ für alle i.

Wie in der Quantorenlogik ergibt sich wieder, daß alle Linksformeln des Zweiges α-wahr sind, alle Rechtsformeln α-falsch, denn dies gilt streng über ω relativ zu einer Basismenge von Δ-Formeln und negierten Δ-Formeln. Verallgemeinerungen auf Modalformeln höheren Grades liefert für jede nicht-abschließbare Stellung $\Sigma \parallel \mathsf{T}$ die nicht-effektive Existenz einer Interpretation höheren Grades, so daß alle Formeln von Σ α-wahr, alle Formeln von T α-falsch sind. Eine Interpretation α n-ten Grades ist dabei nichts anderes als eine Interpretationshierarchie: α ist eine Menge R von Interpretationen α_i $n-1$-ten Grades untergeordnet, jedem α_i eine Menge R_i von Interpretationen α_{ij} $n-2$-ten Grades usw. Für alle $\alpha_i, \alpha_{ij}, \ldots$ gilt dabei $\omega \subseteq \omega_i \subseteq \omega_{ij} \subseteq \ldots$ für die zugehörigen Variabilitätsbereiche.

Δ-kritische Schritte erfordern allerdings auch Hierarchien α von Interpretationen desselben Grades, ehe sich als semantische Vollständigkeit ergibt: Ist $\Sigma \parallel \mathsf{T}$ nicht formal-abgeschlossen, dann existiert nicht-effektiv eine Interpretation α, für die alle Formeln von Σ α-wahr, aber alle Formeln von T α-falsch sind.

In der konstruktiven Begründung der Modallogik liefert diese „Semantik" nicht die Rechtfertigung des klassischen Modalkalküls M — es fehlt ja eine B e g r ü n d u n g für die α-Wahrheit in den Interpretationshierachien. Wir haben hier umgekehrt aus der mellontischen und deontischen Interpretation der Modalitäten zunächst einen effektiven Modalkalkül erhalten, dann — durch Beschränkung auf stabile Aussagen — den klassischen Modalkalkül, und dieser führt durch systematische Entwicklungen erst zu den Interpretationshierarchien.

Während wir für die klassische Quantorenlogik von der semantischen Zulässigkeit durch Umkehrung auf das Problem der Vollständigkeit geführt werden, entsteht für die Modallogik aus der semantischen Vollständigkeit durch Umkehrung das Problem der Zulässigkeit: Ist eine in M klassisch logisch-wahre Modalformel A klassisch allgemeinwahr, d.h., sind alle Interpretationen von A klassisch wahr?

Die Wahrheit von Modalformeln ist dabei – wir nehmen den Fall einer Modalformel 2. Grades ohne Δ-kritische Schritte – folgendermaßen zu definieren:

Zu einer Interpretation α gehören Interpretationen α_i und α_{ij}. Für eine Primformel $a\,x\,y\ldots$ ist $\alpha_{ij}\,a\,x\,y\ldots$ eine materiale Aussage $(x, y, \ldots, i, j)$.

Dadurch sind alle Formeln A^0 0-ten Grades interpretiert. Eine Δ-Formel $\Delta\,A^0$ wird interpretiert durch

$$\alpha_i\,\Delta\,A^0 \rightleftharpoons \bigwedge_j \alpha_{ij}A^0,$$

eine Δ-Formel $\Delta\,A^1$ (mit einer beliebigen Formel A^1 1-ten Grades) durch

$$\alpha\,\Delta\,A^1 \rightleftharpoons \bigwedge_i \alpha_i\,A^1.$$

Das ist eine rein quantorenlogische Interpretation. „Semantisch" wird dadurch also die Modallogik auf die assertorische Logik reduziert – und damit, streng genommen, im Gegensatz zur obigen Begründung der mellontischen und deontischen Modalitäten, überflüssig.

Für die Zulässigkeit dieser „Semantik" ist für den Δ-Schritt nur die Δ-Regel (Regel des Aristoteles) zu beweisen, daß nämlich

$$\Delta\,A_1 \wedge \ldots \wedge \Delta\,A_n \rightarrow \Delta\,B$$

allgemein wahr ist, wenn $A_1 \wedge \ldots \wedge A_n \rightarrow B$ allgemein wahr ist. Der Beweis ist trivial, denn z.B. folgt aus

$$\alpha_i\,A_1 \wedge \ldots \wedge \alpha_i\,A_n \rightarrow \alpha_i\,B \qquad \text{(für alle } i)$$

quantorenlogisch sofort

$$\bigwedge_i \alpha_i\,A_1 \wedge \ldots \wedge \bigwedge_i \alpha_i\,A_n \rightarrow \bigwedge_i \alpha_i\,B,$$

also $\qquad \alpha\,\Delta\,A_1 \wedge \ldots \wedge \alpha\,\Delta\,A_n \rightarrow \alpha\,\Delta\,B.$

Wie für die Quantorenlogik folgt aus dieser Zulässigkeit – zusammen mit der Vollständigkeit –, daß eine Modalformel A genau dann klassisch logisch konsistent ist, wenn A schwach erfüllbar ist, d.h., wenn (nicht-effektiv) eine Interpretation $\alpha\,A$ „semantisch" wahr ist.

Hieraus folgt weiter, daß eine Modalformel A genau dann — abgeschwächt affirmativ — klassisch logisch wahr ist, wenn A semantisch allgemein wahr ist.

Diese Deutung der Modalitäten mit Hilfe zusätzlicher „Indizes" $i, j, \ldots$ in den Primaussagen als „Indexquantoren" liefert keinen Beitrag zur Deutung der mellontischen und deontischen Modalitäten. Insbesondere bleibt nach wie vor der Deutungsversuch von $\triangle A$ bzw. $\triangledown A$ mit Hilfe von Zeitquantoren, die sich über die Zukunft erstrecken, sinnlos (weil futurische Aussagen weder wahr noch falsch sind — sie werden erst wahr oder falsch).

Seit Kripke ist es üblich geworden, im Anschluß an die Leibnizsche Redeweise von „allen möglichen Welten", die semantische Definition

$$\alpha \, \triangle A \; \Leftrightarrow \; \bigwedge_i \alpha_i \, A$$

so zu lesen, als ob „α" hier für eine „Welt" stünde und als ob die „α_i" für die „Welten" stünden, die relativ zur Welt α „möglich" sind.

Man erreicht dadurch in der Tat das Leibnizsche Theorem, daß eine Aussage A genau dann (in einer Welt α) „notwendigerweise wahr" ist, wenn A in allen (relativ zu α) möglichen Welten α_i wahr ist. Nur sollte klar sein, daß dieses Theorem keine Definition der Modalitäten liefert, weil man schon wissen müßte, was „möglich" ist, wenn man damit „notwendig" definieren wollte.

Das Leibniz-Theorem wird aber ein leicht zu beweisender Satz, wenn man „notwendig" durch die logische Implikation relativ zu einem Wissen W definiert. Für die Zukunft ist jedes Wissen W_i dann „möglich", wenn $W \wedge W_i$ konsistent ist. Normiert man W_i so, daß es stets schon W implizieren soll, so fällt die „Möglichkeit" von W_i mit der logischen Konsistenz zusammen. Nennt man ferner W_i eine „Welt" (bzgl. einer Aussage A), wenn A nicht kontingent bzgl. W_i ist (wenn also „in" W_i über A entschieden ist: $W_i \prec A$ oder $W_i \prec \neg A$), und nennt man A (simpliciter) „wahr" bzw. „falsch" in W_i, wenn $W_i \prec A$ bzw. $W_i \prec \neg A$ gilt, dann ergibt sich sofort, daß A „notwendig" ist ($W \prec A$) genau dann, wenn A in allen „möglichen Welten" wahr ist ($\bigwedge_i W_i \prec A$).

Denn aus $W \prec A$ folgt $W_i \prec A$ wegen $W_i \prec W$, und aus $W \nprec A$ folgt, daß $W \wedge \neg A$ eine mögliche Welt ist, „in" der A „falsch" ist.

Durch diesen trivialen Beweis wird verständlich, daß das Leibniz-Theorem den modernen Logikern auch ohne Beweis „plausibel" erscheint. Es liefert aber nur scheinbar eine Rechtfertigung der Kripke-Semantik.

Alle diese Überlegungen betreffen bisher nur die homogenen Modalkalküle. Schon die aristotelische Modallogik betrachtet jedoch Aussagen A, die zugleich simpliciter als „wahr" bezeichnet werden können und als „notwendigerweise wahr". Statt „notwendig" sagt man hier „notwendigerweise wahr", weil angenommen wird, daß $\triangle A$ stets A impliziert:

$$\triangle A \prec A.$$

Wir schlagen vor, für die einfache Wahrheit ein eigenes Zeichen X zu benutzen, so daß formal die Homogenität (falls gewünscht) erhalten bleibt

$$\triangle A \prec X A.$$

Für X gilt $\neg X A \asymp X \neg A$. Es folgt daraus $X A \prec \nabla A$. . Dies folgt effektiv wegen $X A \prec \neg X \neg A \prec \neg \triangle \neg A$. Die Implikation $\triangle \prec X$ ist deontisch nicht zu interpretieren: daraus, daß etwas sein soll, folgt — leider — nicht, daß es ist.

Auch mellontisch ist $\triangle \prec X$ sinnlos, weil futurische Aussagen nicht simpliciter als wahr behauptet werden dürfen.

Nehmen wir deshalb jetzt A als präsentische Aussage, so ist zu fragen, wie die „Notwendigkeit" von A eine sinnvolle Behauptung wird. Eine Antwort ist die folgende: man betrachte A von einem Standpunkt in der Vergangenheit so, a l s o b A futurisch wäre. Diese sehr übliche Weise des Redens möge „pseudomellontisch" heißen. Man sagt z.B. daß man schon 1939 hätte wissen sollen, daß Deutschland den Krieg verlieren würde. Daß Deutschland jetzt der Verlierer i s t, ist nicht nur wahr, es war schon 1939 notwendig, daß Deutschland der Verlierer sein würde (hätte man nur das erforderliche Wissen gehabt). Hinterher ist man — bekanntlich — immer klüger. Für die pseudomellontische Modallogik ist es daher naheliegend, von dem in die Vergangenheit verlegten Wissen W über die Gegenwart anzunehmen, daß es durch die Gegenwart nicht falsifiziert worden ist. Aufgrund dieser Deutung kann man die Beschränkung auf homogene Formeln fallen lassen: assertorische und $\triangle$-Formeln beliebigen Grades dürfen jetzt quantorenlogisch zusammengesetzt werden. Da wir von den Prognosen aus der Vergangenheit nur diejenigen beibehalten, die die Gegenwart verifiziert hat, gilt als „Verifikationshypothese" stets $\triangle A \rightarrow A$. Diese pseudomellontische Deutung ist sicherlich nicht aristotelisch, da Aristoteles (insofern er Platoniker war) die Gegenwartsaussagen nicht mit Gesetzeshypothesen von der Vergangenheit aus betrachtete, sondern von einem Standpunkt „außerhalb" der Zeit. Die Beschränkung des Wissens auf zeitunabhängige Gesetze ist jedoch nur ein Spezialfall der pseudomellontischen Interpretation — und sei daher hier nicht eigens berücksichtigt.

Umgekehrt sind die pseudomellontischen Modalitäten ein Spezialfall der sogenannten epistemischen Modalitäten: beweisbar, widerlegbar, unbeweisbar und unwiderlegbar. Man erhält diese, wenn man für beliebige dialog-definite Aussagen (deren „einfache" Wahrheit sinnvoll behauptet werden kann — die futurischen Aussagen sind also ausgeschlossen, aber es sind z.B. alle historischen Aussagen ebenso wie alle mathematischen zugelassen) aus forschungspolitischen Gründen ein „Wissen" W (ein System wahrer Sätze) auszeichnet und durch

$$\triangle_W A \Leftrightarrow W \prec A$$

die „Beweisbarkeit" von A (relativ zu W) definiert. Gilt $\triangle_W \neg A$, so heißt A „widerlegbar" (bzgl. W). „Unbeweisbarkeit" ($\neg \triangle_W A$) und „Unwiderlegbarkeit" ($\neg \triangle_W \neg A$) werden als Negationen eingeführt.

Mit der Abkürzung $\qquad \nabla_W \Leftrightarrow \neg \triangle_W \neg$

setzt man $\qquad\qquad \boldsymbol{Z}_W A \Leftrightarrow \nabla_W A \wedge \neg \triangle_W A.$

$\boldsymbol{Z}_W$ ist die „Unentscheidbarkeit" (weder beweisbar noch widerlegbar). $\neg \boldsymbol{Z}_W$ ist die schwache Entscheidbarkeit gegenüber der starken Entscheidbarkeit (beweisbar oder widerlegbar). Für diese epistemischen Modalitäten gelten selbstverständlich alle Implikationen der inhomogenen Modallogik.

In der Arithmetik kann man z.B. ein Axiomensystem, etwa das Peano-System, angeben und kann dann die „Unentscheidbarkeit" einer Aussage (relativ zu diesem Axiomensystem) behaupten. Ohne

Angabe eines Axiomensystems ist die Verwendung der „epistemi-schen" Modalitäten dagegen sinnlos. Behauptet man, daß eine arithmetische Aussage („absolut") unbeweisbar ist, so behauptet man damit, daß sie falsch ist. Genauer: die Verwendung des Ter-minus „absolut unbeweisbar" statt „falsch" ist irreführend — und sollte unterlassen werden. Ebenso ist es irreführend, das klassische „tertium non datur" von der (absoluten) Entscheidbarkeit zu un-terscheiden. Dasselbe gilt für historische Aussagen. Die Frage z.B., ob Mozart vergiftet wurde, kann man dadurch beantworten, daß man sich auf das „Wissen" bezieht, das in einem „Mozartarchiv" gesammelt ist. Relativ zu diesem Wissen sei etwa die Aussage „Mo-zart wurde vergiftet" weder beweisbar noch widerlegbar. Es ist dann eine forschungspolitische Frage, ob man die „Mozartforschung" noch weiter treiben sollte, also das „Mozartarchiv" noch weiter aus-bauen usw., um evtl. zu einem Beweis oder einer Widerlegung der „vermuteten" Aussage zu kommen. Ohne Bezug auf einen „For-schungsstand" die Unentscheidbarkeit der Aussage zu behaupten, ist sinnlos. Bei mellontischen (und daher auch bei pseudomellonti-schen) Modalitäten ist es dagegen kein sinnvolles Ziel einer For-schungspolitik, eine beliebige kontingente Frage (z.B., ob die Mo-zartforschung die „Vergiftungstheorie" in 10 Jahren bewiesen ha-ben wird) zum Gegenstand einer zu fördernden „Zukunftsforschung" zu machen, um zu einer Entscheidung (d.h. zur Notwendigkeit oder Unmöglichkeit) zu kommen. Nur die irreführende modalfreie Rede-weise, futurische Aussagen seien entweder wahr oder falsch, ver-führt zu dem traditionellen „Determinismus", bei dem man von $\triangle\,(p \vee \neg\, p)$ auf $\triangle\, p \vee \triangle \neg\, p$ schließt. Nur pseudomellontisch folgt $p \vee \neg\, p$. Das Problem des Determinismus ist in der Neuzeit durch den Physikalismus verschärft worden. Die physikalische Vermutung der Existenz eines Gesetzeswissens G, mit dem man aus der „An-fangsbedingung" einer vollständigen Beschreibung S_0 des gegenwär-tigen Zustands eine v o l l s t ä n d i g e Beschreibung S_δ zukünfti-ger Zustände berechnen könne, ist dazu auf ihre außerphysikalische Gültigkeit zu prüfen. Es bedarf eines Beweises, daß diese Vermutung auf die Lebenswissenschaften (insbesondere die politischen Wis-senschaften) nicht anwendbar ist. (Vgl. Kap. II,3).

Für futurische Aussagen bleibt dann auch unter der Fiktion eines unbeschränkten Wissens (wie es von einer fiktiven Forschergemeinschaft mit unbeschränkten Mitteln erarbeitet werden könnte) die Unterscheidung kontingenter Aussagen von den inkontingenten (notwendigen oder unmöglichen) sinnvoll.

In der scholastischen Tradition des Determinismusproblems steht ein allwissender Gott an der Stelle einer unbeschränkten Forschergemeinschaft. Die Interpretation dieser Tradition setzt die Modallogik voraus. Der Modalkalkül ist methodisch vor dem Determinismusproblem zu erörtern. Wir gehen daher noch auf die inhomogene Modallogik ein.

Für die inhomogenen Modalkalküle hat man dieselbe Entwicklungsschritte wie bisher. Statt der Verifikationshypothesen $\Delta A \to A$ läßt sich der folgende V e r i f i k a t i o n s s c h r i t t

$$(*) \qquad \frac{\Sigma\,(\Delta\,A)}{A} \quad \Big\| \quad C \text{ bzw. } \mathsf{T}$$

für den effektiven bzw. klassischen Modalkalkül hinzufügen. Die entstehenden inhomogenen Modalkalküle mögen M_0^* bzw. M^* heißen.

Alle modallogischen Implikationen der homogenen Modallogik sind trivialerweise auch Implikationen der inhomogenen Modallogik. Selbst bei Beschränkung auf homogene Modalformeln gilt aber nicht das Umgekehrte, z.B. gilt, wie wir gesehen haben,

$$\Lambda_x\,\Delta\,a\,x \prec \nabla\,\Lambda_x\,a\,x$$

homogen n i c h t. Diese Implikation gilt aber effektiv inhomogen, wie die folgende Entwicklung mit 2 Verifikationsschritten zeigt:

$$
\begin{array}{c|c}
\Lambda_x\,\Delta\,a\,x & \neg\,\Delta\,\neg\,\Lambda_x\,a\,x \\
\Delta\,\neg\,\Lambda_x\,a\,x & \lambda \\
\neg\,\Lambda_x\,a\,x & (*) \\
 & \Lambda_x\,ax \\
 & a\,y \\
\Delta\,a\,y & (*) \\
a\,y &
\end{array}
$$

M^* ist aufgrund des Schnittsatzes äquivalent mit dem auch bei Schütte 1968 als M^* bezeichneten Modalkalkül. Damit hat die konstruktive Begründung die z.Z. in der Literatur behandelten Modalkalküle erreicht.

Für eine Semantik von M^* verlangt man von den Interpretationen, daß sie das Zusatzaxiom (*) erfüllen, d.h.

(*) $\quad \alpha \, \Delta \, A \to \alpha \, A$.

Dazu muß eine Interpretation α, der gewisse α_i untergeordnet sind, zugleich selbst eine Interpretation α_0 (mit um 1 niedrigeren Grad) sein. Nehmen wir 0 als Indexkonstante (bei räumlichen Indizes z.B. als „hier"), so ist (*) wegen $\Lambda_i \, \alpha_i \, A \to \alpha_0 \, A$ erfüllt. Schreibt man – wie Kripke 1959 – für Interpretationen α, β kurz $\alpha \, R \, \beta$, falls β der Interpretation α untergeordnet ist (d.h., falls β ein α_i ist), dann läßt sich die Benutzung der Indexkonstanten 0 formulieren durch die R e f l e x i v i t ä t von R: es wird $\alpha \, R \, \alpha$ für jede Interpretation gefordert. Dadurch werden auch die Δ-kritischen Schritte erfaßt, die im folgenden nicht berücksichtigt werden.

Es folgt, daß eine Modalformel A genau dann – abgeschwächt affirmativ – in M^* logisch-wahr ist, wenn $\alpha \, A$ für alle inhomogenen Interpretationen wahr ist.

In der Tradition von Lewis werden außer M^* weitere Modalkalküle betrachtet, die durch Hinzufügung von Axiomen entstehen. Der Sinn dieser Axiome ist, die Vielzahl der iterierten Basismodalitäten (wie $\Delta \, \Delta$, $\Delta \, \nabla \, \nabla$ usw.) zu reduzieren.

Die Lewisschen Axiome sind (im Sprachgebrauch der Mathematiker) „naheliegend". Zunächst wird die „Idempotenz" gefordert. Es genügt dazu

(L) $\quad \Delta \, A \to \Delta \, \Delta \, A$.

Schreibt man Δ^2 statt $\Delta \, \Delta$, so gilt in dem aus M^* durch Hinzunahme von (L) entstehenden Modalkalkül M^*L (in der Literatur als $S4^*$ bekannt) die Idempotenz $\Delta^2 A \succ\!\!\prec \Delta \, A$. Es folgt $\nabla^2 A \succ\!\!\prec \nabla A$ und sogar

$$(\Delta \, \nabla)^2 \, A \succ\!\!\prec \Delta \, \nabla \, A.$$

Beweis: (1) Es gilt $\nabla \, \Delta \, \nabla \prec \nabla^3$.

$\quad\quad\quad$ $\nabla^3 \succ\!\!\prec \nabla$ ergibt nach der Δ-Regel sofort:

$\quad\quad\quad$ $\Delta \, \nabla \, \Delta \, \nabla \prec \Delta \, \nabla$.

$\quad\quad\quad$ (2) Es gilt $\Delta^3 \prec \Delta \, \nabla \, \Delta$.

$\quad\quad\quad$ $\Delta^3 \succ\!\!\prec \Delta$ ergibt durch Anwendung auf ∇A sofort

$\quad\quad\quad$ $\Delta \, \nabla \prec \Delta \, \nabla \, \Delta \, \nabla$.

Entsprechend folgt: $(\Delta \, \nabla)^2 \succ\!\!\prec \Delta \, \nabla$.

Die affirmativen Basismodalitäten (also die „Produkte" aus Δ und ∇) reduzieren sich danach durch (L) auf 6 Modalitäten:

$\Delta, \nabla, \Delta \nabla, \nabla \Delta, \Delta \nabla \Delta, \nabla \Delta \nabla$.

Alle diese Modalitäten sind idempotent, denn es gilt auch $\Delta \nabla \Delta \Delta \nabla \Delta \asymp \Delta \nabla \Delta$ und entsprechend $(\nabla \Delta \nabla)^2 \asymp \nabla \Delta \nabla$. Zwischen den affirmativen Basismodalitäten gelten folgende Implikationen

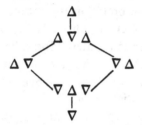

Vergleicht man diese „Struktur" mit der „Struktur" der affirmativen Basismodalitäten (1. Grades!) der konstruktiven Modallogik M_0, so sieht man sofort, daß sie durch die Abbildung $\Delta' \rightarrow X'$ (man deutet die Unmöglichkeit teils als Negation) auf die konstruktiven Basismodalitäten 1. Grades homomorph abgebildet werden. Ohne $\Delta \nabla \Delta$ ist diese Abbildung sogar ein Isomorphismus.

Die Lewissche „Forderung" des Axioms (L) läßt sich erfüllen, wenn man kumulative Indizes verwendet: ist etwa j_1, j_2, j_3, j_4 ein Index 4. Grades, so bildet man durch beliebiges Weglassen von Kommata daraus Indizes niedrigen Grades, z.B. $j_1 j_2 j_3 j_4$ als Index 1. Grades, $j_1 j_2, j_3 j_4$ und $j_1 j_2 j_3, j_4$ als Indizes 2. Grades und $j_1, j_2, j_3 j_4$ als Index 3. Grades. Alle diese Indizes haben die Form $K_1, K_2, \ldots$, wobei die K für kommafreie Systeme von Indizes j stehen. Aus jeder Interpretation entstehen durch diese Kumulation Interpretationen niedrigeren Grades. Der Grad erniedrigt sich um die Anzahl der weggelassenen Kommata. Eine Interpretation $\alpha_{j_1, j_2, j_3, j_4}$ ist für Primformeln $a \, x \, y \ldots$ durch eine materiale Aussageform

$$\alpha \, a \, x \, y \ldots \rightleftharpoons \mathfrak{a}(x, y, \ldots; j_1, j_2, j_3, j_4)$$

gegeben. Eine Interpretation α wird dann definiert durch die Menge der Interpretationen α_{K_1}. Diese werden definiert durch die Menge der Interpretationen α_{K_1, K_2} usw. Es wird dabei stets

$$\alpha \,\Delta\, A \;\rightleftharpoons\; \bigwedge_{K_1} \alpha_{K_1}\, A$$
$$\alpha_{K_1} \,\Delta\, A \;\rightleftharpoons\; \bigwedge_{K_2} \alpha_{K_1,\, K_2}\, A$$

gesetzt.

Diese Interpretationshierarchien erfüllen (L), denn es gilt

$$\alpha \,\Delta\, A \;\rightarrow\; \alpha \,\Delta\, \Delta\, A\,,$$

weil $\bigwedge_{K_1} \bigwedge_{K_2} \alpha_{K_1,K_2}\, A$ aus $\bigwedge_{K_1,K_2} \alpha_{K_1,K_2} A$ folgt.

Für inhomogene Formeln bleiben bei diesen Interpretationen evtl. freie Indexvariable stehen. Diese werden durch Indexkonstante, z.B. 0, 0, 0, ersetzt. Dadurch ist auch das Axiom (∗) erfüllt. In der Kripkeschen Formulierung ist die Relation R dieser Interpretationshierarchien nicht nur reflexiv, sondern auch transitiv: α_{K_1, K_2} ist α_{K_1} untergeordnet, dieses α, aber α_{K_1, K_2} ist ebenfalls α untergeordnet.

Ob der Vorschlag, auf diese Weise iterierte idempotente Modalitäten zu gebrauchen, „sinnvoll" ist, das ist allerdings „ein wenig problematisch" (A. Schmidt 1960, § 178), wenn auch „interpretativ nicht abwegig" (a.a.O., § 180).

Mit Indizes 2. Grades sind z.B. die Formeln $a \wedge \Delta b$ bzw. $\Delta. a \wedge \Delta b$. zu interpretieren als

$$a\,(0,0) \wedge \bigwedge_{j_1} \mathfrak{b}\,(j_1,0) \wedge \bigwedge_{j_1,j_2} \mathfrak{b}\,(j_1,j_2)$$

bzw.

$$\bigwedge_{j_1}.a\,(j_1,0) \wedge \bigwedge_{j_2} \mathfrak{b}\,(j_1,j_2). \wedge \bigwedge_{j_1,j_2}.\, a\,(j_1,j_2) \wedge \mathfrak{b}\,(j_1,j_2).$$

Zur weiteren Reduktion der Basismodalitäten „forderte" Lewis die (Rechts)-Absorption

$$(L_r) \quad \nabla \,\Delta\, A \rightarrow \Delta\, A.$$

Aus (L_r) folgt mit (L) sofort

$$\nabla \,\Delta \bowtie \Delta,$$

d.h., die rechte Modalität (hier Δ) a b s o r b i e r t die links davon stehenden Modalitäten.

Auch ∇ absorbiert links davon stehende Modalitäten, denn aus
$\nabla. \triangle \succ \triangle$ folgt durch Kontraposition $\triangle \nabla \succ \nabla$.

Das Absorptionsaxiom (L_r) impliziert übrigens das Idempotenz-
axiom (L).

Beweis: Zunächst folgt aus (L_r): $\nabla \triangle \prec \triangle \prec X$, also $X \prec \triangle \nabla$. Dies
ergibt $\triangle \prec \triangle \nabla \triangle$. Aus (L_r) folgt aber mit der $\triangle$-Regel auch
$\triangle \nabla \triangle \prec \triangle^2$, also zusammen $\triangle \prec \triangle^2$.

Der aus M^* durch Hinzunahme von (L_r) entstehende Modalkalkül
M^*L_r tritt in der Literatur als $S\,5^*$ auf. Der eben benutzte Satz
$A \to \triangle \nabla A$ wird (obwohl er nicht von Brouwer stammt) „Brouwersches Axiom" genannt, weil er aus der effektiven Subjunktion
$A \to \neg \neg A$ entsteht, wenn man „$\neg$" durch „$\triangle \neg$" ersetzt. (Auf
eine Übersetzung der effektiven Quantorenlogik in die klassische
Modallogik werden wir am Schluß dieses Kapitels noch eingehen.)

M^*L_r ist mit Hilfe von Indexquantoren leicht zu interpretieren:
man braucht nur einen ungestuften Index. Primformeln $a\,x\,y\ldots$
werden interpretiert durch

$$\alpha_i\, a\, x\, y\ldots \Leftrightarrow \mathfrak{a}(x, y, \ldots; i),$$

und man setzt für $\triangle$-Formeln

$$\alpha \triangle A \Leftrightarrow \bigwedge_i \alpha_i\, A.$$

Stehenbleibende freie Variable werden anschließend durch Indexkonstanten, z.B. 0, ersetzt.

Dann ist $a \wedge \triangle b$ zu interpretieren als

$$\mathfrak{a}\,(0) \wedge \bigwedge_i \mathfrak{b}\,(i)$$

und $\triangle. a \wedge \triangle b.$ als

$$\bigwedge_i. \mathfrak{a}\,(i) \wedge \bigwedge_i \mathfrak{b}\,(i).$$

Das Axiom (L_r) wird in diesen Interpretationen allgemein wahr,
denn $\neg \bigwedge_i \neg \bigwedge_i \alpha\, A$ impliziert $\bigwedge_i \alpha\, A$.

Daß für M^*L_r (d.h. $S\,5^*$) eine „Semantik" mit nur einem Index
angegeben werden kann, hat ersichtlich dazu beigetragen, gerade
diesen Modalkalkül auszuzeichnen. Die Forderung der Rechtsab-
sorption, so „naheliegend" sie dem Mathematiker erscheinen mag
und so „elegant" die erreichte Vereinfachung ist, ist trotzdem mehr

als eine formale Vereinfachung des Umgangs mit iterierten Modalitäten: das „Brouwersche Axiom" hat die Konsequenz, daß — im Gegensatz zu M^* — der Schluß von $\Lambda_x \,\Delta\, a\, x$ auf $\Delta\, \Lambda_x \, a\, x$ in $S\,5^*$ eine modallogische Implikation wird.

Beweis: Aus $\Lambda_x \,\Delta\, a\, x \prec \Delta\, a\, y$ folgt

$\nabla \Lambda_x \,\Delta\, a\, x \prec \nabla \Delta\, a\, y \prec a\, y$ (Brouwersches Axiom).

Also $\nabla \Lambda_x \,\Delta\, a\, x \prec \Lambda_x \, a\, x$

und $\Delta\, \nabla \Lambda_x \,\Delta\, a\, x \prec \Delta\, \Lambda_x \, a\, x.$

Nochmalige Anwendung des Brouwerschen Axioms ergibt

$\Lambda_x \,\Delta\, a\, x \prec \Delta\, \Lambda_x \, a\, x.$

Dieser Zusammenhang sollte als Argument gegen $S\,5^*$ benutzt werden, aber nicht als Argument für die Vertauschbarkeit von Δ und Λ_x.

Auf die Lewiskalküle sei hier jedoch nicht weiter eingegangen, da sie weder zur Mellontik noch Deontik etwas beitragen.

Es sei statt dessen noch gezeigt, wie sich die aristotelische Lehre der modalen Syllogistik innerhalb der inhomogenen Modallogik 1. Grades rekonstruieren läßt.

Als erstes haben wir zu entscheiden, wie wir die notwendigen allgemeinen affirmativen Sätze des Aristoteles interpretieren wollen. Umgangssprachlich können wir sagen: „Alle S sind notwendig P" (z.B. „alle Menschen sind notwendig sterblich").

Welche Form haben diese Sätze in der Modallogik? Oberflächlich gesehen scheinen zwei verschiedene Formen solche Sätze darzustellen:

(1) $\quad \Delta\, \Lambda_x . \, x \,\epsilon\, S \to x \,\epsilon\, P.$ $\qquad [\Delta\, S\, a\, P],$

(2) $\quad \Lambda_x . \, x \,\epsilon\, S \to \Delta\, x \,\epsilon\, P.$ $\qquad [S\, a\, \Delta\, P].$

Aristoteles benutzt in seiner modalen Syllogistik meist die erste Form, aber manchmal (z.B. Anal. I, 1, Kap. 9) gebraucht er auch die zweite. Wir wissen, daß dies der Haupteinwand des Theophrast war: er bestand darauf, n u r die erste zu benutzen.

Mit Hilfe unserer Interpretation ist leicht zu sehen, daß die Ansicht Theophrasts zu einer adäquateren Lösung des Problems, das die modale Syllogistik aufwirft, führt. Schon der notwendige allgemeine negative Satz ist nur in der ersten Form konvertierbar (vgl. Anal. I, 1, Kap. 3)

$$\Delta\, \Lambda_x . \, x \,\epsilon\, S \to x \,\epsilon'\, P. \qquad [\Delta\, S\, e\, P].$$

Die zweite Form – gleich, ob wir sie als $\Lambda_x.\ x \in S \rightarrow \triangle\, x \in' P.$ oder als $\Lambda_x.\ x \in S \rightarrow \neg \triangle\, x \in P.$ lesen, ist nicht konvertierbar. Konvertierbar ist jedoch klassisch eine dritte Form:
$\Lambda_x.\ \nabla\, x \in S \rightarrow \triangle\, x \in' P.\ [\nabla S\, e\, \triangle P].$ Auch diese scheint gelegentlich von Aristoteles gebraucht zu werden. Zwar geht Aristoteles durchaus korrekt mit der zweiten Form um, z.B. wenn er $S\, a\, \triangle P$ aus $S\, a\, M$ und $M\, a\, \triangle P$ folgert, aber nach der hier vorgeschlagenen Interpretation ist die zweite Form von ihm offensichtlich nicht intendiert: Wenn Aristoteles behauptet, daß alle Menschen notwendig Lebewesen sind (Anal. I, 1, Kap. 9), bezieht er sich nicht auf ein Wissen W derart, daß für alle Eigennamen „x" von Menschen gilt: W impliziert „$x \in$ lebendig". Er bezieht sich vielmehr auf ein Wissen W derart, daß W „alle Menschen sind Lebewesen" impliziert.

In der Arithmetik haben wir Systeme Σ (z.B. das System der Peano-Axiome) derart, daß Σ gewisse Formeln $A(n)$ für alle Zahlzeichen n impliziert, ohne die Formel $\Lambda_x A(x)$ zu implizieren – das ist der berühmte Fall der ω-Unvollständigkeit, der von Gödel bewiesen wurde. Aber Aristoteles beschäftigt sich in seiner Syllogistik nie mit Systemen, in denen a l l e Eigennamen seiner Objekte vorkommen. Er hat Systeme von Sätzen vor Augen, die als „notwendig" (in unserer Terminologie würden sie „analytisch-wahr" genannt werden) gegeben sind. Hinsichtlich solcher Systeme hat nur die erste Form $\triangle\, S\, a\, P$ einen Sinn.

Der zweite Hauptunterschied zwischen der Aristotelischen und der Theophrastischen modalen Syllogistik ist ein verbaler.

Aristoteles gebraucht den griechischen Terminus ἐνδέχεται normalerweise im Sinne von $\mathcal{Z}$, nur gelegentlich im Sinne von ∇. Theophrast schränkt ἐνδέχεται auf den Sinn von ∇ ein. Im folgenden wollen wir übersetzen

∇ als möglich,
$\mathcal{Z}$ als kontingent.

Wenn wir (wie es Aristoteles und Theophrast taten) die „einfache" Wahrheit X und Falschheit X' zu den Modalitäten hinzunehmen, dann erhalten wir durch Konjunktion

$$\mathcal{X} A \doteqdot X\, A \wedge \nabla' A \quad \text{(kontingent wahr)},$$
$$\mathcal{X}' A \doteqdot X' A \wedge \nabla\, A \quad \text{(kontingent falsch)}.$$

Wir haben so klassisch neun Modalitäten mit Implikationen, wie sie in der folgenden Figur aufgezeigt sind:

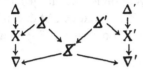

Wir übergehen die Komplikationen, die durch die doppelte Negation in der nicht-klassischen Logik herbeigeführt werden. In der klassischen Logik stehen uns neben dem wohlbekannten tertium non datur $X A \vee X' A$ auch noch die folgenden gültigen Adjunktionen zur Verfügung

$$\text{quartum non datur } \Delta A \vee \mathcal{X} A \vee \Delta' A,$$

$$\text{quintum non datur } \Delta A \vee \mathcal{X} A \vee \mathcal{X}' A \vee \Delta' A.$$

Die Aufgabe der m o d a l e n S y l l o g i s t i k besteht nun in einer Generalisierung der Aufgabe der assertorischen Syllogistik. Dort werden die Implikationen untersucht

$$S \rho M \wedge M \sigma P \prec S \tau P$$

mit ρ, σ und τ als Variablen für die Relationen a, e, i, o. Wir fügen die konversen Relationen $\tilde{a}$ und $\tilde{o}$ noch hinzu, so daß wir uns auf die obige Standardform mit 6 Relationen beschränken können (im Gegensatz zu den traditionellen vier Figuren mit 4 Relationen).

Wir notieren den Standardsyllogismus kurz als

$$\rho \mid \sigma \prec \tau$$

(z.B. $a \mid a \prec a$ für den modus barbara).

In der modalen Syllogistik haben wir die Standardform

$$\Phi S \rho M \wedge \Psi M \sigma P \prec \Omega S \tau P$$

mit Φ, Ψ, Ω als Variablen für die 5 affirmativen Modalitäten $\Delta, X, \nabla, \mathcal{S}, \mathcal{X}$.

Wir kürzen die Standardsyllogismen ab als

$$\Phi \rho \mid \Psi \sigma \prec \Omega \tau$$

(z.B. $\Delta a \mid \Delta a \prec \Delta a$ für den modus barbara der Klasse $\Delta \Delta \Delta$).

Da $5 \cdot 6 = 30$, haben wir $30^3 = 27\,000$ Standardsyllogismen.

Trotz dieser großen Zahl stellt sich verhältnismäßig leicht heraus, daß es genau 567 gültige Syllogismen unter ihnen gibt.

Nach der Aristotelischen Regel können wir aus jedem gültigen assertorischen Syllogismus $\rho \mid \sigma \prec \tau$ – und es gibt davon bekanntlich 21 in der Standardform (vgl. P. Lorenzen 1958) – unmittelbar die Gültigkeit von

$$\Delta \rho \mid \Delta \sigma \prec \Delta \tau$$

erschließen.

Die modalen Syllogismen dieser Form wollen wir die „der Klasse $\Delta \Delta \Delta$" nennen. Durch Kontraposition erhält man 21 gültige Syllogismen für jede der Klassen $\Delta \nabla \nabla$ und $\nabla \Delta \nabla$.

Fügen wir noch X hinzu, so haben wir die assertorische Klasse XXX, und wir erhalten die folgende „Multiplikationstafel" für Modalitäten

	$\Delta \, X \, \nabla$
Δ	$\Delta \, X \, \nabla$
X	$X \, X$
∇	∇

Diese Tafel von sechs Klassen genügt der „regula peiorem", die von Theophrast gegen Aristoteles aufgestellt worden war.

In dieser Tafel können wir die Prämissen X durch $\boldsymbol{X}$ (was dann fünf Klassen ergibt) und die Prämissen ∇ durch $\boldsymbol{X}$, $\boldsymbol{X}'$ oder $\boldsymbol{X}'$ (sechs Klassen) verstärken, die Konklusion Δ durch X oder ∇ (zwei Klassen) und die Konklusion X durch ∇ (acht Klassen) schwächer machen. Insgesamt erhalten wir so 27 Klassen, d.h. $27 \cdot 21 = 567$ gültige Syllogismen in der Standardform.

Wenn wir zeigen wollen, daß 567 die genaue Zahl ist, müssen wir alle anderen Klassen ausschließen. So werden z.B. die Klassen $\nabla X \nabla$ und $X \nabla \nabla$ ausgeschlossen, da sie – durch Kontraposition – zurückführbar sind auf $\Delta X \Delta$ und $X \Delta \Delta$. So ist z.B. keine Implikation

$$X S \rho M \wedge \Delta M \sigma P \prec \Delta S \tau P$$

gültig, weil $S \tau P$ nicht allein von $M \sigma P$ impliziert wird.

Mit der Zahl 567 ist keine philosophische Bedeutung verbunden. Aber mit Hilfe einer vollständigen Rekonstruktion der modalen Syllogistik kann die Geschichte der Logik (und Metaphysik) in einem neuen Lichte gesehen werden. Insbesondere erscheint die ganze traditionelle Rede über die „absolute Notwendigkeit", bei der ein Stück Modallogik gebraucht wird (und zugleich die obige Definition der relativen Notwendigkeit verworfen wird), gelinde gesagt, noch verdächtiger. Aber ersichtlich kann die „absolute" Notwendigkeit leicht interpretiert werden als Notwendigkeit relativ zu einem System Σ apriorischer Wahrheiten.

Zum Abschluß der Modallogik sei ein schon auf O. Becker 1930 zurückgehender Zusammenhang zwischen effektiver Quantoren-logik Q_0 und klassischer Modallogik $M*L$ geklärt, der (vgl. auch hierzu K. Schütte 1968) dazu benutzt wird, um eine Rechtfertigung der effektiven Logik mit den Mitteln der klassischen Modallogik zu erhalten. Der Gedankengang ist der folgende: man betrachtet die „semantische" Konsistenz und Vollständigkeit als Rechtfertigung der klassischen Modallogik $M*L$. Kann man dann eine Übersetzung der quantorenlogischen Formeln A in modallogische $\bar{A}$ so angeben, daß A genau dann effektiv logisch-wahr ist, wenn $\bar{A}$ klassisch mo-dallogisch-wahr ist, dann – so glaubt man – hat man „verstanden", was die Konstruktivisten mit ihren starken Adjunktionen und Sub-junktionen (die in der klassischen Logik nicht vorkommen) wol-len. Daß das vergebliche Mühe ist, auf diese Weise „vom klassischen Standpunkt" aus die effektive Logik zu v e r s t e h e n, ergibt sich, wenn man sich eine solche Übersetzung ansieht.

Von der klassischen Modallogik aus gesehen, läßt sich – so sagt man – die effektive Quantorenlogik Q_0 als Modallogik „interpre-tieren". Man bemerkt z.B., daß der effektiven Ungültigkeit des Ter-tiom non datur $a \vee \neg a$ die klassisch modallogische Ungültigkeit von $\triangle a \vee \triangle \neg a$ „entspricht".

Der $\triangle$-Schritt der klassischen Modallogik hat ja den „effektiven" Charakter, nur e i n e der $\triangle$-Formeln rechts von ‖ stehen zu las-sen. Dies „entspricht" der Entwicklungsregel (‖ $\vee$) in der effekti-ven Quantorenlogik. Es ist also naheliegend, eine Abbildung („Übersetzung") aller quantorenlogischen Formeln A in modallo-gische Formeln $\bar{A}$ dadurch zu versuchen, daß jede Zusammen-setzung mit einer logischen Partikel durch eine zugehörige „strikte"

logische Zusammensetzung ersetzt wird, z.B. $A \to B$ durch
$\triangle\, A \to B.$, $\neg\, A$ durch $\triangle \neg\, A$ und $\Lambda_x A(x)$ durch $\triangle \Lambda_x\, A(x)$.

Ziel einer solchen Abbildung ist, daß die Bildformel $\overline{A}$ genau dann klassisch modallogisch wahr ist, wenn die Urformel A effektiv quantorenlogisch wahr ist.

Effektive und klassische Logik unterscheiden sich nur in den Entwicklungsschritten für r e c h t s von ‖ stehenden Zusammensetzungen. Für die logischen Partikeln $\wedge, \vee, \mathsf{V}$ kann man sich daher die Übersetzung in strikte Kompositionen sparen, weil die klassischen Entwicklungsschritte ($\|\wedge$), ($\|\vee$), ($\|\mathsf{V}$) effektiv gültig sind.

Ersetzt man nämlich ein rechts von ‖ auftretendes System von Formeln durch die Adjunktion dieser Formeln, so geht z.B. die klassische Entwicklungsregel

$$\Sigma \;\Big\|\; \mathsf{T}\,(A \wedge B)$$
$$\mathsf{I} \;\;\Big\|\; A \mid B$$

über in

$$\Sigma \;\Big\| \qquad\qquad C \,\dot\vee\, A \wedge B$$
$$\mathsf{I} \qquad A \vee C \,\dot\vee\, A \wedge B \mid B \vee C \,\dot\vee\, A \wedge B$$

Wegen $A \vee C \,\dot\wedge\, B \wedge C \succ\!\!\prec A \wedge B \,\dot\vee\, C$ ist dieser Entwicklungsschritt aber effektiv gültig.

Entsprechend zeigt man die effektive Gültigkeit der klassischen Regeln ($\|\vee$), ($\|\mathsf{V}$).

Für $\to, \neg, \Lambda$ gelten die klassischen Entwicklungsregeln effektiv nicht. Z.B. geht

$$\Sigma \;\Big\|\; \mathsf{T}\,(A \to B)$$
$$A \;\;\Big\|\; B$$

über in

$$\Sigma \;\Big\|\; C \,\dot\vee\, A \to B$$
$$A \;\;\Big\|\; B \vee C \,\dot\vee\, A \to B$$

Effektiv gilt aber

$$A \to B \vee C \prec A \to B \,\dot\vee\, C$$

nicht. Nur für den Spezialfall, in dem C die Formel $A \to B$ selbst ist, also für den Entwicklungsschritt,

$$\Sigma \;\|\; A \to B$$
$$A \;\|\; B \dot{\lor} A \to B$$

gilt der klassische Entwicklungsschritt auch effektiv wegen

$$A \twoheadrightarrow B \dot{\lor} A \to B \prec A \to B$$

Entsprechendes gilt für $\neg$ und $\land$.

Daher liegt es nahe, die folgende Abbildung zu wählen

$$\overline{p} \;\leftrightharpoons\; \Delta\, p \qquad \text{für Primformeln}$$

$$\overline{\neg A} \;\leftrightharpoons\; \Delta\, \neg \overline{A}$$

$$\overline{A \to B} \;\leftrightharpoons\; \Delta.\; \overline{A} \to \overline{B}.$$

$$\overline{A \lor B} \;\leftrightharpoons\; \overline{A} \lor \overline{B}$$

$$\overline{\bigvee_x A(x)} \;\leftrightharpoons\; \bigvee_x \overline{A(x)}.$$

$$\overline{A \land B} \;\leftrightharpoons\; \overline{A} \land \overline{B}$$

$$\overline{\bigwedge_x A(x)} \;\leftrightharpoons\; \Delta \bigwedge_x \overline{A(x)}$$

Benutzt man den idempotenten Modalkalkül $M{*}L$, so ergibt sich, daß jede Bildformel $\overline{A}$ äquivalent zu $\Delta\, \overline{A}$ ist. Es ergibt sich auf diese Weise, daß eine quantorenlogische Formel A g e n a u   d a n n effektiv logisch wahr ist (d.h., daß die Stellung $\bigvee \| A$ in Q_0 abschließbar ist), wenn die Stellung $\bigvee \| \overline{A}$ in $M{*}L$ abschließbar ist.

$\overline{A} \succ \Delta\, \overline{A}$ ist trivial für Primformeln, und aus $\overline{A(x)} \succ \Delta\, \overline{A(x)}$ folgt z.B. zunächst $\bigvee_x \overline{A(x)} \succ \bigvee_x \Delta\, \overline{A(x)}$. Ferner folgt $\Delta \bigvee_x \overline{A(x)} \prec \bigvee_x \Delta\, \overline{A(x)}$ wegen (∗). Es gilt aber auch $\bigvee_x \Delta\, \overline{A(x)} \prec \Delta \bigvee_x \overline{A(x)}$, da $\Delta\, \overline{A(x)} \prec \Delta \bigvee_x \overline{A(x)}$ nach der Δ-Regel aus $A(x) \prec \bigvee_x \overline{A(x)}$ folgt. Zusammen: $\bigvee_x \overline{A(x)} \prec \Delta \bigvee_x \overline{A(x)}$. Auf diese Weise folgt $\overline{A} \succ \Delta\, \overline{A}$ durch Formelinduktion für alle Bildformeln.

Daher kann einerseits jeder Entwicklungsschritt in Q_0 durch Entwicklungsschritte in $M{*}L$ nachvollzogen werden. Z.B. der $(\| \to)$-Schritt

$$
\begin{array}{c|c}
A_1 & \\
\vdots & \\
A_m & A \to B \\
A & B
\end{array}
$$

durch

$$
\begin{array}{c|c}
\Delta^2 \overline{A}_1 & \\
\vdots & \\
\Delta^2 \overline{A}_m & \Delta . \Delta \overline{A} \to \Delta \overline{B}. \\
\hline
\Delta \overline{A}_1 & \\
\vdots & \\
\Delta \overline{A}_m & \Delta \overline{A} \to \Delta \overline{B} \\
\Delta \overline{A} & \Delta B \\
\hline
\overline{A}_1 & \\
\vdots & \\
\overline{A}_m & \\
\overline{A} & \overline{B}
\end{array}
$$

Andererseits sind die in $M*L$ abschließbaren Stellungen aus Bild-formeln stets für die entsprechenden Urformeln effektiv-logische Implikationen.

Für eine strikte Operation wie z.B. $\Delta.\overline{A} \to \overline{B}.$ sieht ein klassischer modallogischer Entwicklungsschritt nämlich so aus

$$
\begin{array}{c|c}
\Sigma(\Delta \overline{A}_1, \ldots, \Delta \overline{A}_m) & \top (\Delta . \overline{A} \to \overline{B}.) \\
\overline{A} & \\
\vdots & \\
\overline{A}_m & \overline{A} \to \overline{B} \\
\overline{A} & \overline{B}
\end{array}
$$

Für die Urformeln ist das der vorhin behandelte Spezialfall des Entwicklungsschrittes ($\| \to$), der auch effektiv gültig ist.

Dieses triviale Eingebettetsein der effektiven Quantorenlogik in einer klassischen Modallogik liefert zwar eine „Semantik" der effektiven Logik, trägt aber zur Klärung der Begründungsverhältnisse nichts bei. Das Eingebettetsein der klassischen Logik — vermittels der Abschwächung aller Formeln zu stabilen Formeln — in der effektiven Logik liefert dagegen (nach der dialogischen Begründung der effektiven Logik) eine Begründung der klassischen Logik.

II. WISSENSCHAFTSTHEORIE

1. Theorie des mathematischen Wissens

Im gegenwärtigen Wissenschaftsbetrieb ist eine Unterscheidung formaler und nicht-formaler (materialer) Wissenschaften nicht üblich. Nichtsdestoweniger würde man bildungssprachlich wohl ohne Zögern Logik und Mathematik als „formal" von den übrigen Fachwissenschaften abtrennen. Eine Schwierigkeit entsteht nur durch den Hinweis, daß üblicherweise die Geometrie (als Theorie der Raummessung) zur Mathematik gezählt wird, die Chronometrie (Theorie der Zeitmessung) aber zur Physik. Hilft man sich damit, die Geometrie nur insofern zur Mathematik zu rechnen, als sie eine axiomatische Theorie ist, so müßte man konsequenterweise jede axiomatische Theorie, also schließlich die gesamte theoretische Physik zur Mathematik zählen. Arithmetik und Mengenlehre unterscheiden sich zudem als axiomatische Theorien nicht von beliebigen anderen, etwa physikalischen axiomatischen Theorien. Man könnte daher mit demselben Schein von Recht alle diese Theorien zur Logik zählen, zur „angewandten" Logik, wenn man so will. Aber dadurch wird nichts geklärt, denn daß Logik in allen Wissenschaften angewendet werden sollte, das ist trivial. Es werde deshalb vorgeschlagen, zunächst die Logik von allen noch einzuführenden Fachwissenschaften abzutrennen. Logik ist als eine wissenschaftstheoretische Disziplin eine Disziplin, die allen Fachwissenschaften zugrunde liegt.

Vom gewöhnlichen Leben ausgehend kann man leicht einsichtig machen, daß Fachwissenschaften erforderlich sind, die man zu Rate ziehen kann, wenn über Z w e c k e zu entscheiden ist (p o l i t i s c h e Wissenschaften), und ebenso, daß Fachwissenschaften erforderlich sind, die man zu Rate ziehen kann, wenn M i t t e l (zur Erreichung gesetzter Zwecke) zu wählen sind (t e c h n i s c h e Wissenschaften).

Bezeichnen wir diese beiden Arten von Wissenschaften gemeinsam als m a t e r i a l e Wissenschaften, so ist deutlich, daß die

Arithmetik – zunächst in dem schlichten Sinne einer Lehre vom Rechnen (unabhängig von allem modischen mengentheoretischen Aufwand) – jedenfalls in diese Einteilung nicht paßt. Sie sagt nichts darüber aus, welche Zwecke geboten oder verboten sind, und sie sagt nichts darüber aus, welche Wirkungen man durch gewisse Handlungen erreicht. Legt man 2-mal 2 Äpfel in einen Korb, so wird man zwar – normalerweise – 4 Äpfel im Korb haben, gibt man aber 2-mal 2 Tropfen Wasser in ein Glas, so wird man – normalerweise – nicht 4 Tropfen Wasser im Glas haben, sondern nur 1 größeren Tropfen. Daß $2 \cdot 2 = 4$, ist keine Kausalerkenntnis.

Der Leser dieses Buches wird hinreichend viel Rechnen gelernt haben, um zu wissen, daß Arithmetik als Hilfswissenschaft sowohl für technische Aufgaben (man denke an physikalische Berechnungen) als auch für politische Aufgaben (etwa bei Nutzenberechnungen für wirtschaftliche Planungen, wie sie insbesondere in der modernen „Spieltheorie" üblich sind) gebraucht wird. Es ist deutlich ein größerer Bedarf bei den naturwissenschaftlich-technischen Fächern vorhanden. Deshalb gehört die Mathematik seit der Trennung der „philosophischen" Fakultät auch stets zur „naturwissenschaftlichen" Fakultät, nicht zur „geisteswissenschaftlichen" – aber dadurch wird die Arithmetik wissenschaftstheoretisch keine technische Disziplin.

Sie zur Wissenschaftstheorie zu zählen, ist auch mißlich, weil erst von einer gewissen Stufe der kulturellen (technisch-zivilisatorischen) Entwicklung an die Kunst des Rechnens für viele Wissenschaften nützlich wird. Kulturinvariant ist jedenfalls nicht zu begründen, daß die Arithmetik zur Grundlage a l l e r Wissenschaften gehört.

In unserer Kultur gehört die Arithmetik aber mit Recht zur sogenannten „allgemeinen Bildung". Man nennt ihre Sätze üblicherweise „Formeln". Würde man sie daher als erstes Beispiel einer „formalen" Wissenschaft den materialen Wissenschaften gegenüberstellen, so kollidierte man aber mit der schon in der Logik eingeführten Unterscheidung materialer und formaler Dialoge. Logisch gesehen sind die Dialoge um arithmetische Sätze materiale Dialoge, wissenschaftstheoretisch gesehen sagen arithmetische Sätze aber nichts über unsere „Welt" aus, weder über unsere Zwecke noch über unsere Mittel. Die arithmetischen Dialoge sind – wenn man den Lebensbezug vergißt – nichts als Spiele mit Symbolen. Diese Ähnlichkeit mit den formalen Dialogen der Logik erzwingt aber nicht den

Gebrauch desselben Terminus „formal" in der Logik und in der Wissenschaftstheorie.

Da für die Arithmetik und ihre Erweiterungen (die höhere Arithmetik oder Analysis) zudem der ehrwürdige Terminus „mathematisch" zur Verfügung steht, wird hier vom „mathematischen" Wissen — im Gegensatz zum technischen, politischen und historischen Wissen — gesprochen. Die allerdings ebenso ehrwürdige Tradition, die Geometrie zur „Mathematik" zu zählen, müssen wir dann aufgeben. Die Geometrie wird in Kap. II,2 als eine Grundlagenwissenschaft für technisches (physikalisches) Wissen, als ein Teil der „Protophysik" auftreten.

Zur methodischen Einführung der Arithmetik haben wir zunächst in geeigneten Situationen den Unterschied von „Einheiten" und „Vielheiten" lehrbar zu machen. Eine parasprachliche Darstellung solcher Situationen wird dafür Singular und Plural verwenden. Die grammatischen Besonderheiten des Deutschen (oder der indogermanischen Sprachen) sind hier jedoch irrelevant. Nehmen wir eine Situation, in der Kreise gezeichnet werden. Es werde etwa einmal ○ gezeichnet, ein andermal ○ ○ ○ ○. An solchen Beispielen ist neben dem Prädikator Kreis die Unterscheidung von „| Kreis" und „ℍ Kreis" (von „einem" Kreis und „vielen" Kreisen) zu lernen. Es ist freigestellt, ob neben | zunächst weitere Zählzeichen etwa ||, |||, |||| gelernt werden oder nach | zunächst ℍ. Jedenfalls ist es sinnlos, die Konstruktion beliebiger Zählzeichen

$$(1) \quad \Rightarrow |$$
$$(2) \quad n \Rightarrow n \,|$$

in Worten:

(1) beginne mit |
(2) gehe von n zu n | über,

in der eine V a r i a b l e n für Zählzeichen auftritt, einzuführen, ohne vorher eingeübt zu haben, was es heißt, mit einer beschränkten Anzahl von Zählzeichen (bei deutschen Kindern etwa mit den Zählwörtern von „zwei" bis „zwölf") Vielheiten zu zählen. Orthosyntaktisch wird vorgeschlagen, die Zählzeichen |, ||, |||, . . . und das Vielheitszeichen ℍ wie Apprädikatoren zu benutzen. ℍ kann dann auch vor Handlungsprädikatoren gestellt werden, z.B. „Hans π ⫫ reden" (Hans redet o f t).

Erst mit dem Einüben der Konstruktion von längeren Zählzeichen wird die Benutzung von Variablen sinnvoll: das sind Zeichen, die nur hingeschrieben werden, um durch „beliebige" Zählzeichen ersetzt zu werden. Es ist in der Mathematik üblich, Buchstaben als Variable zu verwenden, z.B. „n" für Zählzeichen (lat. numerus).

Das Zählen von Vielheiten dient insbesondere der Verteilung von Dingen. Es ist nur durch solche Lebenszwecke sinnvoll. Längere Symbolreihen aus lauter | sind unzweckmäßig. Kunstgriffe, um zu handlicheren Zählzeichen zu kommen, sind z.B. die sog. additive Notation, in der für eine Basiszahl, etwa ||||, ein neues Zeichen, etwa ⊥, eingeführt wird: |, ||, |||, ⊥, ⊥|, ⊥||, ⊥|||, ⊥⊥, ⊥⊥|, ... Es empfiehlt sich dann bei ⊥⊥⊥⊥ den Kunstgriff zu wiederholen und diese Symbolreihe etwa durch ⊥⊥ zu ersetzen usw.

Für unseren wissenschaftstheoretischen Zweck, zu verstehen und zu begreifen, wie und wozu wir arithmetische Sätze gebrauchen, ist es nicht erforderlich, auf solche Notationen einzugehen, auch nicht auf unsere Zählzeichen 1, 2, 3, ... indischen Ursprungs aus −, =, ≡, ... Es ist hinreichend, die primitive (alt-steinzeitliche) Strichnotation zu betrachten. Da wir aber wissen, daß es mehrere gleichwertige Notationen gibt, werden wir uns erlauben, von der Z a h l ||| zu reden, die z.B. auch durch das Zählzeichen „3" d a r g e s t e l l t wird (vgl. weiter unten das Abstraktionsverfahren).

Wir zählen Dinge nicht zum bloßen Zeitvertreib, sondern um zu wissen, ob die gezählten Dinge, etwa für eine gerechte Verteilung, genügen. Dies bedeutet, daß wir verschiedene Vielheiten von Dingen dadurch, daß wir sie zählen, zu v e r g l e i c h e n wünschen. Statt die Vielheiten zu vergleichen, zählen wir sie und vergleichen die Zahlen. Die O r d n u n g der Zahlen ist nicht bloß durch Beispiele bestimmt. Selbstverständlich könnten wir Beispiele von Zahlpaaren m, n geben derart, daß wir etwa sagen können $m < n$. Solche Paare wären z.B. |, ||| und ||, ||||. Statt dessen geben wir jedoch R e g e l n für a l l e Paare m, n an, wenn wir zu sagen wünschen $m < n$. Die Regeln, die wir vorschlagen, sind:

$$\Rightarrow \,|, n\,|$$

$$m, n \Rightarrow m\,|, n\,|.$$

Wenn ein Paar m, n nach diesen (wie wir sagen wollen) $<$-Regeln konstruierbar ist, erhalten wir $m < n$. Wir schreiben dies als Definition ($\Leftrightarrow$) mit dem Fregeschen Konstruierbarkeitszeichen $\vdash$:

$$m < n \Leftrightarrow \ \vdash m, n.$$

Wenn wir darauf reflektieren, was wir getan haben und uns fragen: „Woher wissen wir, daß Ⅲ $<$ ⅢⅡ? ", muß die Antwort sein, „weil Ⅲ, ⅢⅡ ein nach den $<$-Regeln konstruierbares Paar ist". Die nächste Frage, die wir rückschauend zu stellen hätten, ist: „Warum akzeptieren wir die $<$-Regeln? " Dies ist nicht mehr eine Wahrheitsfrage, sondern eine praktische Frage. Niemand ist gezwungen, die Regeln anzunehmen, aber sie sind zu empfehlen, wenn wir ein neues Feld symbolischer Tätigkeit eröffnen wollen, das manchmal nützlich ist, wenn wir uns mit Vielheiten von Dingen beschäftigen. Nur das Leben kann uns den Wert einer solchen Technik lehren. Terminologisch möchten wir sagen, daß die $<$-Regeln eine p r a g m a t i s c h e Rechtfertigung besitzen.

Vergleichen wir diese Antwort mit dem axiomatischen Aufbau der Arithmetik. Statt $<$-Regeln stellt man $<$-Axiome auf:

$$\textbf{(T 1)} \qquad | < n \,|$$

$$\textbf{(T 2)} \quad m < n \to m \mid < n \mid$$

oder, wenn man es vorzieht, mit Allquantoren am Anfang:

$$\Lambda_n . \mid < n \mid .$$

$$\Lambda_{m,n} . \ m < n \to m \mid < n \mid .$$

Alle wahren Prim-Sätze $m < n$ sind nun logisch impliziert von diesen Axiomen. Die Frage: „Woher wissen wir die Wahrheit der Axiome? " ist nicht zulässig; man bezieht sich vage auf empirische Verifikation oder Bestätigungen. Wenn wir hingegen mit den pragmatisch gerechtfertigten $<$-Regeln beginnen, sehen wir andererseits, daß die $<$-Axiome tatsächlich wahr sind, in dem Sinne nämlich, daß sie als Thesen in einem Dialogspiel verteidigt werden können. Wir haben nun Konstruierbarkeitssätze $\vdash m$, n als Prim-Sätze. Wenn sie angegriffen werden, müssen sie durch die Durchführung der Konstruktion verteidigt werden.

Es gibt unendlich viele Sätze, die in diesem Sinne wahr sind, d.h. verteidigbar. Und dies bietet die Grundlage für die Möglichkeit des Problems der Axiomatisierung; d.h. des Problems, ein geeignetes (endliches) System von wahren Sätzen zu finden, so daß a l l e wahren Sätze von ihm logisch impliziert werden.

Eine einfache Antwort auf diese Frage ist folgende. Wir betrachten die falschen Prim-Sätze, d.h. die wahren $\neg\, m < n$. Alle diese Sätze werden logisch impliziert von

$$(T\ 3) \quad \neg\, m < |$$
und
$$\neg\, m < n \rightarrow \neg\, m\ | < n\ |.$$

Selbstverständlich haben wir uns zuerst zu versichern, daß diese neuen Axiome wahr sind. Warum kann niemand m, | nach den $<$-Regeln konstruieren? Weil nur Paare |, n | und m |, n | konstruierbar sind. Diese Paare haben n | als ihr zweites Glied, aber m, | hat | als sein zweites Glied, und wir haben | $< n$ |.

Um die zweite Behauptung zu „beweisen", ist es hinreichend zu verteidigen:

$$(T\ 4) \quad m\ | < n\ | \rightarrow m < n.$$

Die Strategie ist diese: Wenn der Opponent m |, n | konstruiert hat, wird er die zweite $<$-Regel benutzt haben (das Paar m |, n | ist kein Anfangspaar |, n |, weil wir für die ersten Glieder | $< m$ | haben). Also hat er m, n konstruiert.

Nun fügen wir zu (T 1) - (T 4) das Induktionsprinzip hinzu, d.h., für jede Formel $A(n)$ nehmen wir die Formel:

$$(T\ 5) \quad A\ (|) \wedge \Lambda_m.\, A(m) \rightarrow A\ (m\,|).\ \dot{\rightarrow}\ \Lambda_n A(n)$$

als ein Axiom. Wir haben es — in etwas anderer Notation — schon I, 3 behandelt.

(T 1) - (T 4) sind zusammen mit dem Induktionsprinzip (T 5) eine vollständige Axiomatisierung der $<$-Arithmetik.

Wie Gödel bewiesen hat, ist eine vollständige Axiomatisierung dann nicht mehr möglich, wenn wir auch die Addition und die Multiplikation in den Prim-Sätzen erlauben. Es gibt dann immer Formeln $A(n)$, derart, daß zwar $A(m)$ für jedes m, nicht aber $\Lambda_n A(n)$ von dem Axiomensystem logisch impliziert ist. Gleichwohl ist $\Lambda_n(n)$ wahr: es zu verteidigen heißt nicht mehr, als $A(m)$ mit einem von dem Opponenten gewählten m zu verteidigen.

Ein Ergebnis wie diese Gödelsche Unvollständigkeit zu verteidigen, ist einigermaßen schwierig, aber für uns sind in diesem Buch nur die wissenschaftstheoretischen Fragen relevant. Wie und wozu erhalten wir wahre arithmetische Sätze? Wir brauchen nur nach den Prim-Sätzen zu fragen. Wir haben gesehen, daß die Prim-Sätze $m < n$ ihren Ursprung haben in Regeln zur Konstruktion von Zahlpaaren.

Wir können die Gleichheit und Ungleichheit folgendermaßen definieren.

$$m \ddagger n \rightleftharpoons m < n \vee n < m,$$

$$m = n \rightleftharpoons \neg m \ddagger n.$$

Die üblichen Axiome für Gleichheit

$$m = n$$

$$m = n \dot{\rightarrow} A(m) \leftrightarrow A(n)$$

sind von unseren Axiomen logisch impliziert.

Um die Addition einzuführen, werden wir Regeln zur Konstruktion von Zahltripeln angeben, nämlich:

$$\Rightarrow m, |, m|$$

$$m, n, p \Rightarrow m, n|, p|.$$

Die Rechtfertigung für den Vorschlag (und die Annahme) dieser Regeln ist wiederum eine pragmatische. Da wir alle seit der Grundschule die Addition bereits eingeübt haben, nehmen wir sie für bereits gerechtfertigt an.

Sind die Regeln einmal akzeptiert, so muß alles weitere bewiesen werden. Für die Addition haben wir zunächst zu zeigen (was hier nicht näher ausgeführt werden soll), daß das dritte Glied eindeutig bestimmt ist:

$$\vdash m, n, p \wedge \vdash m, n, q \rightarrow p = q.$$

Dann können wir definieren:

$$m + n = p \rightleftharpoons \vdash m, n, p.$$

Für die Multiplikation können wir das gleiche Verfahren anwenden. Wir beginnen mit pragmatisch gerechtfertigten Konstruktionsregeln für Tripel und definieren die Prim-Sätze $m \cdot n = p$ mit Hilfe der Konstruierbarkeit.

Einen Prim-Satz zu verteidigen, heißt eine Konstruktion vorzuführen. Sogar die Zahlen (oder, falls man es vorzieht, die Zählzeichen) müssen konstruiert werden, bevor die Arithmetik beginnen kann. So markiert die „Konstruktion" den Unterschied zwischen den arithmetischen Prim-Sätzen und den Elementarsätzen mit Eigennamen und Prädikatoren.

Um uns den traditionellen Kantischen Termini — sie rekonstruierend — anzugleichen, wollen wir hier statt „konstruktiv" den Terminus „synthetisch" gebrauchen. Zumindest können — nach den Wörterbüchern — beide Wörter, sowohl das griechische „synthesis" als auch das lateinische „constructio", mit „Zusammensetzung" übersetzt werden.

Um eine arithmetische Wahrheit zu verteidigen, brauchen wir nicht die „empirische" Wahrheit der Elementarsätze zu benutzen; wir brauchen nur die „Synthesis" nach den pragmatisch gerechtfertigten Regeln zu vollziehen. Darum schlagen wir vor, die arithmetischen Wahrheiten s y n t h e t i s c h e Wahrheiten zu nennen. Sie sind nicht-empirische Wahrheiten. Wenn wir dem Kantischen Gebrauch folgen und alle nicht-empirischen Wahrheiten „a priori" nennen, erhalten wir mit Kant die arithmetischen Wahrheiten als s y n t h e t i s c h e W a h r h e i t e n a p r i o r i .

In der Arithmetik finden wir die gleiche Situation wie in der Logik: Haben wir einmal die pragmatische Rechtfertigung der Konstruktion von Regeln, durch die wir die Zählzeichen und die Prim-Sätze einführen, verstanden, so mögen wir sie ruhig wieder vergessen. Wir haben dann ein Spiel mit Symbolen vor uns. Die arithmetischen Wahrheiten sind wahre Sätze in diesem Spiel, das mit konstruierbaren Sätzen beginnt. Aus diesem Grunde möchten wir das „synthetisch a priori" noch qualifizieren als „f o r m a l-synthetisch a priori".

Dieser terminologische Vorschlag mag nicht für jeden zufriedenstellend sein, aber er legt die Unterscheidung von vier Arten von apriorischen Wahrheiten nahe:

> formal-analytisch — formal-synthetisch
> material-analytisch — material-synthetisch.

Da wir gerade vier Arten von apriorischen Wahrheiten zu unterscheiden vorschlagen wollen, dient diese Terminologie jedenfalls unseren Zwecken in einer zufriedenstellenden Weise.

Mit dem materialen a priori wollen wir uns im nächsten Kapitel beschäftigen. Der Terminus „formal-analytisch", so schlagen wir vor, soll für solche Wahrheiten gebraucht werden, für deren Verteidigung wir nicht nur die logischen Regeln, sondern auch D e f i - n i t i o n e n benötigen. Natürlich treten Definitionen auch in Verbindung mit Elementarsätzen auf. Wenn wir mit dem zweistelligen Prädikator „verheiratet" beginnen, so daß „$x, y \in$ verheiratet" die Standardversion von „x ist mit y verheiratet" ist und wenn wir, etwa für juristische Zwecke, den Prädikator „Junggeselle" einführen, und zwar durch die Definition:

$$x \in \text{Junggeselle} \Leftrightarrow x \in \text{männlich} \land \neg V_y x, y \in \text{verheiratet},$$

dann erhalten wir den wahren Satz:

$$x, y \in \text{verheiratet} \rightarrow \neg x \in \text{Junggeselle}$$

(d.h.: Wenn x mit y verheiratet ist, dann ist x kein Junggeselle). Ein arithmetisches Beispiel würde sein:

$$z \in \text{Primzahl} \Leftrightarrow z \neq | \land \bigwedge_{x,y}. \ x \cdot y = z \dot{\rightarrow} x = | \lor y = | .$$

Eine logische Implikation dieser Definition wäre:

$$z \in \text{Primzahl} \land x \neq | \land y \neq | \rightarrow x \cdot y \neq z.$$

Um die Wahrheit dieser Sätze zu verteidigen, braucht man nur einige Definitionen zu kennen. Man braucht nicht zu wissen, ob die Prim-Sätze elementare oder arithmetische Prim-Sätze sind, und man braucht insbesondere nichts über ihre Verteidigbarkeit zu wissen. Wenn wir das Definitum durch das Definiens ersetzen, werden die Sätze logisch wahr. Solche Sätze schlagen wir vor, „formal-analytische Wahrheiten" zu nennen. Logische Wahrheiten sind eine besondere Art von ihnen. Formal-analytische Wahrheiten, die nicht logisch wahr sind, mögen „formal-analytische Wahrheiten im engen Sinne" heißen. „Formal-analytisch wahr im engen Sinne" bedeutet so, daß der Satz kraft seiner logischen Form u n d wenigstens einer Definition verteidigbar ist. Der Terminus „Definition" hat eine lange und komplexe Geschichte. Er soll hier nur in dem engen Sinne einer deduktiven (expliziten) Definition gebraucht werden:

$$x_1, \ldots, x_n \epsilon \, p \rightleftharpoons A(x_1, \ldots, x_n).$$

Der Prädikator p wird durch die Regel eingeführt, daß die linke Seite durch die rechte Seite ersetzt werden soll.

Dieser enge Sinn schließt die sogenannten „impliziten Definitionen" aus, um von den „realen Definitionen" erst gar nicht zu reden. Sehr oft, wenn man von einem Axiomensystem sagt, daß es seine Objekte „implizit definiert", handelt es sich nur um einen Mythos. Aber es gibt gleichwohl ernsthaftere Fälle, wenn z.B. gesagt wird, daß eine Formel $A(x)$ implizit ein Objekt y d e f i n i e r t, das diese Formel erfüllt. Hier würden wir es vorziehen, deduktiv zu definieren:

$$y \rightleftharpoons \iota_x A(x). \quad \text{(Zu dem Kennzeichnungsoperator } \iota_x \text{ vgl. weiter unten.)}$$

Die sogenannte implizite Definition einer Funktion F durch eine Formel $A(x, y)$ ist ebenfalls auf eine deduktive Definition mit einer Kennzeichnung zurückführbar:

$$F x \rightleftharpoons \iota_y A(x, y).$$

Es bleibt uns nur ein interessanter Fall, der Fall der sogenannten induktiven Definitionen. In der Arithmetik werden Folgen $p_1, p_2, \ldots$ $p_3, \ldots$ von Prädikatoren oft durch Bedingungen eingeführt:

$$x \, \epsilon \, p_1 \leftrightarrow A(x)$$

$$x \, \epsilon \, p_{n+1} \leftrightarrow B(p_n, x).$$

Seit Dedekind ist es üblich geworden, zu „beweisen", daß für jedes n genau eine M e n g e S_n existiert, derart daß

$$x \in S_1 \leftrightarrow A(x),$$

$$x \in S_{n+1} \leftrightarrow B(S_n, x).$$

Mit Hilfe dieses „Beweises" könnten wir S_n deduktiv mit einer Kennzeichnung definieren, aber dieser „Beweis" benutzt eine naive oder axiomatisierte Version der Cantorschen Mengenlehre. Wir schlagen vor, statt dessen Mengen als Abstrakta einzuführen, die durch Aussageformen repräsentiert werden; vgl. dazu die Einführung der Abstraktion weiter unten.

Für die „induktiven" Definitionen hat die Abstraktionstheorie die Folge, daß wir die Aussageformen $x \in p_n$ unabhängig von der Mengenlehre als sinnvoll zu erweisen haben.

Wir definieren zunächst $x \in p_1 \leftrightharpoons A(x)$. Es ist dadurch festgelegt, wie eine Aussage der Form $x \in p_1$ im Dialog zu verteidigen ist: „$x \in p_1$" ist dialog-definit.

Wenn für ein n schon $x \in p_n$ definiert ist, also schon dialogdefinit ist, setzen wir $x \in p_{n+1} \leftrightharpoons B(p_n, x)$.

Damit ist also auch $x \in p_{n+1}$ eine dialog-definite Aussageform – und aufgrund einer Anwendung der arithmetischen Induktion (auf metadialogischer Ebene) erhalten wir das Ergebnis, daß $x \in p_n$ f ü r j e d e s n durch eine dialog-definite Formel ersetzbar ist. Der oben erwähnte Dedekindsche „Beweis" kommt in unserer Formulierung darauf hinaus zu zeigen, daß $x \in p_n$ für jedes n durch diese Ersetzungen (eindeutig) d e f i n i e r t ist. In der Tat darf $x \in p_1$ auch n u r durch $A(x)$ ersetzt werden, weil $x \in p_{n+1}$ (wegen $n + 1 \neq 1$) stets von $x \in p_1$ verschieden ist. Ebenso ist $x \in p_{n+1}$ (eindeutig) definiert, wenn $x \in p_n$ (eindeutig) definiert ist, weil $x \in p_{n+1}$ n u r durch $B(p_n, x)$ ersetzt werden darf (wegen $1 \neq n + 1$ und $m + 1 = = n + 1 \rightarrow m = n$). Nochmals aufgrund arithmetischer Induktion sind daher alle $x \in p_n$ definiert!

Für den Streit um die klassische Logik in der Arithmetik, also um die Verwendung des tertium non datur, ist folgendes trivial:

(1) Alle Primaussagen (über Ordnung, Addition und Multiplikation) sind wahrheitsdefinit, also stabil.

(2) Sind $A(x)$ und $B(p, x)$ stabile Aussagen, falls p stabil ist, dann sind auch alle durch

$$x \in p_1 \ \leftrightharpoons A(x)$$

$$x \in p_{n+1} \leftrightharpoons B(p_n, x)$$

induktiv definierte Aussagen $x \in p_n$ stabil.

Ersetzt man in der Arithmetik, die nur induktive Definitionen für ihre Primformeln zuläßt, alle starken Adjunktionen durch schwache, so sind also alle arithmetischen Formeln stabil. Das heißt, für diesen Teil der Arithmetik ist die klassische Logik konstruktiv gerechtfertigt.

Wir wollen diese Bemerkungen über die mathematischen Wissenschaften beschließen mit Vorschlägen darüber, wie die Arithmetik generalisiert und, ohne daß die Grenzen apriorischer Wahrheiten überschritten werden, erweitert werden kann. Die Generalisierungen bieten dabei keine Schwierigkeiten. Statt mit der einfachsten Konstruktion, die möglich ist, anzufangen, nämlich mit der Konstruktion von Strich-Zählzeichen, wollen wir die Konstruktionen von beliebigen Symbolreihen untersuchen. Auf diese Weise erhalten wir die Theorie der Kalküle bzw. die Metamathematik. Der letzte Name weist auf das Hauptanwendungsgebiet der allgemeinen Theorie hin, in dem wir die Sätze besonderer formaler Theorien für die Symbolreihen nehmen.

Methodisch gesehen gibt die Kalkültheorie keine Probleme auf, denen wir nicht schon in der Arithmetik begegnet wären. Aber Neues scheint sich dann zu ergeben, wenn wir die Arithmetik von ihrer elementaren Ebene – der Ebene, die wir bisher betrachtet haben – auf höhere Ebenen erweitern, zu der Theorie der reellen Zahlen nämlich, die man üblicherweise als „Analysis" bezeichnet. Das neue Phänomen, mit dem wir es hier zu tun haben, ist der Gebrauch von M e n g e n von Zahlen als den Objekten der Theorie.

Ohne daß wir uns auf die Einzelheiten der reellen Zahlen einzulassen brauchen, können wir das Hauptproblem auf die folgende Weise formulieren. Wir beginnen mit arithmetischen Satzformen. Wir definieren eine Äquivalenz-Relation zwischen solchen Formeln $A(n)$, $B(n)$ durch $\Lambda_n \cdot A(n) \leftrightarrow B(n)$. Mit Hilfe einer Abstraktion hinsichtlich dieser Äquivalenz-Relation kommen wir von den Formeln zu den dargestellten Mengen. Dies ist die weiter unten behandelte Abstraktions-Theorie für Mengen. Auf diese Weise gebrauchen faktisch alle Mathematiker die Mengen, obwohl ihre „Philosophie" ihnen normalerweise verbietet, dies zuzugeben. Wir notieren die Menge, die durch die Satzform $A(n)$ dargestellt wird, als $\in_n A(n)$.

Die $\in$-Relation zwischen Elementen und Mengen wird definiert durch:

$$m \in \in_n A(n) \rightleftharpoons A(m).$$

Da alle Mengen durch eine Formel dargestellt werden müssen, sind alle Fragen über die Existenz von Zahlenmengen Fragen über die Existenz von Formeln in der arithmetischen Sprache. Für die Zwecke der Analysis braucht diese Sprache nicht spezifiziert zu werden, sie mag im Gegenteil immer offen gehalten werden für die Einführung neuer Prim-Sätze.

Nehmen wir nun eine auf Zahlen und Zahlenmengen bezogene Satzform an: $B(n, S)$. Wenn wir die Mengenvariable S quantifizieren, erhalten wir neue Formeln, z.B.

$$A\,(n) \Leftrightarrow V_S B\,(n,\,S).$$

Ist das eine Definition? Um diese Frage zu beantworten, haben wir einen dialogischen Gebrauch des Definiens festzulegen. Um $V_S B(n, S)$ zu verteidigen, haben wir eine Menge zu nennen. Wir haben also zu entscheiden, welche Formeln zur Darstellung einer Menge gewählt werden dürfen. Gleich wie wir nun im einzelnen entscheiden, sollte jedenfalls klar sein, daß wir die Formel $A(n)$ nicht als eine solche zulassen können, die eine Menge darstellt. $A(n)$ kann darum nicht zugelassen werden, weil wir den Bereich der Variablen S erst festzulegen versuchen. Erst n a c h d e m wir diesen Bereich festgelegt haben, ist $A(n)$ definiert. Selbstverständlich kann es vorkommen, daß wir eine Formel $A'(n)$ ohne den Gebrauch quantifizierter Mengenvariablen definieren können – und daß wir sogar beweisen können:

$$A'\,(n) \leftrightarrow V_S B\,(n,\,S).$$

Aber es ist ein circulus vitiosus, wenn wir Mengenvariablen gebrauchen, ohne ihren Bereich festzulegen, und dann Formeln mit quantifizierten Mengenvariablen gebrauchen, um Mengen zu definieren. Obwohl schon P o i n c a r é 1906 diesen Fehler der Cantorschen Mengenlehre entdeckt hatte, beging R u s s e l l denselben Fehler, als er das Reduzibilitäts-Axiom zu seiner verzweigten Typenlehre hinzunahm.

Seitdem sind die axiomatischen Mengenlehren in Mode gekommen. Man postuliert einfach die Existenz von Mengen in der Weise, daß das Komprehensions-Axiom:

$$V_S \Lambda_x\,.\,x \in S \leftrightarrow A\,(x)\,.$$

für alle Formeln $A(x)$ gilt, einschließlich derer mit quantifizierten Mengenvariablen. Dies wird dann eine „imprädikative" Komprehension genannt. Statt die Existenz von Mengen zu postulieren, schlug H i l b e r t vor, daß wir axiomatische Mengenlehren als ein formales Spiel betrachten sollten; aber er fügte hinzu, daß dieses Spiel nur dann einen Sinn hat, wenn seine formale Konsistenz als ein metamathematisches Theorem bewiesen werden kann. Solch ein Beweis würde der axiomatischen Theorie eine konstruktive Interpretation geben.

So sehen wir also zwei Möglichkeiten vor uns, der traditionellen Analysis eine Begründung zu geben: entweder die Komprehension auf die prädikative Komprehension zu beschränken oder die Konsistenz der imprädikativen axiomatischen Theorien zu beweisen. Wir sind geneigt, die prädikative Analysis vorzuziehen – deren Programm in P. Lorenzen 1965 ausgeführt ist –, aber wir würden keine Bedenken anmelden, wenn imprädikative Theorien konstruktiv als konsistent bewiesen werden könnten.

Gegenwärtig arbeiten die Mathematiker lieber mit imprädikativen Theorien ohne einen Konsistenzbeweis. Diese ungerechtfertigte Bevorzugung zu verstehen, ist eine Sache der Zeitgeschichte. Wir wollen keine „Erklärung" versuchen, weil es für den Versuch zu begreifen, wie mathematische Wissenschaften „möglich" sind (d.h. zu rechtfertigen sind), nicht relevant ist.

Wir haben für die mathematischen Wissenschaften noch zwei Verfahren der Spracherweiterungen nachzutragen: Kennzeichnungen und Abstraktionen.

Beide Verfahren werden nicht n u r in der Mathematik (also in der Arithmetik und ihren Erweiterungen) gebraucht, dort aber am häufigsten. Sie sind auch in den Untersuchungen zur Grundlegung der Arithmetik zuerst explizit behandelt worden, nämlich von Frege. Ihrem wissenschaftstheoretischen Status nach gehören sie am ehesten zur Logik, weil sie sich bei allem wissenschaftlichen Reden verwenden lassen.

1.1 Abstraktion

Die Abstraktionsmethode liefert uns die Möglichkeit, so zu reden, a l s o b wir über neue Gegenstände (abstrakte Objekte) redeten – obwohl wir nur in neuer Weise über die bisherigen Gegenstände (konkrete Objekte) reden. Z.B. reden wir „abstrakt" über Z a h l e n , B e g r i f f e (R e l a t i o n e n) und S a c h v e r h a l t e , statt „konkret" über Zählzeichen, Prädikatoren (mehrstellige Prädikatoren) und Aussagen zu reden. Für die Arithmetik ist insbesondere die Abstraktion, die von Aussageformen zu M e n g e n führt, von Wichtigkeit. Nach gegenwärtiger Mode meint man sogar, die Mengen seien methodisch (und daher sogar didaktisch!) v o r den Zahlen einzuführen, so daß die Zahlen mit Hilfe der Mengen d e f i n i e r b a r werden. Diese Modemeinung beruht weitgehend auf einem Mißverständnis der Abstraktionsmethode — nach Russell führt man nämlich die Abstraktion auf die Bildung gewisser Mengen (Äquivalenzklassen) zurück und nimmt „Menge" dafür als sogenannten „Grundbegriff", der einer methodischen Einführung weder fähig noch bedürftig sei.

Um zu zeigen, daß umgekehrt die Abstraktionsmethode methodisch den Mengen vorausgeht, sei hier zuerst die aus der Schule bekannte Abstraktion behandelt, die von den (positiven) Brüchen (etwa Zähler m, Nenner n) zu den r a t i o n a l e n   Z a h l e n m/n führt. Die Brüche als konkrete Objekte, nämlich als Paare von Zählzeichen m, n sind voneinander verschieden, so wie Zähler oder Nenner verschieden sind. Dagegen sind z.B. die rationalen Zahlen $1/2$ und $2/4$ gleich. Wir haben also $1{,}2 \neq 2{,}4$ und $1/2 = 2/4$. Wie ist das zu verstehen?

Wir gehen zur Beantwortung dieser Frage von Brüchen m_1, n_1 und m_2, n_2 aus, für die m_1 durch n_1 und m_2 durch n_2 teilbar ist und außerdem die Teilungsergebnisse (also die Quotienten $m_1 : n_1$ und $m_2 : n_2$) einander gleich sind. Im Falle der Teilbarkeit gilt bekanntlich

$$m_1 : n_1 = m_2 : n_2 \leftrightarrow m_1 \cdot n_2 = m_2 \cdot n_1.$$

Für Brüche (unabhängig von der Teilbarkeitsvoraussetzung) definieren wir jetzt entsprechend eine Beziehung $\sim$ (einen 2stelligen Prädikator „$\sim$") durch:

$$m_1, n_1 \sim m_2, n_2 \Leftarrow m_1 \cdot n_2 = m_2 \cdot n_1.$$

Äquivalente Brüche können verschieden sein. Von diesen Verschiedenheiten soll jetzt „abstrahiert" werden. Die Abstraktion geschieht dadurch, daß wir uns auf solche Aussagen über Brüche beschränken, deren Gültigkeit sich bei der Ersetzung eines Bruches durch einen äquivalenten nicht ändert. Solche Aussagen wollen wir „invariant" (bezüglich $\sim$) nennen.

Invariante Aussagen sind z.B. die Aussagen der Form „m, n ist ganz", wenn wir definieren

$$m, n \text{ ist ganz} \Leftarrow \bigvee_p m = p \cdot n.$$

Die Invarianz bedeutet hier die (leicht beweisbare) Gültigkeit von

$$m_1 \cdot n_2 = m_2 \cdot n_1 \dot\to m_1 = p \cdot n_1 \leftrightarrow m_2 = p \cdot n_2.$$

Allgemein ist eine Aussage $A(m, n)$ invariant bezüglich $\sim$, wenn gilt

$$m_1 \cdot n_2 = m_2 \cdot n_1 \dot\to A(m_1, n_1) \leftrightarrow A(m_2, n_2).$$

Um die Invarianz von Aussagen explizit hervortreten zu lassen, benutzen wir neue Figuren m/n und schreiben $A(m/n)$, wenn $A(m, n)$ invariant ist. Wir können dann z.B. behaupten, „1/2 ist nicht ganz".

Wir verwenden m/n statt m, n nur dann, wenn wir es mit invarian‧ ten Aussagen (bezüglich $\sim$) zu tun haben. Diese Beschränkung der Aussagen auf invariante Aussagen ist das, was wir „Abstraktion" nennen. Da durch diese Beschränkung alle (jetzt erlaubten) Aussa‧ gen, die für m_1/n_1 gelten, auch für m_2/n_2 gelten, wenn nur $m_1, n_1 \sim m_2, n_2$, sind wir dann berechtigt, m_1/n_1 und m_2/n_2 „gleich" zu nennen. Unter „Gleichheit" verstehen wir nämlich die gegenseitige Ersetzbarkeit in (erlaubten) Aussagen. Benutzen wir für diese Gleichheit wieder „=" (auch für die Grundzahlen bedeutet die Gleichheit, daß das, was für eine Zahl gilt, auch für alle gleichen gilt), so erhalten wir

$$m_1, n_1 \sim m_2, n_2 \to m_1/n_1 = m_2/n_2.$$

Um zu zeigen, daß auch die Umkehrung hiervon gilt, überzeugen wir uns zunächst davon, daß die Aussage $m_1, n_1 \sim m_2, n_2$ selbst invariant ist bezüglich $\sim$. Diese Aussage ist 2stellig, die Invarianz gilt für jede Stelle, d.h.

$$m_1, n_1 \sim m_1', n_1' \dot\to m_1, n_1 \sim m_2, n_2 \leftrightarrow m_1', n_1' \sim m_2, n_2$$
$$m_2, n_2 \sim m_2', n_2' \dot\to m_1, n_1 \sim m_2, n_2 \leftrightarrow m_1, n_1 \sim m_2', n_2'.$$

Es ist leicht zu sehen, daß diese Invarianzen damit gleichwertig sind, daß die Beziehung $\sim$ symmetrisch und transitiv ist, d.h.

$$\left. \begin{array}{l} m_1, n_1 \sim m_2, n_2 \to m_2, n_2 \sim m_1, n_1 \\ m_1, n_1 \sim m_2, n_2 \wedge m_2, n_2 \sim m_3, n_3 \to m_1, n_1 \sim m_3, n_3 \end{array} \right\}.$$

Diese Aussagen sind aufgrund der Definition der Äquivalenz leicht zu verifizieren.

Die Beziehung $\sim$ ist ferner reflexiv, d.h.

$$m, n \sim m, n.$$

Nun ergibt sich auch die gewünschte Umkehrung

$$m_1/n_1 = m_2/n_2 \rightarrow m_1, n_1 \sim m_2, n_2.$$

Die linke Gleichheit bedeutet $A(m_1, n_1) \leftrightarrow A(m_2, n_2)$ für alle invarianten Aussagen, also insbesondere für jedes Paar p, q die Bisubjunktion

$$p, q \sim m_1, n_1 \leftrightarrow p, q \sim m_2, n_2$$

und daher auch $m_1, n_1 \sim m_1, n_1 \leftrightarrow m_1, n_1 \sim m_2, n_2$.
Wegen der Reflexivität folgt das gewünschte $m_1, n_1 \sim m_2, n_2$.

Die hier verwendete Abstraktion, die uns von den Brüchen m, n zu den Termen m/n (man nennt die Terme m/n jetzt „Terme für positiv-rationale Zahlen") geführt hat, ist entsprechend überall da anzuwenden, wo eine reflexive und komparative Relation vorliegt. Diese Relationen heißen „Äquivalenzrelationen". Jede Äquivalenzrelation gestattet, von den Objekten, für die sie definiert ist, zu neuen „abstrakten Objekten" überzugehen. Dieser Übergang, die Abstraktion, geschieht wie oben durch die Beschränkung der Aussagen über die früheren Objekte auf die Aussagen, die bezüglich der Äquivalenzrelation invariant sind.

Die Abstraktion ist kein psychischer Prozeß, sondern ein logischer Prozeß, d.h. eine Operation mit Aussagen.

Es bleibt noch zu begründen, weshalb man unter „Gleichheit" die gegenseitige Ersetzbarkeit in (erlaubten) Aussagen versteht. Das Paradigma dieser Gleichheit, oft auch als „Identität" bezeichnet, liefern verschiedene Eigennamen für „denselben" Gegenstand. Die Kenntnis des deutschen Wortes „derselbe" ist hier unerheblich. Es wird in Lebenssituationen zunächst der Gebrauch von Eigennamen eingeführt, Hat man dann einen Gegenstand mit den Eigennamen „N_1" benannt, und hat man einen zweiten Eigennamen „N_2", dann kann man fragen, ob „N_2" ein Eigenname für den Gegenstand N_1 ist.

Wir schreiben dann „$N_1 = N_2$". Dies kann im Deutschen gelesen werden als „Die Gegenstände N_1, N_2 sind identisch" oder „Die Eigennamen N_1, N_2 sind synonym".

Hält man sich daran, daß dies beides nur bildungssprachliche Paraphrasen des Orthosatzes $N_1 = N_2$ sind, so gilt jedenfalls, daß diese Gleichheit = das folgende Ersetzbarkeitsprinzip erfüllt:

$$N_1 = N_2 \rightarrow A(N_1) \leftrightarrow A(N_2),$$

falls $A(N_1)$ eine Aussage über den Gegenstand N_1 ist (nicht über den Eigennamen „N_1") und falls $A(N_2)$ aus $A(N_1)$ durch Ersetzung von N_1 durch N_2 entsteht.

Die obige Subjunktion läßt sich sogar umkehren, wenn man rechts über alle „erlaubten" Aussagen A quantifiziert („erlaubt" heißt hier: $A(N_1)$ ist eine Aussage über den Gegenstand N_1). Das G l e i c h h e i t s p r i n z i p (der gegenseitigen Ersetzbarkeit) lautet dann

$$N_1 = N_2 \leftrightarrow \mathbb{A}_A \,.\, A(N_1) \leftrightarrow A(N_2).$$

Wir schreiben den Allquantor $\mathbb{A}$ hier abweichend, weil über den „indefiniten" Bereich aller Aussagen (aus welcher Sprache auch immer – vgl. dazu P. Lorenzen 1965, § 1) quantifiziert wird.

Nimmt man z.B. für $A(N_1)$ die Aussage „ ‚N_2' ist ein Eigenname des Gegenstandes N_1", so ist $A(N_2)$ trivialerweise wahr. Aus der rechten Seite des Gleichheitsprinzips folgt also die Wahrheit von $A(N_1)$, d.h. $N_1 = N_2$.

Aus dem Gleichheitsprinzip folgt, daß die Gleichheit eine Äquivalenzrelation ist. Sie ist nämlich

(1) reflexiv $N = N$ (Beweis $A \leftrightarrow A$),
(2) komparativ $N_1 = N_3 \wedge N_2 = N_3 \rightarrow N_1 = N_2$.
      (*Beweis:* Aus $A_1 \leftrightarrow A_3$ und $A_2 \leftrightarrow A_3$ folgt $A_1 \leftrightarrow A_2$.)

Mit Hilfe der Abstraktion läßt sich umgekehrt für jede Äquivalenzrelation $\sim$ die Gültigkeit des Gleichheitsprinzips erzwingen: durch Beschränkung auf bezüglich $\sim$ invariante Aussagen.

In allgemeiner Formulierung sieht die Abstraktionsmethode so aus. Man habe für irgendwelche Objekte (konkrete oder abstrakte) eine Äquivalenzrelation $\sim$. Mit $x, y, \ldots$ als Variablen für die Objekte gelte also

(1) $x \sim x$,
(2) $x \sim z \wedge y \sim z \rightarrow x \sim y$.

Eine Aussageform $A(z)$ heißt i n v a r i a n t b e z ü g l i c h $\sim$, wenn gilt

$$x \sim y \rightarrow A(x) \leftrightarrow A(y).$$

Für invariante Aussageformen schreiben wir $A(\widetilde{x})$ statt $A(x)$, so daß wir so reden, a l s o b wir über neue Gegenstände $\widetilde{x}, \widetilde{y}, \ldots$ redeten. Gelegentlich empfiehlt sich auch, die Schreibweise von A zusätzlich zu ändern, z.B. schreiben wir statt $x \sim y$ besser $\widetilde{x} = \widetilde{y}$, um deutlich zu machen, daß für diese Relation das G l e i c h h e i t s-p r i n z i p gilt. In der Tat gilt nicht nur per definitionem

$$\widetilde{x} = \widetilde{y} \rightarrow A(\widetilde{x}) \leftrightarrow A(\widetilde{y})$$

für alle bezüglich $\sim$ invarianten Aussageformen $A(x)$, sondern es gilt auch die Umkehrung

$$\widetilde{x} = \widetilde{y} \leftarrow \bigwedge_{\text{inv.}A} . \; A(\widetilde{x}) \leftrightarrow A(\widetilde{y}).$$

Zum Beweis hat man für $A(x)$ nur die (wegen Komparativität invariante!) Aussage $x \sim y$ zu nehmen. $A(\widetilde{y})$ ist dann wegen $y \sim y$ wahr (weil $\sim$ als reflexiv vorausgesetzt war). Aus der rechten Seite folgt also $A(\widetilde{x})$, d.h. $x \sim y$.

Schließlich gilt auch noch, daß für $\widetilde{x} = \widetilde{y}$ nur dann das Gleichheitsprinzip gilt, wenn $\sim$ eine Äquivalenzrelation ist. Wäre $\sim$ nicht komparativ, so wäre $\sim$ nicht invariant bezüglich $\sim$.

Die Abstraktionsmethode hat, wie schon erwähnt, zahlreiche Anwendungen, die Einführung der „Mengen" ist nur eine von ihnen. Diese sei jedoch hier — wegen ihrer Wichtigkeit für die Arithmetik — vorweggenommen.

Wir gehen von Aussageformen $A(x)$, $B(y)$, . . . aus, in denen genau eine freie Variable (also nicht gebunden durch Quantoren) vorkommt. Über den Variabilitätsbereich der Variablen $x, y, \ldots$ brauchen wir keine Voraussetzung zu machen.

Zwei solche Formeln $A(x)$ und $B(y)$ werden nun als „äquivalent" (extensional äquivalent) bezeichnet, wenn $\bigwedge_z . A(z) \leftrightarrow B(z).$ gilt. Diese Relation zwischen den Formeln ist eine Äquivalenzrelation, d.h. reflexiv und komparativ. Bezüglich dieser Äquivalenzrelation invariante Aussagen ü b e r Formeln (also Metaaussagen) schreiben wir als Aussagen über $\in_x A(x)$, $\in_y B(y)$, . . . Im Deutschen sagen wir z.B., daß die Formel $A(x)$ die M e n g e $\in_x A(x)$ d a r s t e l l t, die Formel $B(y)$ die M e n g e $\in_y B(y)$ d a r s t e l l t usw.

Sind $A(x)$ und $B(y)$ äquivalent, so heißen $\in_x A(x)$ und $\in_y B(y)$ g l e i c h. Wir schreiben $\in_x A(x) = \in_y B(y)$.

Die durch Abstraktion von der Verschiedenheit äquivalenter Formeln entstehenden abstrakten Objekte heißen „Mengen".

Die Beziehung zwischen der Formel $A(x)$ und der Menge $\in_x A(x)$ heißt D a r s t e l l u n g: „$A(x)$ ist eine Darstellung von $\in_x A(x)$" oder kürzer „$A(x)$ stellt $\in_x A(x)$ dar". Mengen ohne Darstellung gibt es bei diesem Sprachgebrauch nicht.

Die wichtigsten bezüglich der Äquivalenz invarianten Aussagen über die Formel $A(x)$ sind die Aussagen der Form $A(z)$, d.h. die Metaaussagen, daß die Formel $A(x)$ nach Ersetzung von x durch z wahr ist. Ersichtlich sind diese Metaaussagen invariant bezüglich der Äquivalenz. Wir schreiben $z \in \in_x A(x)$ anstelle von $A(z)$. Damit ist die E l e m e n t r e l a t i o n $\in$ der Mengenlehre definiert. Führt man für die Zeichen „$\in_x A(x)$", „$\in_y B(y)$", . . . neue Variable, Mengenvariable $S, T, \ldots$ ein, so erhält man z.B.

$$S = \in_x A(x) \leftrightarrow \bigwedge_z . z \in S \leftrightarrow A(z).$$

Man erhält auch das Komprehensionsprinzip der axiomatischen Mengenlehre: für alle Formeln $A(x)$ gilt

$$\bigvee_S \bigwedge_z . z \in S \leftrightarrow A(x).$$

Im Unterschied zu den imprädikativen axiomatischen Mengenlehren ist hier aber vorausgesetzt, daß wir stets methodisch, d.h. schrittweise und zirkelfrei, vorgehen. Z u e r s t sind gewisse Formeln konstruiert, d a n a c h werden Mengenvariable für die durch diese Formeln darstellbaren Mengen eingeführt.

Kommen in $A(x)$ Mengenvariable vor (gebundene Mengenvariable sind durch die Bezeichnung ja nicht ausgeschlossen), so muß für das Komprehensionsprinzip eine neue Mengenvariable „höherer Schicht" benutzt werden. Das ist die Forderung der Prädikativität, die sich unmittelbar aus der Forderung ergibt, daß alle Gegenstände der Arithmetik (und ihrer Erweiterungen) methodisch konstruiert werden sollen.

Die endlichen Mengen bilden einen Sonderfall. Ist ein Variabilitätsbereich von Konstanten $w_1, w_2, \ldots$ einer Variablen x vorgegeben, so konstruiert man zunächst S y s t e m e S (Listen) von Konstanten folgendermaßen:

(1) $\Rightarrow w$,
(2) $S \Rightarrow S, w$.

Das heißt: (1) Jede Konstante ist für sich allein ein System.

(2) Durch Anfügen einer Konstante w an ein System S
entsteht wieder ein System S, w.

Systeme sind daher als $w_1, \ldots, w_n$ darstellbar (wenn Zahlen als
Indizes verwendet werden).

Für die Systeme $w_1, \ldots, w_n$ werden die Mengen

$$\in_x (x = w_1 \lor \ldots \lor x = w_n)$$

kurz durch $\{w_1, \ldots, w_n\}$ bezeichnet. Diese Mengen heißen e n d-
l i c h. Für zwei Systeme $u_1, \ldots, u_m$ und $v_1, \ldots, v_n$ gilt daher

$$\{u_1, \ldots, u_m\} = \{v_1, \ldots, v_n\}$$

genau dann, wenn die Systeme durch Umordnungen, Verdopplun-
gen oder Entdoppelungen (d.h. w durch w, w ersetzt oder umgekehrt) auseinander hervorgehen. Endliche Mengen entstehen hiernach durch Abstraktion aus Systemen bezüglich der durch diese
T r a n s f o r m a t i o n e n bestimmten Äquivalenz. Die A n z a h l
der (verschiedenen) Glieder eines Systems bleibt bei diesen Transfor-
mationen invariant: das ist der Grund, weshalb die Anzahl der Menge
$\{w_1, \ldots, w_n\}$ zugesprochen wird, nicht dem System $w_1, \ldots, w_n$.

Das hat man in der Mathematik selbstverständlich immer schon
gewußt, und insoweit bestehen keine Bedenken, schon Schulkinder
den Unterschied zwischen Systemen und endlichen Mengen lernen
zu lassen. Es sollte nur darauf geachtet werden, daß unendliche
Mengen nicht durch „unendliche Systeme" (das ist eine contradictio
in adjecto) dargestellt werden, sondern durch Aussageformen aus
methodisch erst zu konstruierenden Sprachen. Dieser Hinweis wird
leider – fahrlässig oder vorsätzlich, das sei dahingestellt – in der
„neuen" (mengentheoretischen) Mathematik weggelassen. Den
Schülern und Studenten fehlt dadurch die Möglichkeit, imprädikative Mengenkomprehensionen, wie sie in der Analysis (leider) üblich
sind, als Verstöße gegen das methodische Konstruieren zu bemerken.

Die Abstraktion, die dazu führt, statt von „Zählzeichen", wie
$|, ||, |||, \ldots$ oder $1, 2, 3, \ldots, 10, \ldots 10^2, \ldots, 10^{100}, \ldots$ von „Zahlen" zu reden, ist demgegenüber harmlos. Sie beruht darauf, daß
auch die arithmetische Gleichheit (die wir durch $m = n \leftrightharpoons \neg. m < n$
$\lor n < m.$ definiert haben) eine Äquivalenzrelation ist und daß alle
Aussagen der Arithmetik invariant bezüglich dieser Gleichheit sind.

Während die abstrakten Mengen erst in unserer Zeit von der Bildungssprache in die Umgangssprache eindringen, ist die Rede von Zahlen, Begriffen und Sachverhalten (Tatsachen) schon lange üblich. Begriffe bzw. Sachverhalte werden aus Prädikatoren bzw. Aussagen abstrahiert. Die dazu erforderliche Äquivalenzrelation für diese sprachlichen Objekte (die Synonymität oder intensionale Äquivalenz) werden wir aber erst in Kap. II, 2 einführen.

1.2 Kennzeichnungen

Für Elementaraussagen und für Primaussagen der Arithmetik haben wir Konstanten benutzt, z.B. Eigennamen und Zählzeichen. Für diese Konstanten ließ sich eine Gleichheit einführen, die das Gleichheitsprinzip erfüllt.

Zur Formulierung benutzen wir Variable $x, y, z, \ldots$, deren Variabilitätsbereich diese Konstanten bilden.

$$x = y \leftrightarrow \bigwedge_A . \, A(x) \leftrightarrow A(y).$$

Für diese Konstanten benutzen wir im folgenden — um unabhängig davon zu sein, worüber wir jeweils sprechen — die Buchstaben $u, v, w, \ldots$ Es sollen zwar Variable (wie $x, y, \ldots$) nur eingeführt werden, wenn der Variabilitätsbereich, also der Bereich der Konstanten v o r h e r angegeben ist, aber das erzwingt nicht, daß a l l e Konstanten vorher in einer Liste aufgeführt sein müssen. Bei den Zählzeichen ginge das wegen der Unendlichkeit sowieso nicht — es wird sogar jeder Mensch, das darf man mit Sicherheit voraussagen, von Zählzeichen der Art $|, ||, |||, \ldots$ stets weniger als 10^{100} hinschreiben (aber „10^{100}" ist ein Zählzeichen) — aber auch dann, wenn wir z.B. „x" als Variable für die Einwohner einer bestimmten Stadt (an einem bestimmten Tag) einführen wollen, brauchen wir nicht erst zu prüfen, ob die Kartei auf dem Einwohnermeldeamt dieser Stadt an diesem Tage vollzählig ist. Da es für die Verwendung einer Variablen x nur darauf ankommt, daß die Behauptungen der Form „,u' ist eine Konstante des Variabilitätsbereichs von x" dialogdefinit sind (im Normalfall selbstverständlich wahrheitsdefinit), ist diese Bedingung auch dann erfüllt, wenn z.B. „x" als Variable für alle E i g e n n a m e n von Gegenständen, denen ein Prädikator p zukommt, eingeführt wird. Man sagt von diesen G e g e n s t ä n d e n dann, daß sie zum W e r t b e r e i c h der Variablen gehören. Ob alle diese Gegenstände bei Einführung der Variablen schon einen Eigennamen haben oder nicht, ist unerheblich. Im Gegensatz zur Cantorschen Mengenlehre erhält man aber konstruktiv keine „unbenennbaren" Objekte. Die Existenz unbenannter Gegenstände ist dagegen der Normalfall — für unbelebte Dinge haben wir fast nie Eigennamen (außer in der Geo- und Kosmographie), für belebte Dinge fast nur bei Menschen und Haustieren.

Wie wir schon bei Einführung des Indikators ι gesehen haben, hilft man sich hier mit Kennzeichnungen. Während aber die bisher eingeführten Kennzeichnungen — es sei denn, sie seien mit Eigennamen gebildet — abhängig sind von der Situation, in der sie gebraucht werden, soll jetzt die Frage behandelt werden, wie man unabhängig von der Redesituation Ersatz für fehlende Eigennamen schaffen kann.

Die auf Frege und Russell zurückgehende „Theorie" der Kennzeichnungen gilt auch für den Fall abstrakter Objekte, in dem sie neue sprachliche Mittel zur Darstellung abstrakter Objekte (statt zur Benennung) liefert.

Wie kann man wissen, daß es ein b e s t i m m t e s Objekt gibt, ohne daß man einen Eigennamen (oder eine Darstellung — dieser Fall sei im folgenden nicht mehr eigens erwähnt) für dieses Objekt hat? Antwort: wenn das Objekt durch eine Aussage b e s t i m m t ist, wenn also eine Aussageform $C(x)$ f ü r g e n a u e i n x gilt. Wir sagen dann, daß $C(x)$ ein Objekt k e n n z e i c h n e t. Statt eines Eigennamens benutzt man im Deutschen dann den bestimmten Artikel mit einem Relativsatz „das x, für das $C(x)$ gilt" oder kürzer „das x mit $C(x)$". Hat man einen Eigennamen u, so daß $C(u)$ gilt, so gilt für jede Aussage A

$$A(u) \leftrightarrow \bigvee_x . \, C(x) \wedge A(x) \, .$$

und

$$A(u) \leftrightarrow \bigwedge_x . \, C(x) \rightarrow A(x) \, .$$

Ins Deutsche übersetzt, könnte man links statt „u" auch die K e n n z e i c h n u n g „das x mit $C(x)$" einsetzen und hat damit eine Möglichkeit, Beliebiges über u auszusagen, ohne einen Eigennamen zu benutzen. Diese Leistung der natürlichen Sprache wird durch die Frege-Russellsche „Kennzeichnungstheorie" kritisch rekonstruiert.

Für diese Rekonstruktion sei in einem beliebigen wissenschaftlichen Kontext „u" eine Konstante, und es gelte

(0) $C(u)$.

Ferner sei u durch die Aussageform eindeutig bestimmt, d.h.

(1) $\mathsf{V}_x C(x)$,

(2) $\wedge_{x,y}. C(x) \wedge C(y) \rightarrow x = y$.

(1) besagt, daß mindestens ein x mit $C(x)$ existiert, (2) daß höchstens ein x mit $C(x)$ existiert (durch Kontraposition entsteht ja $x \neq y \rightarrow \neg. C(x) \wedge C(y)$.) Selbstverständlich folgt (1) logisch aus (0).

Zur Abkürzung führen wir bedingte Quantoren ein

$$\mathsf{V}_x \atop C(x)} A(x) \doteq \mathsf{V}_x. C(x) \wedge A(x).$$

$$\wedge_x \atop C(x)} A(x) \doteq \wedge_x. C(x) \rightarrow A(x).$$

Aus (0) und (2) folgt dann sofort

(3) $A(u) \leftrightarrow \mathsf{V}_x \atop C(x)} A(x)$.

Es folgt auch $A(u) \leftrightarrow \wedge_x \atop C(x)} A(x)$, aber es genügt, eine dieser Bisubjunktionen zu betrachten.

Wir ersetzen jetzt die Voraussetzung (0) durch die schwächere (1) — und stehen vor der Aufgabe, statt „u" einen neuen Ausdruck einzuführen und seine Verwendung so festzusetzen, daß (3) beweisbar wird. Es genügt n i c h t, den bestimmten Artikel der natürlichen Sprachen durch das Symbol ι zu ersetzen, damit den „ι-Term" (gelesen: das x mit $C(x)$) zu bilden und dann (3) durch eine „Definition" $A(\iota_x C(x)) \doteq \mathsf{V}_x \atop C(x)} A(x)$ zu ersetzen. Diese „Definition" wäre nämlich ein Definitionsschema, das für jede Formel $A(x)$ den Ausdruck $A(\iota_x C(x))$ definierte — es bliebe zu zeigen, daß diese „Definitionen" ein eindeutiges Resultat haben. Z.B. erhält man für die Formel $\neg a(\iota_x C(x))$ sowohl $\neg \mathsf{V}_x \atop C(x)} a(x)$ als auch $\mathsf{V}_x \atop C(x)} \neg a(x)$.

Es ist daher ratsam, zunächst nur für alle P r i m f o r m e l n $a(x)$ der betrachteten Wissenschaftssprache statt (3) eine Definition

$$(4) \qquad a(\iota_x C(x)) \doteqdot \bigvee_{\substack{x \\ C(x)}} a(x)$$

einzuführen. Es bleibt dann die Aufgabe, für alle logisch aus Primformeln zusammengesetzten Formeln $A(x)$ zu b e w e i s e n, daß auch gilt

$$(5) \qquad A(\iota_x C(x)) \leftrightarrow \bigvee_{\substack{x \\ C(x)}} A(x).$$

Nimmt man dann wieder (0) statt (1), so folgt aus (3) $A(\iota_x C(x)) \leftrightarrow A(u)$ für alle Formeln $A(x)$. Man hat mit (5) also bewiesen, daß die Kennzeichnung $\iota_x C(x)$ ein vollwertiger Ersatz für einen Eigennamen ist.

Der Beweis von (5) geht von der Definition (4) aus. Für Primformeln $A(x)$ ist daher nichts zu beweisen. Ist $A(x)$ zusammengesetzt, z.B. eine Subjunktion $A_1(x) \rightarrow A_2(x)$, so wird (5) für die Teilformeln vorausgesetzt:

$$(5)_1 \qquad A_1(\iota_x C(x)) \leftrightarrow \bigvee_{\substack{x \\ C(x)}} A_1(x),$$

$$(5)_2 \qquad A_2(\iota_x C(x)) \leftrightarrow \bigvee_{\substack{x \\ C(x)}} A_2(x).$$

Unter der Hypothese $C(u)$ folgt daraus

$$A_1(\iota_x C(x)) \leftrightarrow A_1(u),$$
$$A_2(\iota_x C(x)) \leftrightarrow A_2(u).$$

Unter der Hypothese $C(u)$ folgt ebenso $A(u) \leftrightarrow \bigvee_{\substack{x \\ C(x)}} A(x)$, d.h.

$$A_1(u) \rightarrow A_2(u) \leftrightarrow \bigvee_{\substack{x \\ C(x)}} A(x).$$

Per definitionem gilt schließlich

$$A(\iota_x C(x)) \doteqdot A_1(\iota_x C(x)) \leftrightarrow A_2(\iota_x C(x)).$$

Also erhalten wir unter der Hypothese $C(u)$ die gewünschte Bisubjunktion (5):

$$A(\iota_x C(x)) \leftrightarrow \bigvee_{\substack{x \\ C(x)}} A(x).$$

Da hier aber „*u*" nicht vorkommt, folgt (5) auch schon aus (1) statt (0). Für die übrigen Junktoren, für den Negator und die Quantoren ist (5) entsprechend zu beweisen. Durch Teilformelinduktion ist damit (5) für alle Formeln bewiesen.

Den heftigen Streit darum, was mit Formeln $A(\iota_x C(x))$ geschehen sollte, für die die Bedingungen (1) - (2), die Bedingungen der „eindeutigen Existenz", n i c h t erfüllt sind, können wir auf sich beruhen lassen. Die Minimallösung, die auch weitgehend dem natürlichen Sprachgebrauch entspricht, ist die, daß eine Behauptung der Form $A(\iota_x C(x))$ nur dann als „sinnvoll" zugelassen wird, wenn v o r h e r die eindeutige Existenz bewiesen ist. Diese Beschränkung ist zwar für die Formalisierung gewisser mathematischer Theorien lästig („unelegant") – sie ist aber vernünftig, und „Eleganz" sollte man nach Hilbert den Schneidern überlassen. Halten wir uns hier an diese Maxime, so ist v o r der Verwendung eines Ausdrucks $\iota_x C(x)$ stets zu prüfen, ob „$\iota_x C(x)$" eine (echte) K e n n z e i c h - n u n g ist (im Fall der eindeutigen Existenz) oder eine P s e u d o - k e n n z e i c h n u n g (im Falle, daß kein *x* oder mehrere *x* mit $C(x)$ existieren). Unabhängig von dieser Prüfung wollen wir die Ausdrücke „$\iota_x C(x)$" als p o t e n t i e l l e K e n n z e i c h n u n g e n (oder kurz „ι-Terme") bezeichnen. „Der Verfasser der Ilias" ist z.B. eine potentielle Kennzeichnung. Ob echt oder unecht (Pseudokennzeichnung), das ist das homerische Problem der klassischen Philologie.

„Der Held der Odyssee" ist dagegen eine echte Kennzeichnung. Es gibt genau einen Helden der Odyssee, nämlich Odysseus. Daß dabei „Odysseus" nur ein Eigenname aus dem homerischen Epos ist, daß dieses Epos kein wahrer historischer Bericht ist — das hat mit der Echtheit der Kennzeichnung nichts zu tun, sondern nur mit dem Unterschied, ob wir fingierend oder nicht-fingierend reden, ob ein Text zu „fiction" oder „non-fiction" gehört.

„Die größte Primzahl" ist eine Pseudokennzeichnung, „der Schöpfer der Welt" ist im jüdischen Mythos (fiction) eine echte Kennzeichnung, in der Wissenschaft (non-fiction) unecht. „Der tiefste Seinsgrund" ist dagegen erst einmal eine potentielle Kennzeichnung aus dem neueren Bildungsdeutsch, ob echt oder unecht („bla-bla") hängt ganz von der Einführung ab, die der Autor dem „Sein" und seinen „Gründen" und deren „Tiefe" (tief — tiefer — am tiefsten) gegeben hat, e h e er die potentielle Kennzeichnung gebrauchte. Ob echt oder unecht, wird in solchen Fällen zu einem Interpretationsproblem von Texten, ein Teil des Problems, wie Texte in eine Orthosprache zu übersetzen sind (Hermeneutik, vgl. Kap. II,4).

Die natürliche Sprache geht ohne jede Schwierigkeit auch mit v e r k e t t e t e n Kennzeichnungen um. „Der Freund der Tochter des Onkels von Karl" setzt voraus, daß es genau einen Onkel von Karl gibt, genau eine Tochter des Onkels, genau einen Freund der Tochter. Der Satz „Peter ist der Freund der Tochter des Onkels von Karl" hat in Ortho die Form

$$\text{Peter} = \iota_z F(z, \iota_y T(y, \iota_x O(x, \text{Karl})))$$

mit $O(x, \text{Karl})$ für „x ist Onkel von Karl"

               $T(y, x)$ für „y ist Tochter von x"

und $F(z, y)$ für „z ist Freund von y".

Für verkettete Kennzeichnungen ist die Definition (4) z u n ä c h s t auf die i n n e r s t e n ι-Terme (im Beispiel: $\iota_x O(x, \text{Karl})$) anzuwenden. Schrittweise (im Beispiel: 3 Schritte) sind so alle ι-Terme zu e l i m i n i e r e n. Es bleibt zu beweisen, daß auch hier stets (5) gilt.

Für unverkettete Kennzeichnungen haben wir (5) schon bewiesen. Wir nehmen jetzt an, (5) gelte für n-fache Verkettungen und beweisen (5) daraus für $n + 1$-fache Verkettungen. Dann wird (5) durch arithmetische Induktion allgemein bewiesen sein.

Es gelte also $A(\iota_y B(y, x)) \leftrightarrow \bigvee\limits_{B(y,x)} A(y)$, wobei der ι-Term $\iota_y B(y,x)$ als innerster ι-Term auftritt. Wir ersetzen jetzt „x" durch eine unverkettete Kennzeichnung $\iota_x C(x)$ und erhalten nach (4)

$$A(\iota_y B(y, \iota_x C(x))) \leftrightarrow \bigvee\limits_{C(x)}{}_x A(\iota_y B(y, x)).$$

Die rechte Seite ist nach Induktionsannahme äquivalent zu:

$$(6) \quad \bigvee\limits_{C(x)}{}_x \bigvee\limits_{B(y,x)}{}_y A(y).$$

Wir haben aber zu zeigen, daß sie äquivalent ist zu:

$$(7) \quad \bigvee\limits_{B(y, \iota_x C(x))}{}_y A(y).$$

Beweis: Lösen wir den bedingten Quantor in (7) auf, so erhalten wir

$$V_y.\, B\,(y,\, \iota_x C(x)) \wedge A(y).$$

Da $\iota_x C(x)$ unverkettet ist, erhalten wir nach (5)

$$V_y.\, \underset{C(x)}{V_x}\, B(y,\, x) \wedge A\,(y).$$

Dies ist nach evtl. Umbenennung von x in eine Variable, die in $A(y)$ nicht frei vorkommt, quantorenlogisch äquivalent mit
$V_y\, \underset{C(x)}{V_x}.\, B(y,\, x) \wedge A(y).$ und nach evtl. Umbenennung von y in
eine Variable, die in $C(x)$ nicht frei vorkommt, mit

$$\underset{C(x)}{V_x}\, V_y.\, B(y, x) \wedge A\,(y).$$

Diese Formel erhalten wir auch, wenn wir in (6) den zweiten bedingten Quantor auflösen, q.e.d.

Verkettete Kennzeichnungen treten insbesondere in der Mathematik auf bei der Verkettung von F u n k t i o n e n.

Schon $\qquad z = x^2 + 1.$

ist z.B. eine Verkettung von $y = x^2$ und $z = y + 1$. Hat man zunächst Addition und Multiplikation nur als Mengen von Tripeln durch Formeln $A(x, y, z)$ und $M(x, y, z)$ definiert, so daß

$$x + y = \iota_z A\,(x, y, z)$$

und $\qquad x \cdot y = \iota_z M(x, y, z)$

als ι-Terme eingeführt sind, so ist nämlich

$$x^2 + 1 = \iota_z A\,(\iota_y M(x, x, y), 1)\,.$$

Trotz dieser Möglichkeit, alle Funktionen durch ι-Terme auf Mengen zurückzuführen, besteht für die konstruktive Mathematik kein Grund, auf Terme, z.B. die Zählzeichen I, II, III, . . . , als zumindest gleichberechtigt neben den Formeln zu verzichten. Man k a n n zwar statt der Gleichungen $m \mid = n$ von Anfang an eine Formel $S(m, n)$ (gelesen „n ist Nachfolger von m") schreiben und dann

$$m \mid \,\rightleftharpoons\, \iota_n S(m, n) \quad \text{und} \quad I \rightleftharpoons \iota_n \neg\, V_m\, S(m, n)$$

als Definitionen benutzen, aber der Nachweis der eindeutigen Existenz würde doch auf die Konstruktion der Zählzeichen zurückgrei-

fen müssen. Die axiomatische Arithmetik verzichtet daher lieber auf
diese Nachweise.

Geht man von Termen aus, die neben den Variablen in Formeln
auftreten, so kann man auch ohne ι-Terme schon die Abstraktion
durchführen, die von Termen zu Funktionen führt. Zwei Terme
$U(x)$, $V(x)$ heißen äquivalent (wertäquivalent), wenn gilt
$\bigwedge_z. U(z) = V(z)$. Diese Relation zwischen den Termen ist eine
Äquivalenzrelation. Bezüglich dieser Äquivalenzrelation i n v a r i a n-
t e Aussagen über Terme (das sind Metaaussagen) schreiben wir als
Aussagen über

$$\imath_x U(x), \imath_y V(y), \ldots$$

Sind $U(x)$ und $V(y)$ äquivalent, so heißen $\imath_x U(x)$ und $\imath_y V(y)$
g l e i c h. Wir schreiben $\imath_x U(x) = \imath_y V(y)$.

Die durch Abstraktion von den Verschiedenheiten äquivalenter
Terme entstehenden abstrakten Objekte heißen F u n k t i o n e n.

Die Beziehung zwischen dem Term $U(x)$ und der Funktion $\imath_x U(x)$
heißt D a r s t e l l u n g: „$U(x)$ ist eine Darstellung von $\imath_x U(x)$“
oder kürzer „$U(x)$ stellt $\imath_x U(x)$ dar“.

Funktionen ohne Darstellung gibt es bei diesem Sprachgebrauch
nicht.

Die wichtigsten, bezüglich der Wertäquivalenz invarianten Aus-
sagen über Terme sind die Gleichungen der Form $U(z) = u$, d.h. die
Metaaussagen, daß der Term $U(x)$ nach Ersetzung von x durch z den
Wert u hat.

Wir schreiben „$\imath_x U(x) \imath z$“ anstelle von $U(z)$. Damit ist der An-
wendungsoperator $\imath$ der Funktionenlehre definiert.

Analog zum Komprehensionsprinzip der Mengenlehre erhält man
mit Funktionenvariablen $f, g, \ldots$ für die Zeichen „$\imath_x U(x)$“,
„$\imath_y V(y)$“, $\ldots$

$$f = \imath_x U(x) \leftrightarrow \bigwedge_z f\imath z = U(z)$$

und für alle Terme $U(x)$ das Komprehensionsprinzip:

$$\bigvee_f \bigwedge_z f\imath z = U(z).$$

Das methodische Konstruieren erfordert aber selbstverständlich
auch hier Funktionsvariable „höherer Schicht“, wenn in $U(z)$ gebundene Funktionsvariable auftreten. Was immer man von der konstruktiven Mathematik halten mag, sie zeigt jedenfalls, daß die Be-

hauptungen, es bestünde ein Zwang oder eine moralische Verpflichtung, imprädikative Mengen- oder Funktionenlehre zu gebrauchen, unbegründet sind.

Der jetzt seit ca. 100 Jahren geführte Kampf um die Imprädikativität, der mit Kroneckers Einspruch gegen Cantors „Potenzmengen" begann, wäre um einen großen Schritt seinem friedlichen Ende näher, wenn die Nicht-Konstruktivisten auf diese Behauptungen der „Notwendigkeit" oder „Gebotenheit" imprädikativer Theorien verzichten würden.

2. Theorie des technischen Wissens

In einer verfeinerten Version der Kantischen Terminologie mögen die wahren Sätze der Logik und der Mathematik in drei Klassen eingeteilt werden — so, wie es das folgende Schema zeigt:

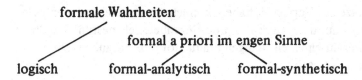

Als Kriterium für die Unterscheidung dient uns der Gebrauch gewisser sprachlicher Regeln für die Verifikation: ob die Regeln der Logik allein, ob Logik und Definitionen allein, oder ob Logik, Definitionen und konstruktive Regeln hinreichend sind.

In allen Arten der formalen Wahrheiten brauchen wir nichts über besondere Gegenstände zu wissen. Logik, Definitionen und symbolische Konstruktionen sind pragmatisch zu rechtfertigen. Das bedeutet, daß wir unsere Situation in der Welt verstehen müssen; wir müssen begreifen, daß die Annahme sprachlicher Normen „gut" für uns ist; daß wir ohne sie nicht „wahrhaft" menschlich leben können. All dies muß verstanden werden, auch wenn wir keine Wörter haben, um es zu formulieren.

Gleichwohl brauchen wir nichts, es sei noch einmal wiederholt, über besondere Gegenstände zu wissen. Wir gebrauchen Elementarsätze, um über alle Gegenstände, also über Geschehnisse oder Dinge zu sprechen, welche es auch immer sein mögen. Dann bilden wir zusammengesetzte Sätze aus Elementarsätzen durch den Gebrauch der logischen Partikeln. Und wir erweitern unsere Sprache durch die symbolischen Konstruktionen der Arithmetik und Analysis.

Im folgenden Teil wollen wir uns mit sprachlichen Normen beschäftigen, die nur darum vorgeschlagen werden, weil sie sich mit besonderen Gegenständen beschäftigen. Wir betrachten die Welt nun gleichsam näher: wir bemerken nicht mehr nur, daß es Gegenstände gibt, die mit Hilfe von Prädikatoren als gleich oder verschieden behandelt werden können. Das Ergebnis des Redens, das wir uns aufgrund einer solchen näheren Prüfung zu eigen machen, wollen wir materiale Wissenschaften nennen. In diesem Kapitel gehe es dabei zunächst um technisches Wissen, d.h. um die Frage, mit welchen Mitteln gesetzte Zwecke zu erreichen sind. Dazu müssen wir zunächst das wissenschaftliche Klassifizieren von Gegenständen rekonstruieren.

Das erste, was wir zu tun haben, ist, daß wir die Methode, nur mit Elementarsätzen zu sprechen, verfeinern. Wenn wir nur Elementarsätze zur Verfügung haben, können wir den Gebrauch eines Prädikators nur durch Beispiele und Gegenbeispiele bestimmen. Wir wollen uns auf einen einstelligen Prädikator p beschränken. Die Beispiele mögen sein:

$$S_1 \,\epsilon\, p, \ldots, S_m \,\epsilon\, p,$$

und

$$T_1 \,\epsilon'\, p, \ldots, T_n \,\epsilon'\, p$$

seien die Gegenbeispiele (mit $T \,\epsilon'\, p$ für $\neg\, T \,\epsilon\, p$).

Wenn wir nun einen neuen Gegenstand R haben, so ist die Frage, wie wir entscheiden können, ob gelten soll $R \,\epsilon\, p$ oder $R \,\epsilon'\, p$. Es ist zwar eine leichte Antwort, zu sagen: „durch unmittelbaren Vergleich" oder „aufgrund der Ähnlichkeit oder Unähnlichkeit mit $S_1, \ldots, S_m$ oder $T_1, \ldots, T_n$". Aber nur, wenn wir schon wenigstens einige Prädikatoren in neuen Fällen zu gebrauchen gelernt haben, sind wir fähig, solche Prädikatoren wie „vergleichen" oder „ähnlich" zu verstehen.

Wir wollen die Methode, mit Hilfe von Beispielen und Gegenbeispielen einen Prädikator zu bestimmen, die e x e m p l a r i s c h e M e t h o d e nennen. Das trifft annäherungsweise den Sinn der üblicherweise sogenannten „ostensiven Definition", aber die exemplarische Bestimmung ist keine Definition in dem hier vorgeschlagenen strengen Sinn, und die Beispiele brauchen keine Dinge zu sein, wie

es normalerweise in der sogenannten ostensiven Definition angenommen wird. Mit Beispielen und Gegenbeispielen können wir auch
den Gebrauch von Prädikatoren für unsere eigenen Tätigkeiten bestimmen, wie z.B. „benennen" (sc. einen Gegenstand durch einen
Eigennamen) im Gegensatz zu „zusprechen oder absprechen" (sc.
einen Prädikator einem Gegenstand). Um diese Prädikatoren zu lernen, ist es nutzlos, lediglich auf die Geschehnisse des Wörter-
Äußerns hinzuweisen.

Die exemplarische Bestimmung hat eine indirekte Variante:
nämlich das Geschichtenerzählen. Im Evangelium von Lukas wird
Jesus gefragt „Wer ist mein Nächster? " (10,29). Lukas fährt fort:
„Da nahm Jesus das Wort und sprach: ‚Ein Mann ging von Jerusalem
nach Jericho hinab und fiel unter die Räuber', usw." Jesus erzählt
die Geschichte vom guten Samariter als ein Beispiel für die Wendung
„jemandem Nächster sein". Obwohl dies nur mit Wörtern geschieht,
wird doch keine Definition der Wendung geben. Von den Wörtern
der Geschichte wird selbstverständlich angenommen, daß sie schon
gelernt und darum verständlich sind. Wir wollen diese Methode,
durch Geschichten zu exemplifizieren, eine „indirekte exemplarische Bestimmung" nennen. Wenn wir dabei Zirkel vermeiden, ist
sie eine sehr wirksame Methode, um unser schon erarbeitetes Vokabular zu erweitern. Diese Geschichten brauchen keine „wirklichen" Geschichten zu sein, fiktive Geschichten sind meist zweck-
mäßiger. Nichtsdestoweniger würden noch viel zu viele Mißverständnisse und Unsicherheiten entstehen, wenn wir lediglich exemplarische Bestimmungen, seien sie nun direkt oder indirekt, für alle unsere Prädikatoren benutzen wollten. Der Gebrauch einiger Prädikatoren mag zwar durch bloß exemplarische Bestimmungen relativ
gut stabilisiert werden, aber wir haben doch gleichwohl nach einer
anderen Methode zu suchen, wie wir den Gebrauch der meisten
unserer Prädikatoren besser stabilisieren können. Wir schlagen vor,
Regeln zu benutzen, die eine Verbindung zwischen verschiedenen
Prädikatoren vorschreiben. Die einfachsten Regeln dieser Art wurden schon von Aristoteles behandelt. Seine universellen kategorischen Sätze können wir als die folgenden Regeln für einstellige Prädikatoren p und q interpretieren:

affirmativ: $\quad x \epsilon p \Rightarrow x \epsilon q$
negativ: $\quad\quad x \epsilon p \Rightarrow x \epsilon' q.$

Diese Regeln schreiben den Übergang von einem Elementarsatz der Form $x \in p$ zu dem Satz $x \in q$ oder $x \in' q$ vor. Die Frage ist: Warum benutzen wir solche Regeln?

Wir beginnen mit den Eigenprädikatoren für Dinge. Ob es sich um Lebewesen (= Lebedinge), unbelebte Naturdinge oder um künstliche Dinge (Geräte) handelt, die Eigenprädikatoren schwanken von Kultur zu Kultur — und innerhalb einer Kultur nach der Bildung des Sprechers. Was für den Laien ein Säbel ist, ist für den ausgebildeten Fechter ein Florett, ein Degen, ein Schläger oder aber ein leichter oder schwerer Säbel. Ein Entomologe sollte bis zu 350 000 Arten von Käfern unterscheiden können — ein Laie wird dagegen noch nicht einmal die 28 Ordnungen der Fluginsekten (zu denen die Ordnung der Käfer gehört) unterscheiden können.

Weil sich in einer differenzierten Kultur auch die Lebenswelten der Menschen differenzieren, ergibt sich die „Notwendigkeit", verschiedene Systeme von Eigenprädikatoren innerhalb einer Sprache zu gebrauchen.

Aus der Tradition der aristotelischen Logik sind wir gewohnt, solche semantischen Normierungen des Gebrauchs von Eigenprädikatoren als Allsätze zu formulieren, nämlich affirmativ

> Käfer sind Insekten
> Insekten sind Tiere

oder negativ:

> Fliegen sind keine Käfer.

Die Rechtfertigung solcher „kategorischen" Allsätze ist nicht unproblematisch. Sie werden ja als „wahr" behauptet — ohne empirischwahr zu sein, wie etwa ein Satz der gleichen kategorischen Form:

> Säugetiere sind Lungenatmer.

Die Wahrheit mancher kategorischer Allsätze kann nicht durch wahre Einzelsätze (z.B. diese Fliege ist ein Käfer) widerlegt werden. Sie gründet sich nämlich auf sprachliche Normen über die Verwendung der vorkommenden Prädikatoren. Diese Normen sind eigens zu formulieren — und zu rechtfertigen. In der Tradition wird häufig angenommen, es lägen (explizite) Definitionen zugrunde. Es gelte etwa eine Definition des Wortes „Käfer" der Art

$$\text{Käfer} \leftrightharpoons \text{Insekt} \wedge \text{Hautpanzer} \wedge \text{geflügelt} \wedge \ldots$$

Die Annahme solcher Definitionen ist aber reine Phantasie. Sie gelten bestimmt nicht für den Laien – in der Fachsprache der Entomologen könnte eine solche Definition zwar eingeführt werden, das wäre aber kein Argument gegen die Rechtfertigung von Allsätzen, deren Wahrheit weder empirisch noch per definitionem gilt.

Wir haben es vielmehr damit zu tun, daß verschiedene Eigenprädikatoren – aufgrund verschiedener Lebenswelten – für teilweise dieselben Gegenstände gebraucht werden. Die Eigenprädikatoren sind exemplarisch – im Zusammenhang des Lebens – eingeführt. Um unnötigen Streit zu vermeiden („Dies ist ein Tier." „Nein, es ist ein Insekt." „Nein, es ist ein Käfer."), normiert man die Verwendung von Eigenprädikatoren, die ihren Ursprung in verschiedenen Lebenswelten haben, derart, daß eine gemeinsame Verwendung ermöglicht wird. Um denjenigen, die an den Eigenprädikator „Insekt" gewöhnt sind, gerecht zu werden, wird denjenigen, die an den Eigenprädikator „Käfer" gewöhnt sind (und daneben von Schmetterlingen, Fliegen usw. reden), v e r b o t e n, die Prädizierung mit „Insekt" zu bezweifeln, falls sie selbst „Käfer" prädiziert haben. Ebenso wer „$x \in$ Insekt" behauptet hat, d a r f „$x \in$ Tier" nicht angreifen.

Solche Verbotsnormen ermöglichen die gleichzeitige Verwendung mehrerer Systeme von Eigenprädikatoren – die Eigenprädikatoren bleiben dadurch allerdings keine Eigenprädikatoren mehr, höchstens die „untersten" Prädikatoren in den festgesetzten Subordinationen könnten noch „Eigenprädikatoren" heißen, weil sie noch e i n d e u t i g bleiben. Man nennt sie allerdings – der Tradition folgend – dann A r t p r ä d i k a t o r e n gegenüber den „oberen" G a t t u n g s p r ä d i k a t o r e n.

Die Normierung nach Art und Gattungen geschieht nicht durch Gebotsnormen der Form: Wer p prädiziert, soll auch q prädizieren. Das wäre ersichtlich unsinnig, weil bei Befolgung solcher Gebote jeder nahezu ununterbrochen reden müßte.

Wir möchten im folgenden „Regeln" von „Normen" dadurch unterscheiden, daß das Wort „Regel" nur für f i k t i v e Normen oder Imperative, wie sie vor allem in Spielen gebraucht werden, verwendet wird. Man kann sich – als Spiel – ausdenken, daß jemand nach der Regel

Wenn p prädiziert ist, dann prädiziere q!

verfährt. Eine solche Regel heiße „Prädikatorenregel" und sie sei
mit dem Regelpfeil „⇒" folgendermaßen notiert:

(1) $x \in p \Rightarrow x \in q$.

Wenn die obige Verbotsnorm gilt:

(2)   Wer $x \in p$ behauptet hat, darf nicht $x \in q$ angreifen,

dann darf dem Spieler, der nach der Regel (1) verfährt (er behauptet
also $x \in q$, wenn sein Dialogpartner $x \in p$ behauptet hat), niemals
widersprochen werden. Die Prädikatorenregel (1) ist aufgrund der
Verbotsnorm (2) von dem Risiko frei, widerlegt zu werden. Wir wollen sagen, daß die Prädikatorenregel „zulässig" ist. Diese Zulässigkeit folgt aus der Gültigkeit der entsprechenden Verbotsnorm.

Die zulässigen Prädikatorenregeln sind also Transformationsre-
geln, die von wahren zu wahren Aussagen führen. Sie gehören aber
nicht zu den Normen, die für das Reden zu vereinbaren sind. Sie
sind nur fiktive Imperative des Grammatikers.

Es bleibt der Übergang von der Prädikatorenregel (1) zu dem Allsatz: „alle p sind q", in logischer Symbolik:

(3) $\bigwedge_x . x \in p \rightarrow x \in q$.

zu klären.

Weil die Prädikatorenregel (1) zulässig ist, ist der Allsatz (3) wahr
— und umgekehrt gehört zu jedem wahren Allsatz der Form (3) eine
zulässige Prädikatorenregel (aber nicht immer eine gültige Verbotsnorm: Wer von einem Säugetier, etwa einem Walfisch, bezweifelt,
daß es ein Lungenatmer sei, verstößt gegen keine sprachliche Norm
— er beweist nur seine zoologische Unwissenheit).

Wir schlagen vor, die semantischen Normierungen durch bedingte Verbote von Angriffen (oder Behauptungen), die mehrere
bis dahin bloß exemplarisch bestimmte Prädikatoren betreffen, als
m a t e r i a l - a n a l y t i s c h e   N o r m i e r u n g e n zu bezeichnen. Sätze, die aufgrund ihrer logischen Form, evtl. aufgrund von
Definitionen und aufgrund wenigstens einer material-analytischen
Normierung wahr sind, mögen dann als m a t e r i a l - a n a l y t i s c h e
W a h r h e i t e n bezeichnet werden.

Man kann im üblichen Sinne des Wortes „Lebenserfahrung" durchaus behaupten, daß der Annahme von material-analytischen Normierungen immer Lebenserfahrung vorausgeht (d.h., man kann im Deut-

schen durchaus vernünftigerweise die Wörter „Lebenserfahrung",
„Annahme von Normen" und „Vorausgehen" terminologisch so normieren — und das wäre ein Fall material-analytischer Normierung —,
daß diese Behauptung wahr wird). Aber die material-analytischen
Wahrheiten werden dadurch keine „empirischen" Wahrheiten, in
dem Sinne, daß sie durch die Wahrheit von Elementarsätzen widerlegt
werden können.

Die material-analytischen Wahrheiten unterscheiden sich von den
formalen Wahrheiten dadurch, daß sich die material-analytischen
Normierungen (im Gegensatz zu den dialogischen Normierungen für
die logischen Partikeln — von bloßen Definitionen sei hier abgesehen)
nach der Lebenswelt richten, in der wir uns befinden. Ihre Annahme
ist mehr oder weniger „vernünftig" (anders ausgedrückt: ihre Annahme ist unserer Welt mehr oder weniger „angemessen"). Weil es aber
Normen sind, sind die Allsätze, die sich aufgrund solcher Normen
allein verteidigen lassen, von solchen Allsätzen, zu deren Verteidigung man auf die Wahrheit von Elementarsätzen zurückgreifen muß,
verschieden. Diese letzteren Allsätze wird man niemals gegen jeden
Opponenten als wahr verteidigen können, sie können nur „falsifiziert"
werden (wie sich aus der Angriffs- und Verteidigungsregel für den
Allquantor ergibt). Sie heißen deshalb, wenn sie trotzdem „hypothetisch", d.h. bis auf weiteres, „tentativ", angenommen sind,
e m p i r i s c h e Wahrheiten.

In diesem weiten Sinne von „hypothetisch" sind allerdings auch
alle Normen nur „bis auf weiteres" vorgeschlagen und angenommen.
„Bis auf weiteres" heißt nämlich: bis weitere (andere) Vorschläge
gemacht werden. Dann hat die Suche nach Argumenten für und gegen die Annahme von Normen zu beginnen; wir sind also bei „normativen" Fragen.

In der Wissenschaftstheorie der materialen Wissenschaften werden keine einzelnen material-analytischen Normierungen vorgeschlagen. Ob z.B. Fliegen und Käfer unterschieden werden sollen oder
nicht, ist eine Frage der Zoologie, nicht der Theorie der Zoologie.
In der Wissenschaftstheorie wird vielmehr nur vorgeschlagen (und es
wird eine angemessene Terminologie dafür zur Verfügung gestellt),
für die K l a s s i f i k a t i o n e n, mit denen die Wissenschaften arbeiten müssen, nicht nur exemplarisch bestimmte Eigen- oder Apprädikatoren zu verwenden, sondern (neben den formalen Hilfsmitteln

der Logik und der Definitionen) noch weitere terminologische Normierungen der zunächst bloß exemplarisch bestimmten Prädikatoren zu verwenden: nämlich material-analytische Normierungen.

Bisher haben wir nur Verbotsnormen der Form (3) für Eigenprädikatoren besprochen, die zu material-analytisch wahren affirmativen Allsätzen der Form (2) führen.

Die dargelegten Zusammenhänge zwischen Verbotsnormen (= terminologischen Bestimmungen), zulässigen Prädikatorenregeln und hypothetischen Allsätzen bestehen genauso für die kategorischen negativen Allsätze der Form

$$(3')\qquad \bigwedge_x . x \, \epsilon \, p \to x \, \epsilon' \, q .$$

Die zugehörige Prädikatorenregel lautet

$$(1')\qquad x \, \epsilon \, p \Rightarrow x \, \epsilon' \, q .$$

(1') ist genau dann zulässig, wenn (3') wahr ist. Und (1') ist insbesondere dann zulässig, wenn die folgende terminologische Bestimmung gilt:

$$(2')\qquad \text{Wer } x \, \epsilon \, p \text{ behauptet hat, darf nicht } x \, \epsilon \, q \text{ behaupten.}$$

Z.B. wer ‚$x \, \epsilon$ Fliege‘ behauptet hat, darf nicht ‚$x \, \epsilon$ Käfer‘ behaupten. Dies bedeutet, daß er die negative Aussage ‚$x \, \epsilon'$ Käfer‘ n i c h t angreifen darf − denn der Angriff auf eine negative Aussage erfolgt nach der dialogischen Einführung der Negation durch Behauptung des affirmativen Teils.

Prädikatoren, die nicht nur exemplarisch bestimmt sind, sondern zumindest durch analytische Normierungen (also durch Definitionen oder durch material-analytische Normierungen) in ihrer Verwendung genauer bestimmt sind, mögen T e r m i n i heißen.

Durch die behandelten einfachsten Fälle solcher Normierungen (nämlich diejenigen für 2 Prädikatoren ohne Benutzung logischer Partikeln) werden gewisse Termini so normiert, daß kategorische Allsätze (affirmativ bzw. negativ) analytisch wahr werden. Wir sagen dann, daß die Termini s u b o r d i n i e r t bzw. k o n t r ä r sind.

Genauer: Ist $\bigwedge_x . x \, \epsilon \, p \to x \, \epsilon \, q .$ analytisch-wahr, so heißt p s u b o r d i n i e r t zu q (q s u p e r o r d i n i e r t zu p). Ist $\bigwedge_x . x \, \epsilon \, p \to x \, \epsilon' \, q .$ analytisch-wahr, so heißen p und q k o n t r ä r.

Die Kontrarietät ist symmetrisch, weil bei Ersetzung von $x \ \epsilon' \ q$ durch $\neg \ x \ \epsilon \ q$ der kategorische negative Allsatz die Form erhält $\Lambda_x \neg . x \ \epsilon \ p \wedge x \ \epsilon \ q$.

Material-analytische Normierungen — oder die zugehörigen Prädikatorenregeln — haben wir bisher nur für Eigenprädikatoren besprochen. Sprachliche Verbotsnormen ließen sich dort begründen durch die „Notwendigkeit", Eigenprädikatoren verschiedenen kulturellen Ursprungs miteinander verträglich zu machen.

Diese Begründung gilt auch für Apprädikatoren. Das Standardbeispiel sind die Farbprädikatoren, das sind im Deutschen Farbadjektive.

Bedeutungswörterbücher geben hier zunächst gewisse Standarddinge der Farbe an, z.B. Zitronen für „gelb", Blut für „rot" usw. Das ersetzt notdürftig die exemplarische Bestimmung der Farbprädikatoren.

Für Farben gibt es außerdem eine nur exemplarisch zu erlernende Z w i s c h e n r e l a t i o n: es gibt z.b. einen kontinuierlichen Übergang von blau zu gelb, der über grün führt. Diese Kontinuitätsverhältnisse (im Gegensatz zu den bisher besprochenen Subordinationen und Kontrarietäten) sind am besten geometrisch darzustellen.

Der deutsche Sprachgebrauch bezüglich der drei Grundfarben blau — gelb — rot und der drei Zwischenfarben grün — orange — violett läßt sich so durch das Goethesche Farbdreieck darstellen

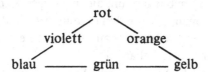

Aus diesen Kontinuitätsverhältnissen folgen gewisse Kontrarietäten, z.B. Rotes ist nicht grün. Es folgen keine Subordinationen — es sei denn, man wolle z.B. so sprechen, daß alles, was orange sei, zugleich gelbl i c h und rötl i c h sei.

Ob dieser (gegenwärtige) deutsche Sprachgebrauch „vernünftig" ist, ist eine Angelegenheit der Farbenlehre. Wissenschaftstheoretisch ist nur festzuhalten, daß die Farbenlehre solche Normierungsfragen nicht „empirisch" durch Ermittlung wahrer Elementarsätze lösen kann. Vor der Klassifikation einzelner Gegenstände mit Farbprädikatoren muß man sich auf die zu verwendenden Farbprädikatoren und evtl. Normierungen, mit denen sie beim Klassifizieren verwendet werden sollen, festlegen. Diese Festlegungen (also normative Entscheidungen) kann man selbstverständlich ändern — diese Änderungen geschehen aufgrund der Lebenserfahrungen im Umgang mit Farben, aber sie geschehen nicht durch wissenschaftliche „Empirie" im Sinne des Sammelns (mit Experimenten oder ohne sie) von wahren Elementarsätzen (diese werden ja erst n a c h der Entscheidung für ein normiertes System von Farbprädikatoren „möglich").

In diesem Sinne von „empirisch" haben wir jetzt an Wahrheiten, die weder logisch noch empirisch wahr sind, analytische Wahrheiten (formale und materiale) und formal-synthetische Wahrheiten. Diese mögen — frei nach Kant — apriorische Wahrheiten im engen Sinne heißen (apriorisch im weiten Sinne schließe die logischen Wahrheiten, also alles Nicht-Empirische ein).

Für diese Terminologie fehlen noch „material-synthetische" Wahrheiten. Wir werden in der Tat noch eine vierte Art apriorischer Wahrheiten (im engen Sinne) vorschlagen. Diese ergibt sich durch eine Analyse und anschließende kritische Rekonstruktion der sprachlichen Mittel, die die Physik zur Beschreibung von Zuständen und Vorgängen gebraucht.

Aber ehe wir zu diesen „quantitativen" Beschreibungen, den M e s s u n g e n, übergehen, bleiben wir noch bei den bisherigen „qualitativen" Beschreibungen, um die im vorigen Kapitel ausgelassenen Abstraktionen, die von den Prädikatoren und Aussagen (den qualitativen Beschreibungen) zu B e g r i f f e n und S a c h - v e r h a l t e n führen, zu behandeln.

Wir schlagen vor, das Wort „Begriff" so zu verwenden, daß jedenfalls E i g e n s c h a f t e n darunter fallen (Subordinierung der Termini „Eigenschaft" und „Begriff"). Dazu ist aber zunächst das Wort „Eigenschaft" einzuführen. Sprachüblich ist es (jedenfalls bei Adjektiven), genau dann zu sagen, daß ein Gegenstand N die Eigenschaft p hat, wenn N der Prädikator „p" zukommt. Man sagt auch, N falle unter den Begriff p. Das „Zukommen" zu behaupten, ist dabei nichts anderes als die Betonung der Erlaubtheit, den Prädikator „p" zuzusprechen. („Erlaubt" nach den Sprachnormen — andere Normen, wie z.B. die, daß man im Konzert überhaupt nicht sprechen soll, bleiben hier außer Betracht.)

Warum ist es nun vernünftig, anstelle von „$N \in p$" oder von „p kommt N zu" gelegentlich zu sagen „N hat die Eigenschaft p"? Diese Aussage hat doch den Nachteil, deutlich länger zu sein. In der Tat besteht auch selten Anlaß, Sätze der Form „p kommt N zu" durch „N hat die Eigenschaft p" zu ersetzen, aber in anderen Sätzen über den Prädikator p ist es häufig sinnvoll, die Wendung „Prädikator p" durch „Eigenschaft p" zu ersetzen.

Es handelt sich dabei um eine Anwendung der Methode der Abstraktion. Prädikatoren sind konventionell gewählte Phonemsequenzen (oder Zeichen evtl. Zeichenkomplexe), für die durch terminologische Bestimmungen (exemplarisch und durch analytische Normierungen) ein Gebrauch festgelegt wird. Ersetzt man die gewählte Lautgestalt, das Zeichen p, durch ein anderes, etwa q, behält aber alle terminologischen Bestimmungen bei (das ist so ungefähr der Fall, wenn man Schulkindern im Englischunterricht beibringt, „apple" statt „Apfel" zu sagen), so seien „p" und „q" s y n o n y m genannt.

„p" und „q" mögen auch dann „synonym" heißen, wenn die terminologischen Bestimmungen dieser Prädikatoren zwar nicht übereinstimmen, wenn sich aus ihnen allein aber schon die Bisubjunktion

$$x \in p \leftrightarrow x \in q$$

als wahr, also als „apriorisch" wahr ergibt.

Ein einfacher Fall ist der, daß aufgrund material-analytischer Normierungen einerseits die Prädikatorenregel

$$x \in p \Rightarrow x \in q$$

zulässig ist, andererseits mit einem weiteren Prädikator p_1

$$x \in q \Rightarrow x \in p_1$$

und

$$x \in p_1 \Rightarrow x \in p$$

zulässig sind. Die Synonymität von p und q ist dann (nach dem modus barbara) trivial zu erschließen. Die Synonymität ist eine Äquivalenzrelation. Da nun die Benutzung von Wörtern nicht aus besonderem Interesse an ihrer Lautgestalt geschieht (im Normalfall – manche Lautgestalten wie z.B. „Freiheit" und „Glauben" nehmen aber zeitweilig Fetischcharakter an), sind zunächst alle Aussagen, in denen Prädikatoren gebraucht werden (usus), invariant bzgl. der Synonymität. Unter den Aussagen über Prädikatoren (mentio) sind diejenigen auszuzeichnen, die invariant bzgl. der Synonymität sind.

Nach der Abstraktionsmethode führen wir für Aussagen $A(p)$, in denen p invariant vorkommt, eine neue Schreibweise ein, orthosprachlich etwa $A(|p|)$. Wir schreiben insbesondere $|p| = |q|$, wenn p und q synonym sind. Wir benutzen $|p|$, $|q|$, ... usw., als ob es Zeichen für neue Gegenstände seien, nicht mehr für die „konkreten" Prädikatoren, sondern für neue abstrakte Objekte, die B e g r i f f e.

Im Falle der Apprädikatoren werde von „Eigenschaften" oder „Merkmalen" gesprochen. Der Begriff Apfel ist also ein Abstraktum, das durch den Prädikator „Apfel" (ebenso aber durch jeden synonymen Prädikator, etwa „apple") dargestellt wird. Hat man sich die Methode der Abstraktion an den rationalen Zahlen und den Mengen klargemacht, so dürfte orthosprachlich keine Schwierigkeit für den Übergang von p zu $|p|$ bestehen. Die wichtigsten Beispiele synonym-invarianter Aussagen über Prädikatoren sind Subordination und Kontrarietät.

Sind $\bigwedge_x. \ x \ \epsilon \ p \to x \ \epsilon \ q.$ bzw. $\bigwedge_x. \ x \ \epsilon \ p \to x \ \epsilon' \ q.$ apriorisch wahr, so auch die Sätze, die hieraus bei Ersetzung von p und q durch synonyme Prädikatoren entstehen. Orthosprachlich ließen sich etwa mit neuen Variablen $\Pi, P, \ldots$ für Begriffe Notationen wie $\Pi \subseteq P$ im Falle der Subordination, $\Pi \parallel P$ im Falle der Kontrarietät einführen. Die logischen Operationen mit Prädikatoren sind ebenfalls synonym-invariant, so daß man auch $\Pi \wedge P$, $\Pi \vee P$, $\neg \Pi$ usw. als Operationen zur „Begriffsbildung" einführen könnte. Formal entspricht dieses Operieren mit Begriffen dem Operieren mit Mengen. Man stellt deswegen die Synonymität als „intensionale Äquivalenz" gern in Parallele zur extensionalen Äquivalenz.

Nach den Definitionen dieser Äquivalenz sind synonyme Prädikatoren stets extensional äquivalent. Daraus folgt, daß die extensionale Äquivalenz, also $\in_x x \ \epsilon \ p = \in_x x \ \epsilon \ q$, selbst synonym-invariant ist. In dem Ausdruck $\in_x x \ \epsilon \ p$ darf also „p" durch „$|p|$" ersetzt werden. $\in_x x \ \epsilon \ |p|$ ist die Menge der x, denen der Begriff p zukommt.

Die Bildungssprache – und dies ist schon weitgehend in die Umgangssprache eingedrungen – hat keine eigenen „Abstraktoren" (Abstraktionsoperatoren wie $\in_x$ und $|\ldots|$ in der Orthosprache) und daneben Metaprädikatoren wie „Begriff" und „Menge" für die verschiedenen abstrakten Objekte. Man hilft sich vielmehr in der Bildungssprache so, daß man die Wörter „Begriff" und „Menge" zugleich als Abstraktoren verwendet. Man redet von dem Prädikator

Mensch (in der Bildungssprache neuerdings schriftlich oft mit Anführungszeichen), von dem Begriff Mensch und von der Menge der
Menschen. Dabei werden die Wörter „Begriff" und „Menge" als Abstraktoren verwendet. Sagt man z.b. „der Begriff Mensch ist ein Begriff", so wird dabei das Wort „Begriff" also in zweierlei Sinn verwendet. Sagt man, daß die Menge der Menschen ein Begriff sei, so
ist das unklar. Gemeint ist wohl, daß die Menge der Menschen – wie
jede Menge – ein Abstraktum, ein abstraktes Objekt sei. Nur der
Begriff der Menge der Menschen (orthosprachlich | $\in_x x \epsilon p$ |) ist ein
Begriff. $\in_x x \epsilon p$ ist eine Menge, kein Begriff. Die Schwierigkeit
liegt hier nur darin, die beiden Äquivalenzrelationen, die extensionale
Äquivalenz und die intensionale Äquivalenz (Synonymität), bezüglich derer abstrahiert wird, auseinanderzuhalten. Hinzu kommt, daß
die Synonymität sich auf terminologische Normierungen der Prädikatoren bezieht, die nur in Orthosprachen, allenfalls wissenschaftlichen Fachsprachen, explizit greifbar sind. In den „natürlichen"
Sprachen, ob auf der Ebene der Umgangssprache oder der höheren
bildungssprachlichen Ebene, entziehen sich die Verwendungsnormen
dem Zugriff. Es gibt dort allenfalls statistische Häufigkeiten gewisser
Verwendungsregeln. Eine kritische Linguistik sollte nicht „norma-
tiv" sein in dem Sinne, daß sie die (kontingenten) Wortverwendungen
gewisser Autoren (ob Cicero, Shakespeare oder Goethe) zur Autori-
tät erhebt, wohl aber in dem Sinne, daß sie versucht, auch im faktischen Gebrauch schon teilweise Vernunft am Werke zu erkennen.

   Die Abstraktion von Beschreibungen zu Sachverhalten ist in der
Bildungssprache noch schwerer zu erkennen als die Abstraktion von
Prädikatoren zu Begriffen.

   Daß Sachverhalte – und dann gar wahre Sachverhalte, Tatsachen
– nichts als Abstraktionen aus Aussagen (im Fall der Tatsachen aus
wahren Aussagen) sein sollen, dieser Vorschlag zur Reform der Bildungssprache darf nicht so mißverstanden werden, als ob z.B. daran,
daß es regnet (an der Tatsache, daß es regnet), durch bloß sprachliche Änderungen etwas geändert werden könnte. Dieses Mißverständnis beruht auf der mangelnden Unterscheidung des Regens (einem
Naturgeschehnis zu einer bestimmten Zeit an einem bestimmten Ort)
von der Tatsache, daß es regnet. Die Aussage „es regnet" beschreibt
ein bestimmtes Geschehnis. An diesem Geschehnis ändert sich durch
die Beschreibung gar nichts. Daß dieses Geschehnis „Regen" heißt,

ja überhaupt als Geschehnis, nicht als Ding beschrieben wird, ist aber schon sprachabhängig – und in diesem Sinne ist auch die Tatsache, daß es regnet, sprachabhängig. Ersetzt man „Regen" z.B. durch das synonyme „rain", so bleibt die Wahrheit des Satzes „es regnet" invariant. Deshalb darf man sagen, daß nicht nur der Satz, sondern der durch den Satz dargestellte Sachverhalt wahr ist. Man sollte das nicht verwechseln mit der unsinnigen Redeweise, die das beschriebene Geschehnis (hier den Regen) als „wahr" bezeichnen wollte.

Mit der z.B. von Wittgenstein im Tractatus formulierten Vereinbarung, die wahren Sachverhalte als „Tatsachen" zu bezeichnen, sind Tatsachen Abstrakta aus wahren Aussagen. Die Wörter „Sachverhalt" und „Tatsache" werden im Deutschen zugleich als Abstraktoren verwendet, nämlich mit Hilfe von „daß" in den Wendungen „der Sachverhalt, daß . . ." und „die Tatsache, daß . . .".

Die Abstraktion, die hier vorgenommen wird, bezieht sich auf die Synonymität von Aussagen. Zwei Aussagen A_1, A_2 heißen „synonym" (oder „intensional äquivalent"), wenn die Bisubjunktion

$$A_1 \leftrightarrow A_2$$

apriorisch (also allein aufgrund der sprachlichen Normierung der vorkommenden Wörter) wahr ist. Für die evtl. vorkommenden Nominatoren $N_1, N_2, \ldots$ ist dabei zu berücksichtigen, daß zwei Eigennamen synonym sind, wenn sie denselben Gegenstand benennen. Treten Kennzeichnungen auf, so ist zu beachten, ob die Identität $N_1 = N_2$ schon aufgrund der sprachlichen Normierung allein gilt. Die Aussagen „Kant starb 1804" und „Der große Königsberger Philosoph starb 1804" sind nicht synonym, weil es bloß empirisch wahr ist, daß Kant Königsberger war. Die Sätze „W.J. Uljanow starb 1924" und „Lenin starb 1924" sind dagegen synonym, weil es sich um Eigennamen für dieselbe Person handelt. Wer weiß, daß Lenin 1924 starb, der weiß auch, daß W.J. Uljanow 1924 starb – obwohl er vielleicht nicht weiß, daß man die Tatsache, daß Lenin 1924 starb, auch durch die Aussage „W.J. Uljanow starb 1924" darstellen kann. Hier entstehen nur dann Schwierigkeiten, wenn man den Terminus „Wissen" an die faktische Sprachfähigkeit des einzelnen Sprechers statt an die Normen des Sprachgebrauchs bindet.

Orthosprachlich werde vorgeschlagen, für den durch die Beschreibung A dargestellten Sachverhalt die Notation $|A|$ zu verwenden. Es gilt dann $|A| = |B|$ genau dann, wenn $A \leftrightarrow B$ apriorisch wahr ist.

Für Aussagen, im Gegensatz zu Prädikatoren, ist die Einführung einer extensionalen Äquivalenz neben der Synonymität als intensionaler Äquivalenz von Frege vorgeschlagen worden. *A* und *B* heißen extensional äquivalent, wenn die Bisubjunktion $A \leftrightarrow B$ wahr ist. Es sind dann alle wahren Aussagen untereinander äquivalent, ebenso alle falschen. Wahrheitsdefinite Aussagen stellen danach bezüglich dieser Äquivalenz genau 2 abstrakte Objekte dar: das sind die Fregeschen „Wahrheitswerte". Die Abstraktion ist gelegentlich innerhalb der formalen Logik und Mathematik vorteilhaft, außerhalb aber unbrauchbar, weil die Metaprädikatoren „wahr" und „falsch" genügen.

Auf einen weiteren Ausbau dieser Abstraktionslehre (man nennt sie „formale Semantik") für Nominatoren, Prädikatoren und Aussagen, die wir hier nur für Elementaraussagen behandelt haben, sei ebenfalls verzichtet.

Es bleibt noch die Einführung metrischer Beschreibungen zu analysieren und kritisch zu rekonstruieren. Als fundamentale Maßeinheiten benutzt man in der Physik seit dem 19. Jahrhundert bis heute: Meter (m), Sekunde (s), Kilogramm (kg) und Coulomb (Cb). Gemessen werden damit Körper und ihre Bewegungen. Von den Bewegungen mißt man die Länge (des Weges) und die Dauer. Zur „Erklärung" der Bewegungen mißt man an den Körpern ihre Masse und Ladung. Aufgrund der Gravitationstheorie mißt man in der Physik die (träge) Masse statt der schon vorwissenschaftlichen Gewichtsmessung (der schweren Masse). Aufgrund der Elektrodynamik wird häufig die Stromstärke = Ladung pro Sekunde in Ampère (A = Cb/s) als fundamentale Maßeinheit genommen.

Die ersten beiden Teile der Metrologie (Lehre von den Messungen) heißen traditionell Geometrie und Chronometrie. Sie liefern die Grundlagen der Kinematik. Einschließlich der Metrologie der Masse und Ladung gehen diese Disziplinen methodisch der messenden („empirischen") Physik voraus – ehe man Meß e r g e b n i s s e erhält, muß man Meßverfahren lernen. Die Metrologie ist nicht, wie die Arithmetik, eine formale Wissenschaft. Sie ist eine materiale Wissenschaft. Sie soll begründen, wie man Körper (Materie) und deren Bewegungen metrisch beschreiben kann. In der gegenwärtig üblichen Arbeitsteilung zwischen Mathematik und Physik gehört die Geometrie zur Mathematik, die Chronometrie gehört zur Physik.

Schon daraus ist manches an den Kontroversen um den wissenschaftstheoretischen Status dieser nicht formalen, aber apriorischen Disziplinen erklärbar. Um ihren Status zwischen (formaler) Mathematik und
empirischer Physik zu bezeichnen, mögen diese Disziplinen auch als
„Protophysik" zusammengefaßt werden. Der Terminus „Metrologie"
wird ja üblicherweise auch nur in dem engen Sinne einer Lehre von
den technischen bzw. rechtlichen Problemen des Messens gebraucht.

　　In der faktischen Genese des Messens treten zuerst Längenmessungen auf. Die Geometrie ist – neben der Arithmetik und Astronomie
– die älteste Wissenschaft. In der Form einer Theorie wurde sie seit
Thales und Pythagoras von den Griechen entwickelt. Euklid schrieb
ihr erstes klassisches Lehrbuch. Es gibt jedoch eine lange Vorge-
schichte der Geometrie, da es auch eine vorwissenschaftliche Sprache für unser Umgehen mit festen Körpern gibt. Diese Vor-Geome-
trie ist die Basis der Geometrie. Wir beginnen mit der exemplari-
schen Bestimmung eines vorgeometrischen Vokabulars. Wir wollen
Ding, Seite, Kante, Ecke nehmen – und dann, z.B. mit Hilfe von
Ziegelsteinen, die Prädikatoren: eben, gerade, (einander) berührend
und orthogonal einführen. Wir wollen nun in dieser vorgeometrischen Sprache eine e b e n e Seite mit g e r a d e n Kanten betrachten.

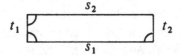

　　Es soll s_1 orthogonal zu t_1, t_2 und s_2 orthogonal zu t_1 sein.
Was können wir dann über s_2, t_2 sagen? In der Euklidischen Theorie
haben wir natürlich das Theorem (mit $\perp$ für Orthogonalität):

$$s_1 \perp t_1 \wedge s_1 \perp t_2 \wedge s_2 \perp t_1 \rightarrow s_2 \perp t_2.$$

　　Aber wie sollen wir dieses Theorem rechtfertigen – wie rechtfertigen wir es, daß wir in aller Welt unseren Kindern dieses Theorem
beibringen?

　　Der Empirist sagt: „Weil in allen Instanzen dieses generellen
Satzes immer dann, wenn die Prämissen wahr waren, die Konklusion
sich als ein wahrer Elementarsatz herausstellte". In der Tat hat sich
immer herausgestellt, daß alle roten Flecken nicht-grün waren, daß

alle Säugetiere Lungen hatten. Im letzteren Falle würde wohl niemand ernsthaft eine S p r a c h r e g e l vorschlagen

$$x \in \text{Säugetier} \Rightarrow x \in \text{Lungenatmer.}$$

Wir haben hier nicht mehr als einen empirisch wahren generellen Satz. Im Falle der Farben können wir hingegen zumindest dafür argumentieren, gewisse sprachliche Regeln für die Farbwörter anzunehmen, so daß aufgrund einer solchen Annahme die generellen Regeln material-analytische Wahrheiten werden. Im Falle der Geometrie verhält es sich wiederum anders.

Es ist auch in keiner Weise hilfreich zu sagen, daß unser Theorem logisch von den A x i o m e n, die Euklid oder Hilbert aufgestellt haben, impliziert wird. Denn dann müßten wir nach der Wahrheit der „Axiome" fragen. Es ist ja nur kontingent, daß Euklid nicht auch unser Theorem als ein Axiom wählte.

Wie kann dann nun aber unser Theorem verteidigt werden, wenn es weder empirisch wahr, noch formal wahr, noch material-analytisch wahr ist? Vielleicht − und die modernen Physiker scheinen dies tatsächlich zu meinen − ist es überhaupt nicht wahr.

Um nun zu einer vernünftigen Meinung über diese Frage zu kommen, wollen wir uns an Platon erinnern. Er machte nämlich klar, daß die Punkte, Linien und Ebenen der Geometrie etwas anderes sind als die Ecken, Kanten und Seiten eines Dinges, eines r e a l e n Dinges, wie wir sagen, um es von i d e a l e n Dingen zu unterscheiden. Gleichwohl bleibt uns noch die Schwierigkeit, diese Rede Platons von den „idealen" Dingen zu rechtfertigen. Die hier vorgeschlagene Antwort folgt dem sich auf Kant und Hegel berufenden Pragmatismus von Peirce und Dingler, wobei „Pragmatismus" in diesem Sinne mit der einfachen Wahrheit beginnt, daß ein Ziegelstein nicht ein natürliches Objekt ist, sondern ein A r t e f a k t. Wir haben seine Seiten eben zu m a c h e n, und wir haben sie orthogonal zu m a c h e n. Wenn wir nun anfangen zu untersuchen, wie ebene Seiten gemacht werden, kommen wir von dort leicht zu der Linsenschleifkunst. Kugelförmige Linsen werden dadurch hergestellt, daß zwei Glasblöcke gegeneinander gerieben werden. Wenn man genügend Geduld hat, kann man das sogar ohne eine Maschine bewerkstelligen. Aber man wird keine i d e a l e Kugel erhalten, sondern nur eine R e a l i s a t i o n einer i d e a l e n Kugel. Wie können wir nun solche seltsamen Wendungen der Linsenschleifer verstehen?

Sind sie schlechte Metaphysiker? Offensichtlich sind sie es nicht,
obwohl normalerweise – mit Ausnahme von Spinoza – die Linsenschleifer tatsächlich auch keine guten Metaphysiker sind. Sie sprechen nicht nur über das, was sie gemacht haben, sondern auch über
das, was sie machen wollen. Sie haben eine Norm, die sie zu befolgen trachten. Diese Norm ist eine i d e a l e Norm. Dies bedeutet,
daß sie sie niemals erfüllen werden. So also scheinen sie am Ende
doch sehr unvernünftig zu sein.

Eben dies aber ist die Frage. Wir wollen versuchen, ihre ideale
Norm so zu erklären, daß jedermann selbst imstande ist, über die
vermutete Unvernünftigkeit zu entscheiden.

Kugelflächen unterscheiden sich voneinander durch ihre Krüm-
mung: je kleiner der Kugelradius, desto stärker die Krümmung.
Für diese Unterscheidung wird die Länge von Strecken (nämlich der
Kugelradien) vorausgesetzt. Um aber „Strecken" zu realisieren,
braucht man in der elementaren Herstellungspraxis, zu der auch das
Linsenschleifen gehört, vorher Ebenen, genauer Ebenenstücke.

Dem Leser wird aus eigenem praktischem Umgang mit festen
Körpern *bekannt* sein, was es heißt, daß ein Stück der Oberfläche
eines Körpers „eben" ist. Wegen dieses Bekanntseins werden Definitionen von „eben" für überflüssig gehalten. In der modernen
Axiomatik der Geometrie à la Hilbert wird bewußt auf Definitionen
von „Grundbegriffen" verzichtet. Es werden statt dessen erste Sätze („Axiome") aufgestellt, aus denen logisch alle weiteren Sätze
(„Theoreme") der Geometrie zu deduzieren sind. Für die Entscheidung der modernen Mathematik, als mathematische Theorien überhaupt nur solche „axiomatische" Theorien zu akzeptieren, kann
man sich auf eine Tradition berufen, die auf die Antike zurückgeht
und zuerst von Aristoteles explizit formuliert wurde.

Entgegen der herrschenden Meinung läßt sich aber Euklid nicht
als Kronzeuge für die Axiomatik verwenden. Euklid war Platoniker
– und diejenigen seiner ersten Sätze (die κοιναὶ ἔννοιαι, d.h. die
„gemeinsamen Aussagen"), die die Aristoteliker später „Axiome"
nannten, waren etwas anderes. Euklids Lehrbuch, die „Elemente",
beginnt mit einer Liste von Definitionen, z.B. wird eine „ebene"
Fläche dadurch definiert, daß sie „zu den geraden Linien auf ihr
gleichmäßig liegt". Es ist verständlich, daß Hilbert auf solche „De-

finitionen" verzichtete: sie sind für das Deduzieren aus Axiomen überflüssig.

Interpretiert man aber das Wort „gleichmäßig" dieser Definition als *„symmetrisch"*, dann entsteht der bekannte elementargeometrische Satz, daß eine Ebene durch jede ihrer Geraden in zwei Halbebenen geteilt wird, zwischen denen eine Symmetrie besteht. Der Punkt, der zu einem gegebenen Punkt der einen Halbebene symmetrisch (in der anderen Halbebene) liegt, entsteht in der geometrischen Praxis durch eine Klappung um die Gerade.

Diese *Klappsymmetrie* läßt sich für eine Definition der Ebene verwenden — dazu muß man sie aber so formulieren, daß der Terminus „Gerade" nicht vorausgesetzt wird. Als Basis einer solchen Definition stehen die empraktisch zu lernenden Wörter „Körper", „Fläche" (als Oberfläche von Körpern), „Linie" (als Randlinie von Flächen) und „Punkt" (als Endpunkt von Linien) zur Verfügung. Realisiert man zu einem Oberflächenstück eines Körpers ein zweites Flächenstück durch eine dem Oberflächenstück *angepaßte* feste Folie, so läßt sich im praktischen Umgang auch das Klappen erlernen: die Unterseite der Folie wird vom Körper gelöst und nach einer Klappbewegung soll sie mit ihrer Oberseite wieder auf den Körper passen. Damit die Klappbewegung eine Klappsymmetrie liefert, wird gefordert, daß durch die Klappbewegung ein Linienstück auf dem Oberflächenstück in sich selbst abgebildet wird. Es wird also um ein Linienstück geklappt. Diese Linienstücke sind die Klapplinien — und heißen per definitionem „Geraden".

Unter den Oberflächen, die Klappsymmetrien besitzen, sind die *ebenen* Oberflächen dadurch ausgezeichnet, daß sie für *jeden* Punkt auf *jeder* Linie der Oberfläche eine Klappsymmetrie haben, deren Klapplinie durch diesen Punkt geht *und* diese Linie *berührt*, nämlich

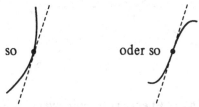

In anderer Ausdrucksweise: durch *jeden* Punkt soll „in *jeder* Richtung" die Klapplinie einer Klappsymmetrie gehen. Oberflächen,

für die auf diese Weise jeder Punkt und jede Richtung für eine Klapplinie *frei* gewählt werden kann, heißen „eben". „Eben" wird – kurz
gesagt – durch die „freie Klappsymmetrie" definiert.

Diese Präzisierung der Euklidischen „Definition" ist als Definition brauchbar, weil zwei frei klappsymmetrische Flächenstücke
bei *jeder* Berührung aufeinander passen. Zur Begründung führt man
den Terminus „kongruent" dadurch ein, daß zwei Flächenstücke
kongruent heißen sollen, wenn sie beide auf ein drittes Flächenstück gemeinsam passen, wie zwei Abdrucke eines Originals.

Es ist zu zeigen, daß zwei ebene Flächenstücke (bis auf Überlap-
pungen an den Rändern) stets kongruent sind. Danach kann man
sagen, daß durch die freie Klappsymmetrie die *Form* der Ebene
eindeutig definiert ist. Unter dem Titel „Protogeometrie" ist eine
ausführliche Behandlung dieser Ebenendefinition in dem Buch
„Elementargeometrie" des Verf. enthalten. In anderer Terminologie ist eine äquivalente Definition der Ebene zuerst von H. Dingler
1911 formuliert worden.

Hier sei eine konstruktive Begründung der Geometrie nur so weit
skizziert, daß ihr wissenschaftstheoretischer Status deutlich wird.
Der theoretischen Geometrie geht eine Protogeometrie voraus, in
der die Grundbegriffe – unter Bezugnahme auf eine eingeübte geometrische Praxis – definiert werden. Nach Definition der *Ebene*
durch die freie Klappsymmetrie sind für die ebene Geometrie schon
„Geraden" als die Klapplinien der Ebene definiert. Als weiterer
Grundbegriff ergibt sich die *Orthogonalität* von Geraden.

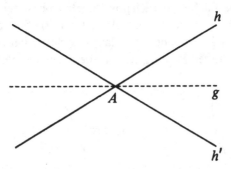

Wird eine Gerade *g* (in der Ebene) von einer zweiten Geraden *h* (in
der Ebene) geschnitten, dann heißt *h* „orthogonal" zu *g* (in Zeichen
h ⊥ *g*), wenn *h* bei Klappung um *g* in sich übergeht, indem die bei-

den Halbgeraden (in die *h* durch *g* zerlegt wird) sich vertauschen. Geht *h* nicht in sich über, sondern entsteht durch die Klappung um *g* eine neue Gerade *h'* durch den Schnittpunkt *A* von *g* und *h*, dann heißt *g* eine „Winkelhalbierende" von *h* und *h'*.
Jeder Punkt *B* ≠ *A* auf *h* geht in einen Punkt *B'* auf *h'* über, so daß die Strecke *BB'* die Gerade *g* orthogonal schneidet.

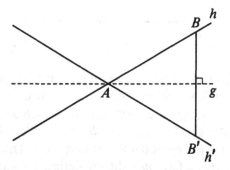

Üblicherweise definiert man *B'* als zu *B* symmetrischen Punkt (bzgl. *g*) dadurch, daß *g* die orthogonale Strecke *BB'* halbiert, d.h. in zwei kongruente Teilstrecken zerlegt. Dadurch wird die Streckenkongruenz als ein Grundbegriff der theoretischen Geometrie genommen. Das hat in der aristotelisierenden Interpretation der Elemente von Euklid eine lange Tradition, und gilt seit Hilbert als selbstverständlich. Leibniz ist einer der ersten, der versucht, die Formgleichheit (die sog. Ähnlichkeit) als Grundbegriff zu nehmen — und in der theoretischen Geometrie eine „Größengleichheit" (statt der protogeometrischen Kongruenz) von Strecken zu definieren. Auch Euklid selbst hat in Buch I, 2–3 eine solche Definition, aber benutzt in I,4 inkonsequenterweise doch die Kongruenz — ersichtlich gegen seinen eigenen Platonismus.
Die Streckenkongruenz läßt sich als Grundbegriff der theoretischen Geometrie vermeiden. Trivial wäre die Zurückführung auf die Winkelkongruenz: *g* halbiert die Strecke *BB'*, weil *g* den von *h* und *h'* gebildeten Winkel halbiert, d.h. in zwei kongruente Teilwinkel zerlegt. Aber auch die Winkelhalbierung braucht nicht als weiterer Grundbegriff eingeführt zu werden. Es genügt die Orthogonalität. Das ergibt sich durch eine auf Thales zurückgehende Ergänzung des symmetrischen Dreiecks *BAB'* zu einem doppelsymmetrischen Viereck *B B'' B''' B'*:

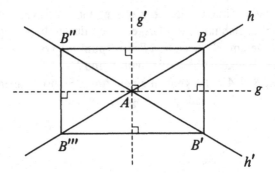

Als zweite „Winkelhalbierende" wird hier die Orthogonale g' zu g durch A benutzt. Das Dreieck BAB' ist genau dann *symmetrisch*, wenn nicht nur g orthogonal zu BB', sondern g auch orthogonal zu $B''B'''$ *und* g' orthogonal zu BB'' und $B'B'''$ ist. Wir haben dann 4 symmetrische Dreiecke mit der Spitze in A. Das „Thalesviereck" $BB''B'''B'$ ist durch 5 Orthogonalitäten definiert — und damit sind die Streckenhalbierung und die Winkelhalbierung auf Orthogonalität zurückgeführt.

Auf der Basis der protogeometrischen Definitionen entsteht dann das Gebäude der (theoretischen) Geometrie folgendermaßen. Als *Grundbegriffe* stehen Ebene, Gerade und Punkt mit den *Grundrelationen* der Inzidenz (der Punkt P liegt auf der Geraden g, die Gerade g liegt in der Ebene Γ), der Orthogonalität ($g \perp h$) und der — bei Euklid stillschweigend benutzten — Anordnung ABC (d.h. B liegt zwischen A und C) zur Verfügung.

Jetzt werden aber — im Gegensatz zur axiomatischen Tradition von Aristoteles bis Hilbert — keine Axiomensysteme mit den Grundrelationen aufgestellt, die als Basis logischer Deduktionen dienen sollen, sondern jetzt wird als nächstes ein System von *Grundkonstruktionen* gewählt. Euklid nahm für die ebene Geometrie die Verbindungsgerade von zwei Punkten und den Kreis (um einen Punkt durch einen zweiten). Dadurch wird ein Bereich von Figuren in der Grundebene definierbar: der Bereich der Figuren, die sich aus zwei Basispunkten θ, ϕ der Grundebene durch beliebig iterierte Ausführung der Grundkonstruktionen konstruieren lassen. Diese Definition eines Bereiches von Figuren liefert allerdings noch keine theoriefähigen Gegenstände. Z.B. läßt sich auf die Frage, „wieviele" Paare von Basispunkten θ, ϕ es in einer Ebene (und daher in jeder

Ebene) gibt, keine begründete Antwort finden. Die Entdeckung der Griechen, nämlich eine theoretische Geometrie – im Gegensatz zu allem bloß praktischen Wissen – kommt erst dadurch zustande, daß über jede konstruierbare Figur *nur das* ausgesagt wird, was sich *allein* aus ihrer Konstruktionsvorschrift ergibt. Als Beweismittel stehen nur die Konstruktionsvorschriften mit den Definitionen der Begriffe und Relationen, die für die Grundkonstruktionen gebraucht wurden, zur Verfügung. Alle Theoreme über die konstruierbaren Figuren sind unabhängig von der Wahl von Basispunkten θ, ϕ für reale Figuren. Die Theoreme betreffen nur die *Form* der Figuren, unabhängig von ihrer Größe.

An die Stelle von „Axiomen" treten Definitionen und Konstruktionspostulate (für die Grundkonstruktionen). Die bei Euklid auftretenden „gemeinsamen Aussagen" sind keine Axiome, sondern ebenfalls Definitionen. Es sind diejenigen Aussagen, die gemeinsam als Definition des Flächeninhalts und des Rauminhalts dienen. Modern ausgedrückt werden diese Inhalte als ein positives, additives Maß definiert, das für zwei konstruktionsgleiche Figuren stets gleich ist, wenn die Basisstrecken der Figuren *größengleich* sind.

Diese Basis aller Theoreme, nämlich Definitionen und Konstruktionspostulate, ist bei Euklid deutlich vorhanden. Aber er beschränkt sich nicht konsequent auf diese Basis. Einerseits benutzt er die gemeinsamen Aussagen, die die Größengleichheit von Polygonen und Polyedern definieren, ohne Beweis auch für die Größengleichheit von Strecken. Die Größengleichheit von Strecken – bei Euklid nicht deutlich unterschieden von der protogeometrischen Kongruenz – ist in der theoretischen Geometrie durch Symmetrien definiert (Euklid I, 2–3) und diese sind durch Thalesvierecke auf Orthogonalitäten zurückführbar. Daß die Streckengröße („Länge") ein positives, additives Maß ist, mußte aus der Definition der Größengleichheit – über die Thalesvierecke – bewiesen werden. Ein solcher Beweis wurde zuerst von R. Inhetveen 1983 geführt. Die Inkonsequenz Euklids hat in der modernen Geometrie zu den „Kongruenzaxiomen" bei Hilbert geführt.

Eine zweite Inkonsequenz Euklids war weit folgenreicher. Euklid beweist zwar alle seine Theoreme über konstruierbare Figuren so, daß alles, was für eine Figur gilt, zugleich für alle Figuren gilt, die nach derselben Konstruktionsvorschrift (unabhängig von der Wahl der

Basispunkte θ, ϕ) konstruiert sind. Euklid hat als Gegenstände seiner Theorie also stets nur die *Formen* der konstruierbaren Figuren, z.B. *das* Quadrat, *das* Dodekaeder, d.h. die Form des Quadrates, die Form des Dodekaeders. Aber Euklid formuliert dieses Prinzip der theoretischen Geometrie nicht explizit. Die geometrische Isomorphie (Ununterscheidbarkeit) konstruktionsgleicher Figuren kommt bei ihm nur dadurch zum Ausdruck, daß er seinen berühmten Parallelensatz (der sich aus dieser Isomorphie beweisen läßt, vgl. dazu die Elementargeometrie des Verf.) als eine unbewiesene Aussage an die Liste der Konstruktionspostulate angehängt hat.

Das gehört zur gut 2000jährigen Geschichte der Beweisversuche von Parallelensätzen aus „evidenten" Axiomen. Diese Geschichte hat erst im 19. Jahrhundert zu den sog. nicht-euklidischen „Geometrien" (im Plural!) geführt.

Die herrschende Meinung der Mathematiker ist seitdem, daß die euklidische Geometrie nur eine unter mehreren — mathematisch gleichberechtigten — „Geometrien" sei. Die Auszeichnung einer dieser „Geometrien" als *der* Geometrie des „wirklichen" Raumes wird der Physik überlassen. Nach Einstein geschieht diese Auszeichnung in der Relativitätstheorie dadurch, daß empirisch zu untersuchen ist, wie sich die Meßgeräte für Raum- und Zeitmessungen ändern, je nachdem, wie sie sich relativ zu den wirklichen Körpern in unserer Welt bewegen.

Einwände gegen diesen Anspruch der empirischen Physik, über die „Struktur" von Raum und Zeit entscheiden zu können, sind schon unmittelbar nach dem Bekanntwerden der Relativitätstheorie (um 1920) vielfach erhoben worden — und von der konstruktiven Wissenschaftstheorie unter dem Titel „Protophysik" seit 1960.

Seit 1977 beschränkt sich die Protophysik auf den Einwand, daß die empirische Physik als Vorbedingung ihrer Theorien über die Wirkung von Kräften auf die Bewegung von Körpern auf reproduzierbare Raum- und Zeitmessungen angewiesen ist. Da sich zeigen läßt, daß die euklidische Geometrie (und eine entsprechende klassische Chronometrie) nichts als ein theoretisches Hilfsmittel unserer Meßpraxis (von Längen und Dauern) ist, ist die Relativitätstheorie — in der neueren protophysikalischen Interpretation — eine (durch die Elektrodynamik gleichsam erzwungene) Revision der klassischen Mechanik Newtons. Technisch kommt es allein auf die – empirisch bestens bewährte – Änderung der Mechanik an. Der orthodoxe Anspruch der Relativitätstheorie, die klassische Geometrie und Chronometrie zu revidieren (ja, zu „revolutionieren") ist so zu interpretieren, daß sie für die relativistische Mechanik *zusätzliche* Metriken für die Mannigfaltigkeit der Raum-Zeit-Punkte benutzt.

Diese Interpretationsfragen, die an der technischen Brauchbarkeit der relativistischen Formeln gar nichts ändern, sind z. Zt. kontrovers. Eine Klärung erfordert einen Rückgang auf die Definition von „Längen" (und für die Zeitmessung auf die Definition von „Dauern") und auf den Zusammenhang dieser Definitionen mit den in der Physik benutzten Meßverfahren. Diese Meßverfahren sind Verfeinerungen vorwissenschaftlicher Meßpraxis. Im Bereich der Längen, die vorwissenschaftlich gemessen werden können (die also weder zu klein noch zu groß sind) ist der Zusammenhang von theoretischer Definition und Meßpraxis einfach. Man benutzt feste Körper, deren Oberflächen man eben gemacht hat und deren Randlinien man gerade gemacht hat, z.B. ein Lineal als „Meßstab". Das in der Praxis geübte Abtragen von Meßstäben liefert stets nur Längenverhältnisse: der gemessene Abstand ist ein Vielfaches einer willkürlich gewählten Längeneinheit. Für die Praxis (z.B. die Grundstücksvermessung) muß auch die Längeneinheit – hinreichend genau – reproduzierbar sein. Hat man verschiedene Längeneinheiten (z.B. Zoll und Meter), dann muß „umgerechnet" werden. Für die Wahl einer Längeneinheit gibt es keine Theorie – in die geometrische Theorie gehen nur die Formen von Figuren, nur die Längenverhältnisse und Winkelgrößen, ein. Das in der Praxis geübte „Abtragen" fester Körper nach der Herstellung ebener Flächen und gerader Linien führt in der geometrischen Theorie dazu, daß über einer Basisstrecke $\theta \phi$ zunächst in einer Grundebene ein Quadratgitter konstruiert wird – und räumlich dann ein Würfelgitter. Die „Längen" von Strecken, die in der Grundebene parallel oder orthogonal zur Basisstrecke liegen – oder dann räumlich auch orthogonal zur Grundebene – sind durch die *Anzahl* der zwischen den Endpunkten liegenden Gitterpunkte zu *definieren.* Das Gitter ist dazu so zu verfeinern, daß die Strecken zwei Gitterpunkte verbinden. Für „schief" zur Basisstrecke liegende Strecken liefert die geometrische Theorie die pythagoreische Abstandsformel. Die Notwendigkeit,

dafür irrationale Zahlen als „Längen" einzuführen, sei hier nur erwähnt.

Der Realisierung von Würfelgittern sind praktisch Grenzen gesetzt, z.B. können astronomische Abstände nicht mehr *direkt* aus
Anzahlen von Gitterpunkten berechnet werden. Daher sind *indirekte* Messungen erforderlich. Ohne in methodische Zirkel zu geraten,
sind indirekte Meßverfahren anwendbar, die sich auf empirische
Sätze der Physik stützen.

Die benutzten Sätze müssen dazu selbst aber auf direkte Messungen
(also Anzahlen von Gitterpunkten) zurückführbar sein. Für die klassische Mechanik waren indirekte Längenmessungen einfach. Man
hat dort Inertialsysteme, in denen Lichtstrahlen stets geradlinig
sind. Außerdem behalten feste Körper bei kräftefreier Bewegung
ihre Längen: sie sind starr. Ohne ein Würfelgitter in astronomischer
Größe zu realisieren, läßt sich aus Messungen an realen Lichtstrahlen und bewegten festen Körpern aufgrund der klassischen Mechanik (und Optik) daher berechnen, in welchen Gitterpunkten sich
jeweils die beobachteten astronomischen Körper befänden, *wenn*
wir ein Würfelgitter in astronomischer Größe hätten. So werden
Längen indirekt gemessen. H. Weyl hat in seinem Kommentar zu
Riemanns Habilitationsvortrag (1854) dieses Verfahren als die
vor Riemann „von allen Mathematikern und Philosophen vertrete-
ne Meinung" formuliert, „daß die Metrik des Raumes unabhängig
von den in ihm sich abspielenden physischen Vorgängen festgelegt
sei und das Reale in diesen metrischen Raum wie in eine fertige
Mietskaserne einziehe" (Riemann ed. Weyl, S. 45f.).

Mittlerweile — 130 Jahre nach Riemann — wird diese vor-Rie-
mannsche „Meinung" wieder von der Protophysik vertreten, allerdings mit dem Unterschied, daß die „Festlegung" der Metrik, die
Konstruktion des Würfelgitters (als „Mietskaserne"), jetzt als eine
methodische Maßnahme begründet ist, die den Übergang von di-
rekten Messungen zu indirekten Messungen erst ermöglicht.

Die Einsteinsche Relativitätstheorie hat die klassische Mechanik
revidiert: für hohe Geschwindigkeiten (d.h. nahe der Lichtgeschwindigkeit) wurde der klassische Impuls durch den relativistischen Viererimpuls ersetzt. Dieser wird mit Hilfe einer Riemannschen Mannigfaltigkeit berechnet, deren Metrik von der klassischen Raum-
Zeit-Metrik abweicht. Lichtstrahlen sind dabei in Gravitationsfel-

dern nicht mehr geradlinig, feste Körper werden bei hohen Geschwindigkeiten verkürzt und schwingende Systeme (Oszillatoren)
werden langsamer. Für indirekte Messungen von Raum- und Zeit-
koordinaten eines bewegten Körpers („Massenpunktes") können
daher „Meßstäbe" und „Uhren" der klassischen Physik nur unter
Berücksichtigung der relativistischen Korrekturen verwendet werden. Nach der herrschenden Lehre ist damit die klassische Geometrie und Chronometrie „revidiert". Aber an den klassischen Definitionen der Raum-Zeit-Gitter ist gar nichts geändert. Nur wenn
man vergißt, daß die Riemannsche Metrik (für die Mechanik!) dem
klassischen Raum-Zeit-Gitter *zusätzlich* aufgeprägt ist, und wenn
man vergißt, daß *bewegte* Meßstäbe und Uhren nur für indirekte
Messungen gebraucht werden (weil direkte Messungen per definitionem Abzählungen im klassisch konstruierten Raum-Zeit-Gitter
sind) – nur dann entsteht der Anschein einer Revision der „Struktur" von Raum und Zeit.

Für die Geometrie sind diese Verhältnisse schwierig zu durch-
schauen, weil die Konstruktion von Quadrat- und Würfelgittern (die
der Definition der Länge als einer Anzahl von Gitterpunkten vorausgehen) von den euklidischen Parallelensätzen Gebrauch macht.
Dadurch ist die Interpretation der Relativitätstheorie mit der Unglücksgeschichte der Inkonsequenz des Euklidischen Lehrbuches
verknüpft.

Einfacher sind die Verhältnisse für die Chronometrie. Für diese
fehlt eine explizite Tradition der Definition der „Dauer" von Bewegungen. Entsprechend der Definition der „ebenen" Flächen
durch die freie Klappsymmetrie ist für sich wiederholende Bewegungen zu definieren, wann der Vorgang (der sich wiederholenden
Bewegungen) „gleichförmig" (oder „periodisch") heißen soll. Eine
Definition von „Gleichförmigkeit", die nicht schon Uhren (als
Meßgeräte für Dauern) vorausgesetzt, wurde zuerst von P. Janich
1969 gefunden. Die Janichsche Definition von „Uhren" vereinfacht
sich für Digitaluhren. Für diese hat man zu definieren, wann ein
Taktgeber eine Uhr heißen soll. Was ein „Taktgeber" ist, wird aus
der Praxis als bekannt vorausgesetzt (z.B. der Pulsschlag) – es muß
nur definiert werden, wodurch die „richtig" gehenden Taktgeber
vor den anderen ausgezeichnet sind. Wir benutzen als Taktgeber nur

technische Geräte, die ihre Takte mit einem Zählwerk zählen. Das Zählwerk beginnt in der Stellung 0 zu zählen.

Entsprechend dem Passen von Flächen wird für zwei Taktgeber zunächst definiert, wann sie „synchron" gehen: wenn sie bei gleichzeitigem Beginn – direkt nebeneinander stehend – stets gleichzeitig dieselben Stellungen (Taktzahlen) erreichen. Die Herstellung von Taktgebern, die – hinreichend genau – synchron gehen, muß in der Praxis schon gelungen sein, ehe es sich lohnt, gewisse Taktgeber als „Uhren" auszuzeichnen. Vergleicht man zwei Taktgeber G und H, die unabhängig voneinander hergestellt sind, so werden diese im allgemeinen nicht synchron gehen. Der Synchronismus ist ein spezieller Fall des konstanten Gangverhältnisses (nämlich der Fall, daß das konstante Gangverhältnis den Wert 1 hat). Das rationale Gangverhältnis $\frac{m}{n}$ wird dadurch definiert, daß man von den Taktgebern G und H nur jeweils den m-ten bzw. n-ten Takt zählt. Gehen die so modifizierten Taktgeber synchron, so schreibt man $G : H = \frac{m}{n}$. Im allgemeinen wird es für zwei Taktgeber auch kein konstantes Gangverhältnis geben. Wir setzen aus der Praxis der Taktgeberherstellung aber voraus, daß zwei beliebige Taktgeber (die als „Uhren" verwendet werden sollen) jedenfalls „lokal" (auf eine hinreichend kurze Frist beschränkt) ein konstantes Gangverhältnis haben. Diese Voraussetzung ist in der Praxis erfüllt, weil in allen Hochkulturen „Uhren" die Aufgabe hatten, die tägliche Drehung der Sonne oder des Sternenhimmels zu simulieren (z.B. die ägyptischen Wasseruhren oder die chinesische Himmelsmaschine von Su Sung). Werden zwei solche Taktgeber G und H von der Stellung 0 aus miteinander verglichen, so haben sie zumindest *kurzfristig* ein konstantes Gangverhältnis $G_0 : H_0 = \frac{m}{n}$. (Irrationale Gangverhältnisse kommen nur in der Theorie vor.)

Synchron gehende Taktgeber herstellen zu können, bedeutet noch nicht, daß man Uhren herstellen kann, z.B. liefern auch reproduzierbare gedämpfte Schwingungen keine Uhren. Nur wenn zwei synchron gehende Taktgeber G, H auch nach Verschiebung (sog. Phasenverschiebung) noch synchron gehen, kommen wir zu „Uhren". Der Taktgeber G ist von G_0 aus nach μ Takten in der Stellung G_μ. Wird nun G_μ mit H_0 verglichen (man läßt H also erst nach μ Takten von G beginnen), dann sollen auch G_μ und H_0 synchron gehen. Wir wollen dann sagen, daß G einen *Schubsynchronismus* hat (nämlich dann, wenn es einen Taktgeber H gibt, so daß nicht nur G_0, H_0, sondern auch G_μ, H_0 synchron gehen). Ein Schubsynchronismus ist (wie in der Geometrie eine Klappsymmetrie) eine Eigenschaft *eines* Gerätes. Nach diesen Vorbereitungen kann eine „Uhr" als ein Taktgeber G definiert werden, der *frei* schubsynchron ist: es soll zu G einen Taktgeber H geben, so daß G_μ für *alle* Stellungen μ zu H_0 synchron geht.

Wieso ist diese Forderung des freien Schubsynchronismus (die von modernen Uhren auf Jahrmillionen realisiert wird) als Definition eines Meßgerätes für Dauern brauchbar? Für die Meßpraxis fehlt selbstverständlich noch die Festlegung einer Maßeinheit, z.B. der Sekunde. Aber die Wahl einer Maßeinheit gehört auch nur zur Meßpraxis. Für die Theorie des Messens genügt die Definition von Dauerverhältnissen. Die Definition der Uhren als frei schubsynchroner Taktgeber ist als Definition eines Meßgerätes brauchbar, weil aus ihr folgt, daß zwei Uhren (im Sinne dieser Definition) stets ein konstantes Gangverhältnis haben. Messungen von Dauerverhältnissen sind also mit jeder Uhr überprüfbar. Zum Beweis der Konstanz des Gangverhältnisses seien G und G' zwei verschiedene Uhren. Nach Definition gibt es zu G einen Taktgeber H, so daß G_μ und H_0 für alle μ synchron gehen. Ebenso gibt es zu G' einen Taktgeber H', so daß G_ν' und H_0' für alle ν synchron gehen. Das (kurzfristige) Gangverhältnis $G_\mu : G_\nu'$ ist daher für alle μ, ν dieselbe Konstante, nämlich das kurzfristige Gangverhältnis $H_0 : H_0'$.

Zur Festlegung einer Maßeinheit, der Sekunde, hat man sich von den Babyloniern bis 1967 auf den (mittleren) Sonnentag als Takteinheit der Erdrotation bezogen − und dann definiert: $1h = 1/24$ Tag und $1\,sec = 1/3600\,h$. Erst 1967 wurde die Sekunde durch Cäsiumuhren atomphysikalisch festgelegt. Die Atomphysik beruht als empirische Theorie auf Raum- und Zeitmessungen. Die Cäsiumuhr ist eine bessere technische Realisierung der normativen Definition von „Uhr" als die natürliche Erdrotation. Keine Realisierung macht die normative Definition, die „Idee" der Uhr überflüssig.

Erst 1983 wurde die Maßeinheit der Länge (seit der französischen Revolution: das Meter) neu definiert. Man nimmt als Maßeinheit die Lichtsekunde, d.h. die Länge des Weges, den das Licht in 1 sec

zurücklegt. Das Meter wird danach definiert als der 299 792 458-te
Teil der Lichtsekunde. Die Lichtgeschwindigkeit ist dann per definitionem 299 792 458 m/sec.

Nach der normativen Begründung von Raum- und Zeitmessung
kann die empirische (von Messungen abhängige) Physik beginnen.
Schon die Entscheidungen für Definitionen weiterer Meßgrößen
sind von Raum- und Zeitmessungen abhängig. Nach dem gegenwärtigen internationalen Standardsystem SI gelten für die Physik – nach
Länge und Dauer – als weitere fundamentale Meßgrößen Masse
und Ladung (mit den Maßeinheiten kg und Cb – aus technischen
Gründen hat das SI die Maßeinheit A der Stromstärke mit der Definition Cb $= A$ sec). Da der Experimentalphysiker Meßverfahren
für Masse und Ladung voraussetzt, seien die normativen Überlegungen, die zur Begründung der Definition dieser fundamentalen Meßgrößen gehören, noch zur Protophysik gerechnet: zur Protophysik
der Masse bzw. zur Protophysik der Ladung. Während die Definitionen von Länge und Dauer von einer vorgängigen qualitativen
Praxis (der Herstellung frei klappsymmetrischer Flächen und frei
schubsynchroner Taktgeber) abhängen, sind die Definitionen von
Masse und Ladung von einer vorgängigen Praxis abhängig, zu der
auch schon Raum- und Zeitmessungen gehören. Wie wir sehen werden, sind sie aber nicht betroffen von der relativistischen Revision
der klassischen Mechanik.

Für die Protophysik der Masse besteht die besondere Schwierigkeit, daß seit den ältesten Zeiten die Masse als Gewicht gemessen
wird. Eine direkte Definition der Masse gelang erst in der Neuzeit
durch die Messung von Geschwindigkeiten bei Stoßvorgängen.
Nach einer gelungenen Protophysik der Masse kann das Gewicht
durch die klassische und relativistische Gravitationstheorie definiert und „erklärt" werden. Aber selbstverständlich darf sich die
Protophysik der Masse keinen Vorgriff auf die Gravitationstheorie
erlauben.

Die theoretische Behandlung von Stoßvorgängen ist schon in der
Antike versucht worden in Schriften über „mechanische Probleme".
Die Behandlung blieb lückenhaft, weil man keine Definition dafür
fand, wann zwei Körper mit gleicher „Wucht" gestoßen werden.
Erst in der Neuzeit, vermutlich angeregt durch die Praxis des
Billardspiels (seit dem 15. Jh.) gelang es, die „Wucht" als *Impuls*

dadurch zu definieren, daß zwei inelastisch zusammenstoßende Körper gleichen „Impuls" haben, wenn sie sich — nach dem Stoß — in Ruhe befinden. Dadurch läßt sich dann „Masse" definieren.

Beim Billardspiel hat man es mit elastischen Stößen zu tun. Zwei Kugeln haben vor dem (zentralen) Zusammenstoß Geschwindigkeiten v_1, v_2 (relativ zum Tisch) und nach dem Zusammenstoß Geschwindigkeiten w_1, w_2. Statt des Problems, w_1, w_2 berechenbar zu machen, ist für inelastische Stöße aus den Anfangsgeschwindigkeiten v_1, v_2 nur eine Endgeschwindigkeit w zu berechnen.

Die Messung der Geschwindigkeiten von Stoßvorgängen setzt ersichtlich die Wahl eines Bezugssystems (z.B. das Labor) voraus — und die schon gelungene Meßbarkeit von Längen und Dauern. Jetzt geht es darum, inelastische Stoßvorgänge reproduzierbar zu machen, so daß zu zwei Anfangsgeschwindigkeiten v_1, v_2 stets dieselbe Endgeschwindigkeit w — mit praktisch hinreichender Genauigkeit — gemessen wird. So läßt sich ein „Stoßgesetz" finden: ein Funktionsterm S mit $w = S(v_1, v_2)$. Die Reproduzierbarkeit erfordert, daß die Stoßvorgänge „ungestört" wiederholt werden können, In der Praxis, etwa bei ballistischen Versuchen, lernte man „Störungen" zu vermeiden, so daß sich ein einheiteninvariantes Stoßgesetz aufstellen ließ. Das war nicht vorauszusehen, ist aber ein Faktum unserer Technikgeschichte. Die Einheiteninvarianz (d.h. die Unabhängigkeit von der Wahl der Maßeinheiten) der Geometrie und Chronometrie ließ sich daher auch für eine *Stoßmechanik* durchhalten. Sie bedeutet für das Stoßgesetz $w = S(v_1, v_2)$, daß bei proportionaler Änderung von v_1, v_2 (zu Werten λv_1, λv_2 mit $\lambda > 0$) sich auch die Endgeschwindigkeit proportional ändert, also von w zu λw. Diese Proportionalität ist nicht erzwingbar, aber sie gehört im beschränkten Bereich der klassisch-technischen Geschwindigkeiten zu unserem praktischen Können. Die beschränkte Gültigkeit der Proportionalität genügt für eine einheiteninvariante Definition des *Massenverhältnisses* zweier Körper. Man setze

$$\frac{m_1}{m_2} = \lim_{v_1, v_2 \rightsquigarrow 0} \frac{v_2 - w}{w - v_1}$$

für die Massen m_1, m_2 zweier zentral inelastisch zusammengestoßener Körper.

Aus dieser Definition erhält man (für nicht zu große Geschwindigkeiten relativ zum Labor) die Gleichung

(1) $\qquad m_1(w - v_1) = m_2(v_2 - w),$

also $\qquad m_1v_1 + m_2v_2 = (m_1 + m_2)w.$

Das ist der klassische Impulssatz, weil mv als klassischer Impuls definiert wird.

Der elastische Stoß zweier Körper K_1, K_2 (mit den inelastisch definierten Massen m_1, m_2) läßt sich nach J. Wallis, einem älteren Zeitgenossen von Newton, auf den inelastischen Stoß zurückführen. Beim Zusammenstoß von K_1, K_2 entsteht eine fiktive Geschwindigkeit w (als ob die Körper inelastisch zusammenstießen). K_2 hat dabei die Impulsdifferenz $m_2(v_2 - w)$ an K_1 abgegeben. K_1 wird „elastisch" genannt, wenn K_1 beim Zusammenstoß diese Differenz an K_2 zurückgibt. K_2 erhält dadurch eine Geschwindigkeit w_2, die durch

(2) $\qquad m_2(w - w_2) = m_2(v_2 - w)$

bestimmt ist. Ist auch K_2 elastisch, so folgt für w_1 entsprechend

(3) $\qquad m_1(w - w_1) = m_1(v_1 - w).$

Die Gleichungen (1) – (3) ergeben

$$m_1(w_1 - w) = m_2(w - w_2).$$

Addiert man diese Gleichung zu (1), so entsteht

(4) $\qquad m_1(w_1 - v_1) = m_2(v_2 - w_2),$

also $\qquad m_1v_1 + m_2v_2 = m_1w_1 + m_2w_2.$

Das ist der klassische Impulssatz für den elastischen Stoß.

Die Gleichungen (2) – (3) ergeben zusätzlich (nach Division durch m_2 bzw. m_1 und Subtraktion)

(5) $\qquad w_1 - w_2 = v_2 - v_1$

d.h. beim elastischen Stoß ändert die *Geschwindigkeitsdifferenz* nur das Vorzeichen.

Bezugssysteme, in denen sich solche Stoßvorgänge hinreichend „ungestört" realisieren lassen, heißen *Inertialsysteme.*

Auf der Basis dieser Definitionen von Inertialsystem und Masse läßt sich die klassische Mechanik entwickeln, indem man „Kräfte" dadurch definiert, daß sie relativ zu einem Inertialsystem den Impuls pro Zeit ändern – also so, *als ob* ein Körper gestoßen würde. Insbesondere der Erfolg des Gravitationsgesetzes in der Astronomie hat das Newtonsche Programm, alle Beschleunigungen durch „Kraftgesetze" zu erklären, zu einer Selbstverständlichkeit der Physik des 18. und 19. Jh. werden lassen. Erst gegen Ende des 19. Jh., als die Elektrodynamik durch die Maxwellschen Gleichungen in das Newtonsche Programm einbezogen wurde, entstanden Schwierigkeiten (für Geschwindigkeiten nahe der Lichtgeschwindigkeit).

Die Theorie des Elektromagnetismus hatte mit der elektrostatischen Definition eines Ladungsverhältnisses angefangen. Man konnte technisch die Herstellung von geladenen Körpern reproduzieren und die Kraftwirkungen dieser „Quelle" auf geladene Probekörper – also ihre Impulsänderung – messen. Man konnte „ungestörte" elektrostatische Vorgänge so reproduzieren, daß – hinreichend genau – das Verhältnis der Kräfte F_1, F_2, die von der Quelle auf zwei geladene Probekörper wirken, als eine Konstante, unabhängig von der Ladung der Quelle und unabhängig vom Abstand der Quelle, gemessen werden konnte.

Eine solche Realisierung ungestörter elektrostatischer Vorgänge gelang Coulomb Ende des 18. Jh. Es läßt sich daher ein *Ladungsverhältnis* zweier Körper mit Hilfe einer beliebig geladenen „Quelle" definieren durch

$$\frac{q_1}{q_2} \leftrightharpoons \frac{F_1}{F_2} \, .$$

Hieraus folgt, daß sich für jede „Quelle" ein elektrisches *Feld* mit einer „Feldstärke" E durch

$$E = \frac{F_1}{q_1} = \frac{F_2}{q_2} = \dots$$

14 Lorenzen, Lehrbuch

definieren läßt. Anders ausgedrückt: es gilt das elektrostatische Kraftgesetz

$$F = qE$$

für eine Ladung q im Feld mit der Feldstärke E. Dieses Kraftgesetz gehört zur Protophysik der Ladung.

Wie groß dagegen E in Abhängigkeit von der Ladung der Quelle und von dem Abstand von der Quelle ist, wie außerdem bewegte Ladungen aufeinander wirken, das sind Fragen der empirischen Physik. Sie wurden, zusammen mit einer elektrodynamischen Erklärung des Magnetismus durch die Maxwellschen Gleichungen und das Lorentzsche Kraftgesetz beantwortet. Das Auftreten der Lichtgeschwindigkeit in diesen Formeln als einer Konstanten hat in der Relativitätstheorie dazu geführt, für hohe Geschwindigkeiten (immer noch relativ zu klassischen Inertialsystemen) den klassischen Impuls durch einen „Viererimpuls" zu ersetzen. Für Geschwindigkeiten, die nicht zu groß sind, ändert sich in der Mechanik nichts. Insbesondere bleibt die Protophysik der Masse und der Ladung unberührt.

Die wahren Sätze der Protophysik sind solche Sätze, die auf der Basis von Logik, Arithmetik und Analysis, Definitionen u n d den idealen Normen, die Messen ermöglichen, verteidigbar sind.

Diese idealen Normen sind deutlich unterschieden von den Konstruktionsregeln der Arithmetik, und sie sind keine Definitionen. Sie sind auch keine formalen Bestimmungen, weil wir uns nicht mehr nur mit Symbolreihen beschäftigen. Wir beschäftigen uns mit der Materie — schleifen Seiten, regulieren Bewegungen und Zusammenstöße. Wir schreiben mit Normen vor, wie sich die Materie „verhalten" soll, wenn wir diese biologische Metapher einmal gebrauchen dürfen. Im Gegensatz zu material-analytischen Bestimmungen, wo wir Regeln für unsere Prädikatoren vorschreiben, um sie der Welt anzupassen, zwingen wir nun die Materie, sich unseren idealen Normen anzupassen. In der Protophysik bleibt unsere Beziehung zur Welt nicht länger eine passive (die nur eine *sprachliche* Aktivität zuläßt), wir verändern nunmehr aktiv die Welt. Um einen neuen Terminus zu vermeiden, mit dem wir diesen Unterschied ausdrücken könnten, haben wir für diese Unterscheidungsaufgabe den traditionellen Terminus „synthetisch" benutzt. Aufgrund dieser terminologi-

schen Konvention erhalten wir das Ergebnis, daß diese protophysi-
kalisch wahren Sätze, die von den idealen Normen abhängen, „material-synthetische" Wahrheiten genannt werden können.

Das folgende System aller bisher in den vorausgegangenen Kapi-
teln rekonstruierten Wahrheiten mag einen abschließenden Überblick
geben:

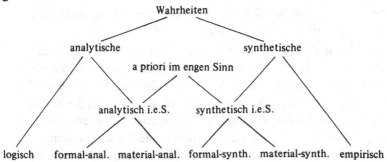

Man kann durchaus der Meinung sein, daß die bisher vorgetragene Konstruktion der symbolischen und apparativen Mittel, mit
denen der Physiker das Naturgeschehen b e s c h r e i b t (im engen
Sinne der Beschreibung, wie sie in Meßergebnissen vorliegt, nicht
in dem — seit Kirchhoff üblichen — weiten Sinne, der auch die hypothetischen Naturgesetze zu den „Beschreibungen" rechnet), eine
mehr oder weniger selbstverständliche Sache sei, in der man sich auf
Umgangssprache und die Traditionen der Meßgeräteherstellung verlassen könne, um sich besser auf die messende Erforschung noch un-
erforschter Teile der Natur (oder Welt) zu konzentrieren. Es ist
nicht beabsichtigt, für die Wichtigkeit der Protophysik gegenüber
der Physik zu plädieren. Es ist nur beabsichtigt, zu begreifen (kritisch zu verstehen), was der Physiker tut (tun sollte), wenn er zuerst
Meßverfahren in Gang setzt und dann beginnt, mit Meßergebnissen
zu arbeiten.

Die einfachste Tätigkeit der empirischen Wissenschaft, die Aufstellung von Verlaufsgesetzen, haben wir schon in der Begründung
der Modallogik besprochen. Platon redet, wörtlich übersetzt, nicht
von Aufgestelltem, sondern von Unterstelltem, von Hypothesen.
Für die Aufstellung von Hypothesen (wie es dann bildungssprachlich heißt) ist die Wissenschaft auf die Einfälle der Forscher angewiesen. Es führt keine Methode von Einzelsätzen zu Allsätzen. In

den einfachen Fällen, wie „alle Raben sind schwarz", ist aber wenigstens klar, daß ein Allsatz durch einen Einzelsatz („dieser Rabe ist weiß") widerlegt, falsifiziert wird.

In der Physik, in der die Zustände nicht qualitativ (auch nicht bloß komparativ), sondern metrisch beschrieben werden durch Messung der räumlichen Lage, der Geschwindigkeiten und der Massen und Ladungen der beteiligten Körper (in einem bestimmten Zeitpunkt t_0) ist diese direkte Falsifizierung nicht möglich.

Wird eine Billardkugel durch eine andere angestoßen, so läßt sich nach dem Impulssatz die Beschleunigung berechnen, die die Billardkugel erhält, also auch ihr Ort und ihre Geschwindigkeit für jeden späteren Zeitpunkt. Vorausgesetzt ist dabei, daß die Kugel auf dem Billardtisch „störungsfrei" läuft, z.B. mit konstanter Reibung und ohne an die Bande anzustoßen. Stellen wir uns den Tisch ohne Bande vor, so wird die Kugel von dem Zeitpunkt an, wo sie den Tischrand erreicht hat, „fallen". Es wird jetzt die Gravitationskraft einwirken. Hat die Billardkugel einen Eisenkern und gerät die Kugel auf ihrer Bahn in ein Magnetfeld, so wirkt zusätzlich eine magnetische Kraft ein. Bei genügender Luftbewegung wirken schließlich noch die Stöße der Luftmoleküle auf die Bahn ein. Die Physik kann die Bahn der Billardkugel „vorausberechnen" (oder nach der Bewegung die beobachtete Bahn „erklären"), indem sie für die Abweichungen von der ungestörten gradlinigen Fortsetzung (mit Erhaltung des Impulses) der Bewegung K r ä f t e einführt, die diese Abweichungen (Impulsänderungen) g e s e t z - m ä ß i g bewirken. Die Kraftgesetze sind hypothetisch aufzustellen. Das Gravitationsgesetz z.B. ist die Hypothese, daß jeder Körper

der (trägen) Masse M im Abstand r eine zu $\dfrac{M}{r^2}$ proportionale Beschleunigung bewirkt (die Kraft auf einen Körper der Masse m ist

also proportional zu $\dfrac{M \cdot m}{r^2}$). Es wird ferner angenommen, daß die

verschiedenen Kräfte (z.B. durch Luftstöße, durch magnetische Felder usw.) sich stets (wie unabhängige Stöße) linear überlagern: die Gesamtänderung des Impulses ergibt sich durch A d d i t i o n der einzelnen Impulsänderungen. Das ist das Prinzip der l i n e a r e n

S u p e r p o s i t i o n. Dieses Prinzip ist — wie die protophysikalischen Prinzipien — kein Meßergebnis der Physik, es ist auch keine Hypothese wie die Kraftgesetze, es eröffnet vielmehr erst die Möglichkeit, weitere Kraftgesetze hypothetisch aufzustellen, wenn die bisherigen die Beobachtungen nicht erklären. Beschreibt die Billardkugel, nachdem sie den Tisch verlassen hat, eine Parabel (wie zuerst Galilei aus Superposition der Trägheitsbewegung und des „freien" Falles berechnet hat), dann ist die Bewegung erklärt. Stimmt die wirkliche Bewegung nicht mit der berechneten überein, so ist dadurch nicht das Gravitationsgesetz widerlegt, sondern man steht vor der Aufgabe, die Differenz als Wirkung weiterer Kräfte zu erklären.

Die klassische A n w e n d u n g der Gravitationstheorie ist die Deduktion der Bewegungsgesetze der Astronomie. Hier wird die träge Masse der Sonne, der Planeten und ihrer Monde nicht durch Stoßvorgänge gemessen, sondern es werden Massenverhältnisse „hypothetisch" so unterstellt, daß die Gravitationskräfte rechnerisch gerade die 3 Keplerschen Bewegungsgesetze ergeben. Die Kräfte können hier per definitionem eliminiert werden. Es bleiben aber in dieser Anwendung die Massen bloß hypothetisch. Sie sind jedoch keine „theoretischen Größen" (Sneed 1971). Denn in anderen Anwendungen, z.B. im Cavendish-Experiment, sind die Massen als träge Massen vorher durch Stoßvorgänge meßbar.

Wie zuerst Duhem deutlich gesehen hat, kann immer nur ein Gesamtsystem hypothetischer Kraftgesetze mit den Beobachtungen verglichen werden. Schon über die Entscheidung, ob bei Differenzen weitere Kraftgesetze eingeführt oder die bisherigen geändert werden sollen (das Newtonsche Gravitationsgesetz ist z.B. in der Einsteinschen Gravitationstheorie geändert), läßt sich nichts im allgemeinen sagen. Stellt man der theoretischen Physik die Aufgabe, ein Gesamtsystem von Kraftgesetzen aufzustellen, so sind nur solche Gesamtsysteme mit der Erfahrung, den Meßergebnissen, konfrontierbar.

Der Status der Protophysik ist von dem der hypothetischen Kraftgesetze verschieden. Das heißt nicht, daß in der Protophysik keine Kritik, keine Revision stattfinden sollte — es heißt nur, daß Kritik hier anders argumentieren sollte als in der empirischen Physik.

Die Erklärungen, die bisher verwendet wurden, heißen in der Wissenschaftstheorie funktionale (oder auch „nomologische") Erklärungen. Sie sind zu unterscheiden von den K a u s a l e r k l ä r u n g e n,

die in der philosophischen Tradition immer die wichtigste Rolle ge-
spielt haben. Funktionale Erklärungen „erklären" einen Zustand
(oder Vorgang) dadurch, daß ein Gesetz (ein Allsatz, insbesondere
eine Funktion) angegeben wird, das den Zustand (oder Vorgang)
als Einzelfall dieses Gesetzes liefert. Mellontisch (= futurisch) liefert
das Gesetz eine Voraussage, pseudomellontisch eine (nachträgliche)
Erklärung. (Vgl. hierzu Kap. I, 4.)

Kausalerklärungen setzen dagegen voraus, daß Verlaufsgesetze
(Hypothesen) schon angenommen sind. Sie suchen eine „Ursache"
dafür, daß ein gewisser Zustand (Vorgang) eingetreten ist, obwohl
zunächst – nach meist stillschweigend angenommenen Hypothesen
und aufgrund einer ebenfalls stillschweigend vorausgesetzten Zustandsbeschreibung – etwas anderes zu „erwarten" war, d.h. ein
anderer Zustand (Vorgang) sich als „notwendig" ergeben hätte.

Diese Frage nach einer Ursache (die stets relativ ist zur Zustandsbeschreibung und unserem Gesetzeswissen) hat ihren Ursprung im
moralisch-rechtlichen Bereich, wo nach einer Tat gesucht wird, durch
die ein Schaden bewirkt wurde. Ob der Täter dieser Tat dann „schuldig" ist, ist eine getrennt zu behandelnde Frage.

In der Umgangssprache gehen „Schuld" und „Ursache" häufig
durcheinander: daß der Verursacher schuldlos sein kann, will das
„gesunde Volksempfinden" oft nicht wahr haben. Andererseits sagt
man z.B. gern, daß das feucht-kalte Wetter „schuld" daran sei, daß
wieder einmal „so" viele Leute erkältet seien. Oder daß „die sozio-
ökonomischen Verhältnisse" daran „schuld" seien. Um einen Vorschlag zu formulieren, auf welche Weise in solchen Zusammenhängen
sinnvoll von „Ursache" gesprochen werden könnte, sei der übersicht-
liche Fall der Physik genommen, in dem eine Zustandsbeschreibung
S_{t_0} im Zeitpunkt t_0 vorliegt und ein physikalisches (vermeintliches)
Wissen, nach dem sich der Zustand S_t im Zeitpunkt $t > t_0$ nach
einer Formel

$$S_t = F_{\delta_0} (S_{t_0}) \qquad \text{mit } \delta_0 = t - t_0$$

berechnen läßt.

Es sei S_{t_0} „beobachtet" worden, ein Zweifel an dem „Wissen"
(das in der Transformationsgruppe F steckt) sei unangebracht, aber
es trete nicht S_t, sondern S_t' ein. Irgendetwas stimmt dann also
nicht. Es wird eine Kausalerklärung gesucht. Es sei nun angenom-

men, man finde z.B. einen Täter, der – ohne daß es bisher bemerkt wurde – den Zustand S_{t_0} verändert hat. Er habe durch seine Tat (diese hat eine gewisse Dauer δ, dauert also von t_0 bis $t_1 = t_0 + \delta$) aus dem Zustand S_{t_0} den Zustand S_{t_1} hergestellt, und es sei

$$S'_t = F_{\delta_1}(S_{t_1}) \qquad \text{mit } \delta_1 = t - t_1.$$

Dann ist der Zustands u n t e r s c h i e d (zwischen S_t und S'_t) durch die Zustands ä n d e r u n g (von S_{t_0} zu S_{t_1}) „erklärt". Wir schlagen vor, dann die Zustandsänderung als d i e U r s a c h e des Zustandsunterschiedes zu bezeichnen. Die Zustandsänderung braucht dabei keine Tat zu sein – das ist nur der moralisch-rechtliche wichtige Fall –, sondern kann ein beliebiger Vorgang – er kann auch in Teilvorgänge, d i e U r s a c h e n, zerlegt werden – sein, der S_{t_0} in S_{t_1} verändert. Selbstverständlich darf dieser Vorgang aber nicht die nach F zu erwartende Änderung sein. Denn mit $S_{t_1} = F_\delta(S_{t_0})$ ergäbe sich $S'_t = F_{\delta_1}(S_{t_1}) = F_{\delta + \delta_1}(S_{t_0}) = F_{\delta_0}(S_{t_0}) = S_t$.

Die Frage, ob es zu einem beobachteten Zustandsunterschied (er sei symbolisch als Differenz $S'_t - S_t$ geschrieben) i m m e r eine Zustandsänderung in der Vergangenheit (von S_{t_0} zu S_{t_1} mit $t_0 < t_1 \leqslant t$) gegeben habe, die (relativ zu unserem Wissen F) die Differenz e r k l ä r t, nämlich die Berechnung $S_t = F_{\delta_0}(S_{t_0})$ zu $S'_t = F_{\delta_1}(S_{t_1})$ so verbessert, daß sie mit der Beobachtung übereinstimmt – diese Frage ist ersichtlich müßig. Sie kann nur als Aufforderung verstanden werden, uns um die Erklärung und Beobachtung zu bemühen. Evtl. sind dazu die Zustandsbeschreibungen zu ändern (z.B. neue Prädikatoren, „Faktoren", mit in die Beschreibung aufzunehmen, also bisher als irrelevant Vernachlässigtes als relevant zu erkennen), oder die Transformationsgruppe F ist zu ändern. Welche Forschungsstrategie eingeschlagen werden sollte, darüber läßt sich nichts im allgemeinen sagen. Manche Forscher werden gegenüber gewissen Transformationsgruppen F änderungsfreundlich sein, manche änderungsfeindlich. Die Wissenschaftstheorie im strengen Sinne sollte sich dazu nicht äußern – die Parteien werden innerhalb der Fachwissenschaft oder aufgrund der jeweiligen Kultursituation nach Argumenten zu suchen haben.

Man sollte auch nicht voraussagen, daß die Spezies „homo sapiens" ihre Versuche, immer mehr kausal zu erklären, nie aufgeben wird.

Man darf aber behaupten, daß durch die Kausalerklärung (und nur durch sie) funktional Unerklärtes [$(S_t' \neq F_{\delta_0}(S_{t_0}))$] zu funktional Erklärtem [$(S_t' = F_{\delta_1}(S_{t_1}))$] wird. Als Interpretationshypothese sei vorgeschlagen, hierin den rationalen Kern der traditionellen Lehren vom „Kausalprinzip" zu sehen.

In dieser Interpretation ist das Kausalprinzip von Anfang an davor geschützt, mit der „Freiheit", d.h. mit unserem vernünftigen Handeln, zu kollidieren. Es ist ja selbst eine von uns begründete Norm des vernünftigen Handelns, nämlich unseres Handelns mit Symbolen beim Aufbau von Theorien.

Auch der im 19. Jahrhundert vollzogene Übergang von „klassischen" physikalischen Theorien zu „statistischen" Theorien läßt das Kausalprinzip unberührt. Hierbei hat sich vielmehr nur geändert, daß die „klassischen" B e s c h r e i b u n g e n (die im Falle der Mechanik von jeder Korpuskel neben der Masse Ort und Geschwindigkeit angaben) durch „statistische" B e s c h r e i b u n g e n ersetzt wurden.

Der Anlaß zu diesem Wechsel liegt nicht in der Gravitation oder Elektromagnetik, sondern darin, daß der Physik seit altersher nicht nur die Aufgabe gestellt ist, die Bewegungen von Körpern zu berechnen, sondern auch Licht-, Schall- und Wärmephänomene. Geschmacks- und Geruchsphänomene werden traditionell nicht in der Physik behandelt, sondern in der Chemie, deren wissenschaftstheoretischer Status (soweit er von der Physik verschieden ist) z.Z. zu ungeklärt ist, um hier behandelt werden zu können. (Auch das ganze Gebiet der Biologie, also alles dessen, was übrigbleibt, wenn wir die physikalisch-chemisch berechenbaren Vorgänge am einen Ende und die ethisch-politisch begreifbare Geschichte am anderen Ende des Kontinuums allen Geschehens abziehen, bleibt hier nicht nur aus Platzmangel unerörtert, vgl. Kap. II,4.)

Die Wärmelehre wird zunächst als eine „phänomenologische" Theorie ein Stück weit entwickelt, d.h., es werden empirisch Gesetze gesucht zur Erklärung (oder Voraussage) von Veränderungen, zu deren Beschreibung auch der Terminus „wärmer" gehört. Es ist ferner schon eine gewisse vorwissenschaftliche Wärmetechnik (von der Erfindung des Feuermachens bis etwa zu den Heizungsanlagen der Römer) vorauszusetzen, ehe es sinnvoll wird, eine physikalische Theorie der Wärme aufzustellen. Diese Aufgabe erfordert, die Wärmeerscheinungen per definitionem auf die Bewegung von Körpern zurückzuführen. Die sogenannte kinetische Wärmehypothese (schon 1738 von D. Bernoulli formuliert, aber erst seit der Mitte des 19. Jahrhunderts allgemein angenommen) definiert die Temperatur von Körpern (speziell von Gasen) durch die d u r c h s c h n i t t- l i c h e Bewegungsenergie der Moleküle. Für Heizungsanlagen ist es wichtig, daß diese Temperatur als eine metrische Präzisierung des bloß exemplarisch eingeführten Apprädikators „wärmer" annehmbar ist. Für die Technik der Wärmemaschinen (von der Wattschen Dampfmaschine bis zu den Verbrennungsmotoren von Otto oder Diesel) ist dieser ursprüngliche Zusammenhang dagegen irrelevant.

Seit der Thermodynamik hat es die Physik nicht mehr nur mit klassischen Beschreibungen von Zuständen zu tun, sondern mit statistischen Beschreibungen. Im einfachsten Fall wird nur ein Durchschnittswert, etwa der Geschwindigkeit von Gasmolekülen, angegeben.

Mittlerweile haben sich statistische Beschreibungen, ausgehend von den Wirtschaftswissenschaften (Versicherungswesen), überall durchgesetzt. Trinken in einer Bevölkerung 90% täglich 1/3 Flasche Bier, 10% täglich 7 Flaschen, so sagt die Statistik, daß jeder täglich „im Durchschnitt" 1 Flasche trinke. Angenommen, 1 Flasche sei der (gerechtfertigte) Bedarf, so ist „statistisch" der Bedarf befriedigt. Erst die genauere Statistik (1/3 bei 90%, 7 bei 10%) zeigt, daß der Bedarf nicht befriedigt ist. Entsprechend arbeitet auch die Thermodynamik mit Beschreibungen, die die Geschwindigkeits- v e r t e i l u n g angeben, nicht nur einen Durchschnittswert. Es bleibt aber dabei, daß hypothetisch Gesetze aufgestellt werden, die (klassische oder statistische) Beschreibungen S_{t_0} eines Zustands zum Zeitpunkt t_0 in eine (klassische oder statistische) Beschreibung S_t des Zustands zum Zeitpunkt $t = t_0 + \delta_0$ transformieren: $S_t = F_{\delta_0}(S_{t_0})$. Nehmen wir den Fall, daß zum Zustand eine unbekannte Anzahl von Elementen gehören (Moleküle eines Gases, Personen einer Bevölkerung usw.) und daß die v o r a u s g e s a g- t e Beschreibung enthält, daß n Elemente eine gewisse Aussageform $A(x)$ erfüllen. Die Häufigkeit von A — meist „relative Häufigkeit" genannt — wird definiert durch $\rho(A) = n/N$. Für die Häufigkeiten gelten aufgrund elementarer Arithmetik folgende Sätze:

(I) $\rho(A) = 1$, wenn alle Elemente A erfüllen;

(II) $\rho(A \vee B) = \rho(A) + \rho(B)$ für disjunkte Aussageformen A, B.

Definiert man die bedingte Häufigkeit $\rho_A(B)$ durch die Häufigkeit von B in der Untermenge der Elemente mit A, so gilt ferner

$$\rho(A \wedge B) = \rho(A) \cdot \rho_A(B).$$

Entnimmt man der Population ein Element x als „Stichprobe", so sagt man, daß $A(x)$ „mit der Wahrscheinlichkeit $\rho(A)$" gelten wird. Es handelt sich jetzt um die Voraussage $A(x)$. Ist $\rho(A) = 1$, so ist $A(x)$ n o t w e n d i g, ist $\rho(A) = 0$, so ist $A(x)$ u n m ö g l i c h. Für $0 < \rho(A) < 1$ ist $A(x)$ k o n t i n g e n t, d.h. möglich, aber nicht notwendig.

Für die Wahrscheinlichkeitstheorie ist zu begründen, unter welchen Bedingungen es sinnvoll ist, diese Kontingenzbehauptung dadurch zu verschärfen, daß man hinzufügt: je mehr sich $\rho(A)$ der 1 nähert, desto mehr wird aus der Kontingenz eine Notwendigkeit. Oder mit einem Komparativ formuliert: desto „notwendiger" wird $A(x)$.

Als metrische Präzisierung kann man dann $\rho(A)$ als „Notwendigkeitsgrad" von $A(x)$ einführen. Statt „Notwendigkeitsgrad" ist der Terminus „Wahrscheinlichkeit" üblich, der als Übersetzung von „verisimilitudo" eingeführt wurde. Je „wahrscheinlicher", desto ähnlicher der (notwendigen) Wahrheit.

Die Kontingenz von $A(x)$ bei einer „Stichprobe" zu verschärfen zu der Wahrscheinlichkeit $\rho(A)$ von $A(x)$, ist aber nicht sinnvoll, wenn man j e d e Entnahme eines Elementes eine „Stichprobe" nennt. Entnimmt man a b s i c h t l i c h ein x mit $A(x)$, so ist $A(x)$ auch für $\rho < 1$ notwendig. Bei einer „Stichprobe" muß ein Element z u f ä l l i g entnommen werden.

Zur Begründung von Wahrscheinlichkeitsaussagen muß daher zunächst die Z u f ä l l i g k e i t definiert werden. Dies gelingt durch die Benutzung von Z u f a l l s g e n e r a t o r e n, wie z.B. Würfeln oder Glücksrädern.

Ein Gerät mit Benutzungsvorschrift heiße ein „Zufallsgenerator", wenn es den folgenden Forderungen genügt:

(1) *Eindeutigkeit:* Jede korrekte Benutzung des Geräts (jeder „Versuch") ergibt als Resultat genau eine von endlich vielen Aussageformen $E_1, \ldots, E_m$ („Elementarereignisse").

(2) *Ununterscheidbarkeit:* Bei korrekter Benutzung sind alle Resultate in gleicher Weise technisch unerreichbar.

(3) *Wiederholbarkeit:* Nach jedem Versuch ist das Gerät wieder im selben Zustand wie vor dem Versuch.

Zur Begründung der Wahrscheinlichkeitstheorie nehmen wir das (historische) Faktum hinzu, daß in unserer Kultur technisch „gute" Zufallsgeneratoren hergestellt werden. Es gibt keine „vollkommenen" Zufallsgeneratoren, aber hinreichend gute Realisierungen der idealen Normen der Eindeutigkeit, Ununterscheidbarkeit und Wiederholbarkeit. Wird aus einer Menge $\{ x_1, \ldots, x_N \}$ von N Elementen ein Element x „zufällig" (das soll jetzt heißen: mit Hilfe eines Zufallsgenerators) entnommen und ist ρ die Häufigkeit der Aussageform A, dann ist zu begründen, daß der Voraussage $A(x)$ die Wahrscheinlichkeit ρ gegeben wird. Eine bloße Definition genügt nicht, da auch schon bei nicht-zufälliger Entnahme ρ als Wahrscheinlichkeit von $A(x)$ definiert werden könnte, dies aber — wie wir gesehen haben — unvernünftig wäre.

Eine Begründung bei z u f ä l l i g e r Entnahme von x erhält man, wenn man zunächst für jedes x_ν der Aussage $x = x_\nu$ eine Wahrscheinlichkeit w zuordnet.

Weil $x = x_1 \vee x = x_2 \vee \ldots \vee x = x_N$ aufgrund der Eindeutigkeit des Zufallsgenerators notwendig ist, setze man gemäß I:

$$w(x = x_1 \vee \ldots \vee x = x_N) = 1.$$

Da die Aussagen $x = x_1, \ldots, x = x_N$ ferner aufgrund der Eindeutigkeit des Zufallsgenerators paarweise inkompossibel sind, setze man gemäß II

$$w(x = x_1) + w(x = x_2) + \ldots + w(x = x_N) = 1.$$

Schließlich setze man aufgrund der Ununterscheidbarkeit des Zufallsgenerators

$$w(x = x_1) = w(x = x_2) = \ldots = w(x = x_N).$$

Das ergibt für alle $\nu = 1, \ldots, N$

$$w(\mathfrak{x} = \mathfrak{x}_\nu) = \frac{1}{N}.$$

Hat A die Häufigkeit ρ in $\{\mathfrak{x}_1 \ldots, \mathfrak{x}_N\}$, dann gibt es ρN Elemente $\mathfrak{x}_\nu$ mit $A(\mathfrak{x}_\nu)$. Die Wahrscheinlichkeit für $\mathfrak{x}$, eines dieser $\mathfrak{x}_\nu$ zu sein, ist nach II daher jetzt $\rho N \cdot 1/N$, d.h., $w(A(\mathfrak{x})) = \rho$.

Um diese Gleichung zu erreichen, haben wir für Aussagen A über die Resultate $\mathfrak{x}$ eines Zufallsgenerators zur Berechnung einer Wahrscheinlichkeit w folgendes postuliert:

I		$w(A) = 1$, wenn $A(\mathfrak{x})$ notwendig.

II		$w(A \lor B) = w(A) + w(B)$, wenn $A(\mathfrak{x})$ und $B(\mathfrak{x})$ inkompossibel.

III		$w(E_1) = w(E_2) = \ldots = w(E_m)$.

Zur Vereinfachung haben wir dabei – wie allgemein üblich – $w(A)$ statt $w(A(\mathfrak{x}))$ geschrieben.

I und II gründen sich auf die entsprechenden Sätze über Häufigkeiten, III gründet sich auf die Ununterscheidbarkeit der Zufallsgeneratoren.

Vor der Ausführung eines Versuchs mit einem Zufallsgenerator ist jede Elementaraussage über das Resultat $E_\mu(\mathfrak{x})$ für $\mu = 1, \ldots, m$ kontingent. Wir haben es hier aber aufgrund der Ununterscheidbarkeit mit einer besonderen Kontingenz zu tun. Die Besonderheit liegt darin, daß hier – wie etwa beim Roulette – eine Fülle von Kausalwissen benutzt wird, um solche Generatoren h e r z u s t e l l e n, so daß (nach unserem besten Kausalwissen) keine Unterscheidung der möglichen Ergebnisse getroffen werden kann, ehe sie eingetreten sind. Daß „rot" im Roulette „notwendiger" sei als „schwarz", d a r f nach Konstruktion des Roulettes nicht behauptet werden. Die Forderung der Ununterscheidbarkeit ist eine Forderung an die Herstellung von Zufallsgeneratoren. Man weiß über $E_\mu(\mathfrak{x})$ mehr, als daß es bloß kontingent ist. Es sei vorgeschlagen, die Aussagen $E_\mu(\mathfrak{x})$ „t o t a l - k o n t i n g e n t" oder kürzer „z u f ä l l i g" zu nennen. In dieser Terminologie sind die „Zufallsgeneratoren" Geräte (Versuchsanordnungen), deren Resultate z u f ä l l i g sind.

Für die Zusammenfügung I - III der Berechnung von Wahrscheinlichkeiten mit den Zufallsgeneratoren muß aber noch geklärt werden, wieso denn den Resultaten eines Zufallsgenerators eine

H ä u f i g k e i t zugesprochen wird. Dies geschieht durch Heran-
ziehung der Wiederholbarkeit.

Es werde mit einem Zufallsgenerator eine Versuchsreihe der Länge L durchgeführt. Für jede adjunktiv aus $E_1, \ldots, E_m$ zusammengesetzte Aussage A läßt sich dann einerseits nach I - II die Wahrscheinlichkeit $w(A)$ berechnen, andererseits die Häufigkeit $\rho_L(A)$
von A in der Versuchsreihe der Länge L berechnen. Für jedes positive ϵ läßt sich ferner eine Wahrscheinlichkeit w_L von
$|\rho_L(A) - w(A)| < \epsilon$ berechnen. Diese Aussage $|\rho_L(A) - w(A)| < \epsilon$
ist nämlich eine Aussage über b e l i e b i g e Versuchsreihen der
Länge L. Es gibt m^L solche Versuchsreihen. $w_L(|\rho_L(A) - w(A)| < \epsilon$
ist die Häufigkeit von Versuchsreihen der Länge L, die die Aussage
$|\rho_L(A) - w(A)| < \epsilon$ erfüllen. (Daß diese Häufigkeit die gesuchte
Wahrscheinlichkeit ist, ergibt sich daraus, daß alle m^L Versuchsreihen – genauer: die m^L Resultate von Versuchsreihen der Länge
L – gleiche Wahrscheinlichkeit haben. Aufgrund der Wiederholbarkeit sind nämlich auch diese m^L Resultate ununterscheidbar.) Nach
Bernoulli konvergiert nun die Wahrscheinlichkeit $w_L(|\rho_L(A) -$
$- w(A)| < \epsilon$ für $L \curvearrowright \infty$ gegen 1. Das ist das „schwache Gesetz der
großen Zahlen":

$$\lim_{L \curvearrowright \infty} w_L(|\rho_L(A) - w(A)| < \epsilon) = 1.$$

Es bedeutet: die Aussage, daß die Häufigkeit $\rho_L(A)$ bis auf ϵ genau
$w(A)$ ist, wird mit wachsendem L beliebig genau zu einer Notwendigkeit. Ungenau gesprochen: Die Wahrscheinlichkeit i s t die
„Häufigkeit auf Dauer". Erst dieser Bernoullische Satz rechtfertigt
es, für die Aussagen über Versuche mit Zufallsgeneratoren als „Wahrscheinlichkeit" eine nach den Sätzen I, II für Häufigkeiten zu be-
rechnende Zahl zu definieren.

Bei geometrischen Zufallsgeneratoren, z.B. Glücksrädern, gibt
es keine Elementarereignisse. Das Glücksrad bleibt zwar an einer
Stelle stehen, es wäre aber unsinnig, jedem „Punkt" eine (positive)
Wahrscheinlichkeit zuzusprechen. Statt dessen wird die Kreislinie
b e l i e b i g in endlich viele g l e i c h l a n g e Intervalle eingeteilt – und jedes dieser Intervalle erhält die g l e i c h e Wahrscheinlichkeit. Hat die Kreislinie die Länge 1, so wird dadurch die Wahrscheinlichkeit eines beliebigen Intervalls einfach seine Länge. Für

einen Zufallsgenerator, der auf „zufällige" Weise an einer Stelle eines Rechtecks (mit dem Flächeninhalt 1) stehen bleibt, wird man — unter entsprechenden Bedingungen — als die Wahrscheinlichkeit dafür, daß sich diese Stelle innerhalb einer Teilfläche befindet, den Flächeninhalt der Teilfläche definieren. Diese Definition ist genau so „willkürlich" bzw. „vernünftig" wie die Definitionen des Flächeninhaltes selbst als Grenzwert der Flächeninhalte von Teilrechteckssummen.

Als Verschärfung von II erhält man so die „Volladditivität"

$$(\text{II}_\sigma) \; w \, (V_\nu A_\nu) = \Sigma_\nu \, w \, (A_\nu)$$

für jede Folge A_* mit paarweise inkompossiblen $A_{\nu 1}, A_{\nu 2}$. Aufgrund der Ergebnisse der modernen Maßtheorie (Borel, Lebesgue, Fréchet) hat Kolmogorov (1933) zeigen können, daß die angegebene Definition der Wahrscheinlichkeit immer dazu führt, daß — in mengentheoretischer Terminologie — ein normiertes volladditives Maß auf einem σ-Mengenkörper definiert ist, also immer zu einem „W a h r - s c h e i n l i c h k e i t s f e l d" führt. Die diskreten Zufallsgeneratoren führen zu L a p l a c e s c h e n Wahrscheinlichkeitsfeldern. Die kontinuierlichen Zufallsgeneratoren führen zu L e b e s g u e - s c h e n Wahrscheinlichkeitsfeldern im n-dimensionalen Zahlenraum. Im Anschluß an v. Mises läßt sich außerdem zeigen, daß die Kombinationen von Zufallsgeneratoren zu Z u f a l l s a g g r e g a - t e n ebenfalls immer zu Wahrscheinlichkeitsfeldern führen — die dann allerdings i.a. nicht mehr Laplacesch oder Lebesguesch sind.

Diesen Kombinationen entsprechen Operationen, die auf Wahrscheinlichkeitsfeldern anzuwenden sind. Zunächst für e i n Wahrscheinlichkeitsfeld sind es die R e l a t i v i e r u n g e n („Teilungen" bei v. Mises), bei denen man von $w \, (A)$ zu $w_B \, (A) =$

$$= \frac{w \, (A \wedge B)}{w \, (B)}$$ für eine Menge B mit $w \, (B) > 0$ übergeht, und die

V e r g r ö b e r u n g e n („Mischungen"), durch die der Mengenkörper homomorph auf einen anderen abgebildet wird. Jede Urne, deren Kugeln verschiedene Farben haben, liefert eine solche Vergröberung, in dem sie die Kugeln (also deren Indizes) gleicher Farbe zu Mengen zusammenfaßt. Ein „falscher" Würfel liefert ein Wahrscheinlichkeitsfeld durch Vergröberung eines Lebesguefeldes. Wir reduzieren das Problem auf 2 Dimensionen, indem wir statt eines Würfels eine quadratische Säule „werfen".

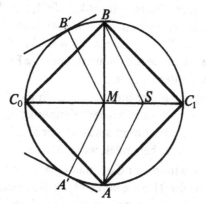

Der Schwerpunkt S sei vom Mittelpunkt M verschieden. Wir denken uns die Säule $C_0 A C_1 B$ in einem Zylinder (mit dem Umfang 1) eingeschlossen. Sie werde durch einen Zufallsgenerator so „geworfen", daß sie — wäre sie zylindrisch — mit gleicher Wahrscheinlichkeit innerhalb gleichlanger Stücke des (gedachten) Umfangs senkrecht ohne Drehimpuls auf einen Tisch fällt. Ohne den Zylinder fällt die quadratische Säule dadurch auf eine der 4 Seiten. Wir fragen nach der Wahrscheinlichkeit, daß C_0 oben liegen wird. Werden A' bzw. B' auf dem Kreisumfang dadurch bestimmt, daß $A'M$ bzw. $B'M$ parallel zu AS bzw. BS sind, dann ist die Länge des Kreisbogens $A'C_1B'$ die gesuchte Wahrscheinlichkeit. Ist die Lage von S bekannt, so läßt sich diese Wahrscheinlichkeit $w > 1/2$ berechnen. Ohne vorherige Bestimmung des Schwerpunktes findet man nur durch die Häufigkeit ρ_L von C_0 in genügend langen Versuchsreihen der Länge L nach dem Bernoullitheorem die „gut gestützte" Hypothese $w = \rho_L$ über die Wahrscheinlichkeit w, d.h., die Häufigkeiten $\rho_L \pm \epsilon$ hätten auch für kleines ϵ mit dieser Hypothese eine Wahrscheinlichkeit w_L nahe an 1.

Noch wichtiger als Relativierung und Vergröberung ist die P r o - d u k t b i l d u n g („Verbindung") mehrerer unabhängiger Zufallsaggregate. Erst durch sie kommt man ja von Generatoren zu Aggregaten. Die Unabhängigkeit ist hier — wie für die Wiederholbarkeit bei Generatoren — als technisch zu realisierende kausale Unabhängigkeit zu definieren: nach keinem Kausalwissen bewirkt ein Versuch mit einem Aggregat eine Veränderung der anderen Aggregate. Mathematisch führt die Produktbildung von Wahrscheinlichkeits- feldern zu einem neuen Wahrscheinlichkeitsfeld, dem Produktfeld. Nur mathematisch lassen sich auch (abzählbar) unendlich viele Fel- der multiplizieren: das liefert – wie z.B. im starken Gesetz der gro- ßen Zahlen – eine bequeme Möglichkeit, über die Produkte endlich, aber beliebig vieler Felder zu reden.

Kolmogorov zeigte darüber hinaus, daß auch die Verläufe sto- chastischer P r o z e s s e (die in jedem Zeitpunkt nur durch ein Wahrscheinlichkeitsfeld bestimmt sind) wieder als „Ereignisse" eines Wahrscheinlichkeitsfeldes behandelt werden können.

Seit Kolmogorov wird daher die „mathematische Wahrschein- lichkeitstheorie" als die Theorie von σ-Mengenkörpern mit einer „Wahrscheinlichkeit", von der axiomatisch nur I und II$_\sigma$ gefordert wird, betrieben.

Mit der trivialen Behauptung, man habe dadurch „Wahrschein- lichkeitstheorie" definiert, entziehen sich die Mathematiker der weiteren Überlegung, ob sie wirklich an a l l e n Modellen des Axiomensystems I - II$_\sigma$ interessiert sind.

Schon der Kolmogorovsche Satz über die Verläufe stochastischer Prozesse ist nur beweisbar unter der zusätzlichen Bedingung, daß man es mit dem Borelschen Mengenkörper gewisser topologischer Räume, insbesondere der sog. polnischen Räume, zu tun hat. Und in der Tat erfüllen alle Wahrscheinlichkeitsfelder, die durch Zufalls- aggregate definiert werden können, diese zusätzlichen topologischen „Axiome".

Jedes „polnische" Wahrscheinlichkeitsfeld ist darüber hinaus als Grenzwert (im Sinne der sog. vagen Konvergenz) von diskreten Wahrscheinlichkeitsfeldern darstellbar. Erst dieser Approximations- satz rechtfertigt es, alle polnischen Modelle „Wahrscheinlichkeits- felder" zu nennen. Die übrigen Modelle der Kolmogorov-Axiome sind wahrscheinlichkeitstheoretisch irrelevant. Dieser Irrelevanz kann man sich nicht dadurch entziehen, daß man trotzdem alle Mo- delle der Kolmogorov-Axiome „Wahrscheinlichkeitsfelder" n e n n t.

Für die Anwendungen ist man immer wieder auf eine Definition des Wahrscheinlichkeits b e g r i f f e s angewiesen. Diese Situation ist dadurch verschleiert, daß in den statistischen Anwendungen (die viel wichtiger sind als die ursprünglichen Anwendungen auf Glücksspiele) die Zufallsaggregate nicht explizit auftreten, sondern nur hypothetisch unterstellt werden. Wie die trägen Massen von Sonne und Planeten keine „theoretischen Größen" sind, so sind auch die Wahrscheinlichkeiten in der Statistik keine „theoretischen Größen". Sondern: in der Statistik wird mit der Fiktion gearbeitet, als ob die Beobachtungen Resultate von unbekannten (verborgenen) Zufallsaggregaten seien, „als ob Gott würfele". Der Zerfall radioaktiver Materie z.B. – der sich nach den Beobachtungen als exponentieller Zerfall beschreiben läßt – wird dadurch „erklärt", daß die Häufigkeit zerfallender Atome (wenn x die Anzahl der Atome und dx – infinitesimal formuliert – die Anzahl der zerfallenden Atome im Zeitintervall dt ist) proportional zu dt ist:

$$\frac{dx}{x} \sim dt.$$

Hieraus folgt durch Integration $\Delta \lg x = -K \Delta t$ für eine positive Konstante K, also das Exponentialgesetz:

$$x = x_0 \, e^{-K(t-t_0)}.$$

Die Zerfallshäufigkeit $K \Delta t$ in einem (hinreichend kleinen) Zeitintervall Δt wird ihrerseits dadurch „erklärt", daß für jedes Atom die W a h r s c h e i n l i c h k e i t, in Δt zu zerfallen, eben $K \Delta t$ sei. Es wird damit behauptet, daß das Zerfallen der Atome geschieht, a l s o b ein Zufallsgenerator die zerfallenden Atome „entnimmt".

Wie die Statistik (in der Physik oder in beliebigen anderen Wissenschaften) die Probleme solcher statistischer Hypothesen, speziell die Probleme ihrer Überprüfung, im einzelnen löst, gehört nicht mehr zu dem wissenschaftstheoretischen Problem, für den Grundbegriff „Wahrscheinlichkeit" allererst eine Definition zu finden u n d ihre Anwendbarkeit zu begründen.

Akustik und Optik als physikalische Theorien haben eine weitere entscheidende Komplizierung (und Bereicherung) in die Physik hineingebracht: die Theorie der Wellen.

Die Bemühung, Schallphänomene per definitionem auf die Bewegung von Körpern zurückzuführen, geht von der Schallerzeugung durch schwingende Körper (insbesondere von „Blättern" in Blas-

instrumenten, von „Saiten" auf Streichinstrumenten) aus. Für eine
Theorie der Schwingungsvorgänge muß die Mechanik zunächst nicht
nur zu einer Theorie der Bewegungen diskreter „Massenpunkte",
sondern auch zu einer Theorie der Bewegungen kontinuierlicher
Körper (Kontinua, insbesondere flüssiger und gasförmiger kontinuierlicher „Medien") entwickelt werden. Ein Kontinuum ist dabei
ein Körper, der eine räumliche Form ausfüllt (also ein Volumen
hat), und der in jedem inneren Punkt eine M a s s e n d i c h t e hat.
Bei Bewegungen von Kontinua, insbesondere Schwingungen fester
Körper oder Strömungen nicht-fester Körper, hat jeder innere
Punkt außerdem eine Geschwindigkeit. Die Beschreibung (zu einem
Zeitpunkt) hat das „Skalarfeld" der Massendichte und das „Vektor-
feld" der Geschwindigkeiten festzulegen. Auf Einzelheiten des
Übergangs von der Punktmechanik zur Mechanik der Kontinua kann
hier nicht eingegangen werden, es sei aber bemerkt, daß ein kor-
puskulares Modell der Kontinua (also die Aussage, daß ein Kontinuum „in Wirklichkeit" aus Molekülen, Atom, Elementarteilchen
oder was auch immer bestehe) keine Voraussetzung der Kontinuums-
mechanik ist. „Hypotheses non fingo" sagte Newton hierzu, wobei
er „Hypothese" im modernen Sinn von „Modell" gebrauchte, nicht
für Allsätze (wie sein Gravitationsgesetz), die wir als „Hypothesen"
bezeichnen. Wenn wir uns — wie üblich — in einem Luftmedium
befinden, entstehen Schallphänomene dadurch, daß der uns umge-
bende Luftkörper von außen in Schwingungen versetzt wird: es
wirkt von außen eine Kraft ein (z.B. durch Stoß), die sich nach in-
nen (als W e l l e) fortsetzt und in jedem Punkte des Mediums eine
Änderung der Kraftdichte (Druck = Kraft pro Fläche) bewirkt. Bei
periodischen Druckänderungen von außen entstehen periodische
Wellen. Die einfachste periodische Schwingung ist die Sinusschwin-
gung, die sich aus der Hypothese linearer Kraftänderung (linearer
Oszillator) ergibt. Diese einfachste Hypothese bleibt trotz ihrer
Einfachstheit Hypothese, d.h. im Hypothesensystem empirisch
überprüfbar.

Periodische Wellen (insbesondere in Luft) innerhalb eines gewissen Frequenzbereichs sind als Töne hörbar. Man definiert Tonhö-
hendifferenzen als gleich (wie schon im Prinzip bei den Pythagoreern),
wenn die Frequenzverhältnisse gleich sind. Die empirische Untersuchung der Tonhöhenwahrnehmung gehört zur musikalischen Aku-

stik, die Physik hat es nur mit den Schwingungsbewegungen von Kontinua zu tun. Technische Anwendungen z.B. des Ultraschalls sind für die Physik ein hinreichendes Motiv, diese Bewegungen zu untersuchen – auch dann, wenn alle Leute plötzlich taub sein sollten.

Die Physik hat sich ebenso davon gelöst, daß der normalsinnige Mensch nicht blind ist. Nach einer phänomenologischen Theorie der Optik, deren Sprache Termini wie „heller" und „dunkler" und Farbprädikatoren enthält, sind die Lichterscheinungen auf die Bewegung von Körpern zu reduzieren. „Licht" wird in der Physik definiert durch wellenförmige Änderungen elektromagnetischer Felder. Die Kraft pro Ladung heißt „Feldstärke". – Man erinnere sich daran, daß Kraft als Impulsänderungsrate definiert war, die hier auf Körper mit elektrischer Ladung wirkt. Die Untersuchung der Lichtwahrnehmung gehört zur Farbenlehre, zur Physik gehören nur die durch elektromagnetische Wellen bewirkten Bewegungen, für sie ist der Farbton „reiner" Farben eine Wellenfrequenz. Die Physik steht zwar im Dienste vor allem der hörenden und sehenden Menschen, sie beschränkt ihre Beschreibungen aber – um der besseren Beherrschbarkeit der Naturvorgänge willen – auf das Meßbare an der Bewegung von Körpern (nicht etwa auf das Tastbare!): auf Länge und Dauer. Nur diese Meßgrößen sind durch ständig verfeinerbare Meßverfahren zu gewinnen, alle anderen Messungen – es sei denn, es fiele irgendjemand eine Erweiterung der Protophysik um ein neues Gebiet ein – sind auf diese fundamentalen Meßgrößen zu reduzieren. Dieses Fundament hat zwar in der Neuzeit zum „mechanistischen Weltbild" geführt – aber kein Physiker ist verpflichtet, ein „Weltbild" zu haben, er sollte statt dessen begreifen, was er tut.

Auch die Atomphysik, die es mit neu entdeckten Kräften (über Gravitations- und elektromagnetische Felder hinaus) zu tun hat, erzwingt kein neues „Weltbild". Die Wissenschaftstheorie kann dem Physiker ebensowenig wie irgendeinem anderen Fachwissenschaftler Ratschläge darüber geben, wie er mit seinen Methoden neue Probleme bewältigen kann – die Wissenschaftstheorie kann nur zu einem kritischen Verstehen der Methoden und ihrer Zwecke führen.

3. Theorie des politischen Wissens

Die bisher behandelten Wissenschaften (Mathematik und technische Wissenschaften) gehören in die Tradition der „theoretischen" Philosophie. Ihr steht seit Aristoteles die „praktische" Philosophie gegenüber, eingeteilt in Ethik, Ökonomik und Politik. Diese Unterscheidung von „theoretisch" und „praktisch" findet sich auch noch bei Kant in der Kritik der „theoretischen" Vernunft gegenüber der Kritik der „praktischen" Vernunft.

Seit dem 19. Jh. hat sich im französischen und englischen Sprachgebrauch der Terminus „science" allein für die Wissenschaften in der Nachfolge der „theoretischen" Philosophie durchgesetzt (im Anschluß an die scholastische Unterscheidung von „scientia" gegenüber „prudentia"). Im deutschen Sprachgebrauch setzt sich dagegen der Terminus „Wissenschaft" seit dem 19. Jh. auch für die Nachfolgedisziplinen der „praktischen" Philosophie durch. Bis heute ist es üblich, die „Geisteswissenschaften" den „Naturwissenschaften" gegenüberzustellen. Dabei wird dann z.B. die Mathematik der „Natur" zugeschlagen, obwohl ersichtlich diese Disziplin allein dem „Geist" ihre Entstehung verdankt.

In der gegenwärtigen Reflexion auf die Wissenschaften, die unter dem — etwas hochgegriffenen — Namen „Wissenschaftstheorie" betrieben wird, wirkt sich diese Differenz von „scientia" und „Wissenschaft" so aus, daß Wissenschaftstheorie überwiegend als *analytische* Wissenschaftstheorie nur eine Übersetzung der englisch-amerikanischen „philosophy of science" ist. Ethik, Ökonomik und Politik werden dadurch entweder „unwissenschaftliche" Disziplinen („Begriffslyrik") oder sie werden wie die Naturwissenschaften als empirische Wissenschaften betrieben: wertfreie Beschreibungen der faktischen Meinungen über gut und böse, über gerecht und ungerecht usw. mit dem (vergeblichen) Bemühen, auch hier „Bewegungsgesetze" für diese „Fakten" zu finden.

Im ethisch-politischen Bereich sind „wertfreie" Beschreibungen eine Illusion, weil ohne „Werte" keine Entscheidung getroffen werden kann, was als „relevant" in die Beschreibung aufgenommen werden soll, und was als „irrelevant" ausgeschlossen werden darf.

Die hier dargestellte *konstruktive* Wissenschaftstheorie unterscheidet sich von der analytischen Wissenschaftstheorie auch da-

durch, daß für den ethisch-politischen Bereich das Vorbild der
„scientia" nicht akzeptiert wird. Diese Frontstellung gegenüber
dem Scientismus teilt die konstruktive Wissenschaftstheorie mit
der Hermeneutik (von Schleiermacher und Dilthey bis Gadamer)
und mit der Dialektik (von Hegel bis Habermas). Methodisch unterscheidet sich die konstruktive Wissenschaftstheorie aber von der
Hermeneutik und Dialektik durch die sprachkritische Wende
(„linguistic turn"): das Beiwort „konstruktiv" kennzeichnet die
Aufgabe, die sprachlichen Mittel für alle Wissenschaften erst zu
konstruieren, zumindest sie kritisch zu rekonstruieren. Die Verwendung der Bildungssprache geschieht immer nur „protreptisch",
wie in der Einleitung schon gesagt wurde.

Was die Ziele (im Unterschied zu den Wegen, den Methoden) in
der konstruktiven Theorie einer Wissenschaft anbetrifft, so waren
diese bisher, also für Mathematik und Technik, unproblematisch:
diese Wissenschaften haben das Ziel, für die vorwissenschaftliche
Praxis des handwerklichen Tuns und Redens durch Theorien zu
einer effizienteren technischen Praxis zu kommen.

Für die ethisch-politischen Wissenschaften ist gerade die Zielsetzung gegenwärtig das strittigste Problem. Man vermeidet das
Problem, wenn man „Politik" als Machtpolitik *definiert*. Dann
bleibt für politische Wissenschaften (Theorien) nur die Aufgabe,
den technisch-strategischen Umgang mit Menschen (und Organisationen) effizienter zu machen: effizienter für die Machterhaltung
herrschender Gruppen oder für den Machterwerb beherrschter
Gruppen. Die Kunst des Verstehens (Hermeneutik) und jede Erkenntnis von „Bewegungsgesetzen" der zu wirtschaftlichen Zwecken
vergesellschafteten Menschen (Dialektik) werden dann zu Mitteln
einer Sozialtechnik der Machterhaltung oder des Machterwerbs.
Jeder Versuch eines Rückgriffs auf die „praktische" Vernunft von
Aristoteles erscheint hier aussichtslos. Allenfalls läßt sich die Berufung auf „Gerechtigkeit" (auf das „gute Leben" durch Teilnahme
an gerechter Ordnung des Zusammenlebens) rhetorisch für die
Machtkämpfe verwenden.

Insbesondere erschwert das Wort „praktisch" selbst die Aufgabe, für eine politische Ethik über bloße Rhetorik hinauszukommen. Da wir den *praktischen* Politiker (also denjenigen, der in der
Gesetzgebung – aber auch in der Verwaltung – zu Entscheidungen

befugt ist – vom *theoretischen* Politiker, also dem Politikwissenschaftler (speziell: dem Politologen) zu unterscheiden gewohnt sind, klingt die Berufung auf „praktische Vernunft" so, als ob behauptet werden solle, daß die Entscheidungen der praktischen Politik besser von Wissenschaftlern getroffen werden könnten.

Im Gegensatz zu der aristotelisch-kantischen Tradition des Wortes „praktisch" wird im gegenwärtigen Sprachgebrauch (und in der Philosophie von allen, die die pragmatische Wende unseres Jahrhunderts – beginnend mit dem Pragmatizismus von Peirce – mitgemacht haben) das Gegensatzpaar „theoretisch-praktisch" ganz anders gebraucht. Es gibt in der Technik *und* in der Politik einerseits *Praktiker*, die die Entscheidungen treffen, andererseits gibt es für die Technik *und* für die Politik *Theoretiker*, die Theorien als geistige Instrumente für die Praktiker ausarbeiten. Für die praktischen Entscheidungen beim Bau einer Brücke ist nicht der theoretische Physiker zuständig, sondern der leitende Ingenieur.

Für die praktischen Entscheidungen in der Gesetzgebung, in der Verwaltung und in der Rechtsprechung sind ebenso nicht die Politikwissenschaftler, die Staats- und Rechtswissenschaftler zuständig, sondern die Parlamentarier, die Verwaltungsbeamten und die Richter.

Für die Technik ist es unproblematisch, daß Mathematik und Physik Theorien als geistige Instrumente zur Stützung einer (effizienteren) Praxis liefern. Auch für die Richter ist unbestritten, daß sie ihr geistiges Rüstzeug vorher auf Universitäten (also von Rechtswissenschaftlern) gelernt haben müssen. Für Verwaltungsbeamte gibt es im höheren Dienst entsprechende theoretische Vorbildungen – nur für Parlamentarier als Gesetzgeber gibt es in den modernen Demokratien kein verbindliches geistiges Rüstzeug.

Obwohl der Name „praktische Philosophie" obsolet ist, stellt uns diese von Aristoteles begründete Tradition vor die Aufgabe, Ethik, Ökonomie und Politik als Wissenschaften zu begründen, die die Praktiker in Staat und Gesellschaft (insbesondere die Gesetzgeber) geistig ausbilden und beraten. Theorien sollen die Praxis stützen, d.h. die Entscheidungen werden von Praktikern gefällt, aber die Wissenschaften müssen – neben der Ausbildung – langfristige Orientierungen, Richtlinien, Prinzipien erarbeiten.

In dieser Vorbetrachtung zu einer konstruktiven Theorie des politischen Wissens wird die gegenwärtige Bildungssprache zu protreptischen Zwecken gebraucht. Es wird versucht, den Leser dahin zu führen, wo er den Ansatz zu ethisch-politischen Wissenschaften überhaupt finden kann — entgegen der herrschenden Meinung, daß es in ethischen Prinzipienfragen keine wissenschaftliche Klärung geben könne. Nach herrschender Meinung ist hier aus „intellektueller Redlichkeit" (Nietzsche) ein Pluralismus von unverträglichen „letzten Werten" zu akzeptieren. Politisch bleibt Toleranz der einzige Weg, trotzdem friedlich — Friede kann hier nur ein labiler Waffenstillstand sein — zusammenzuarbeiten. Für die gegenwärtige Politik heißt Toleranz, daß Meinungsfreiheit bestehen soll — und daß Gesetze allein durch Mehrheitsentscheidungen verbindlich werden. Mehrheitsentscheidungen (die „Diktatur der 51%") sind ersichtlich nur eine Notlösung — im England des 17. Jh. entstanden aus der Not der Religionskriege.

Seit der Neuzeit, insbesondere seit der Aufklärung des 18. Jh. gibt es in Europa keine traditionalen Autoritäten mehr, deren „Werte" von der großen Mehrheit der Bürger in selbstverständlicher Weise anerkannt werden. Auch die Loyalität zu Fürstenhäusern liefert keine Mehrheiten mehr für die Gesetzgebung. Wir leben, wie man sagt, in einer „posttraditionalen" Zeit — in dieser Hinsicht das 5. und 4. Jh. der klassischen griechischen Polis wiederholend.

Wie sieht die post-traditionale Praxis der Gesetzgebung bei uns aus? Durch allgemeine, freie Wahlen werden Parlamente aus Berufspolitikern gebildet, und diese wählen ein Kabinett von Ministern. Die Praxis der Gesetzgebung, das ist dann das Argumentieren der gewählten praktischen Politiker über Gesetzesänderungen. Zu diesem Argumentieren gehört, insofern es nicht nur Rhetorik ist, viel Sachverstand, insbesondere juristischer und wirtschaftlicher Sachverstand. Dieser Sachverstand steht den praktischen Politikern durch die Regierungsbürokratie ausreichend zur Verfügung als „sozialtechnisches" Wissen.

Technisches (auch sozialtechnisches) Wissen berät darüber, was — mit welchem Aufwand und welchen Risiken — machbar ist. Die Entscheidung, was von dem Machbaren („Erreichbaren") gemacht wird, bleibt bei den praktischen Politikern. Sie müssen über die Zwecke entscheiden — und sich in der Wahl der Mittel auf techni-

sches Wissen verlassen. Häufig sind Zwecke nur Mittel für Oberzwecke. Dadurch verschiebt sich das Problem aber nur bis zu „obersten Zwecken". Und hier wird die Posttraditionalität akut: die
Gruppe der praktischen Politiker (in den Parlamenten und Kabinetten) ist nur ein Abbild der pluralistischen Bürgerschaft. Die Entscheidung zu obersten Zwecken orientiert sich an individuellen
„Wertvorstellungen". Die Überlegungen hierzu gleiten unvermeidlich in ein Psychologisieren ab. Aufgrund unserer religiösen Tradition erscheint es so, als ob ein „oberster Zweck" etwas Heiliges
sei, das dem Einzelnen nur durch sein „Gewissen" zugänglich ist.

Die Stufung der Zwecke in Unterzwecke und Oberzwecke gehört aber zur aristotelischen Philosophie und damit zum profanen
Leben. Ausgangspunkt sind die afinalen Handlungen des einfachen
Lebensvollzuges, wie Essen und Trinken. Dies sind keine Mittel zu
höheren Zwecken — aber man kann sich die afinalen Handlungen
zum Zweck machen. Das heißt, daß man Mittel sucht, die diese
Lebensvollzüge ermöglichen. Nahrungs*mittel* zu suchen, erfordert
schon in primitiven Kulturen vielerlei Vorbereitungen, z.B. die Herstellung von Jagdwaffen oder den Ackerbau im Rhythmus der Jah-
reszeiten. Auf diese Weise werden viele Lebensvollzüge immer vermittelter und sie ändern dabei ihre Form. Die Lebensvollzüge bleiben als oberste Zwecke — aber es bilden sich *nach unten* immer
längere Mittel-Zweck-Reihen, die als „Arbeit" vor dem Vollzug zu
leisten sind. In Hochkulturen sind die meisten Lebensvollzüge
hochvermittelt. Das Leben differenziert sich zugleich in eine Vielfalt von *Lebensformen*. Im profanen Denken der Posttraditionalität gibt es nur diese Lebensformen als oberste Zwecke. Alle anderen Zwecke sind ihnen untergeordnet.

Für die Handlungen, die nur Mittel sind, spezialisieren sich die
technischen Berufe, vom archaischen Schmied bis zum modernen
Software-Ingenieur. Die Verselbständigung der Mittel (z.B. von
Geld) zum „Selbstzweck" ist eine bekannte Entartung in allen
Hochkulturen. Wir kennen diese Entartung insbesondere unter dem
wirtschaftlichen Druck, der zu Ausbeutung und entfremdeter Arbeit führt.

Die ethisch-politische Forderung nach einer Verträglichkeit der
vielfältigen obersten Zwecke — also nach einem friedlich konkurrierenden Miteinander der hochvermittelten Lebensformen in unserer

posttraditionalen Kultur – diese Forderung ist offensichtlich so weit entfernt von der gegenwärtigen Wirklichkeit, daß es inopportun erscheint, sie überhaupt zu formulieren. Trotzdem: die Lebensformen sind nichts Starres, Unveränderliches. Die Lebensformen mit den zugehörigen Sinngehalten (in den Köpfen der Bürger) sind historisch entstanden und sie wandeln sich im Kulturprozeß. Die politischen Wissenschaften sind der Ort, an dem der Wandel der Lebensformen reflektiert wird – von hier geht in posttraditionaler Zeit der Impuls aus, die gegenwärtigen Lebensformen in ein verträgliches System von obersten Zwecken zu transformieren: um eines stabileren Friedens willen. Solange Lebensformen nur im Kampf gegeneinander stehen, jede Lebensform sich nur auf Kosten anderer durchzusetzen sucht, solange haben wir latenten Bürgerkrieg, allenfalls einen labilen Frieden. Die Aufgabe ethischer Politik ist, die Verträglichkeit einer Vielfalt von Lebensformen durch Gesetzgebung und Verwaltung zu fördern. Sie hat nicht die Aufgabe, im Machtkampf um die obersten Zwecke Partei zu ergreifen. Dieser Unterschied zwischen ethischer Politik und Machtpolitik wird bei uns rhetorisch verdeckt durch ideologische Berufung auf „letzte Werte" – noch jenseits des Friedens. Der praktische Politiker entscheidet „nach bestem Wissen und Gewissen" – so lautet die rhetorische Formel, die machtpolitische Praxis verdeckt.

Wer diese Rhetorik durchschaut, indem er z.B. den „desillusionierenden" Gedanken von Marx, Darwin oder Freud folgt, ersetzt das „Gewissen" durch wirtschaftliche Interessen, erlernte Reaktionen oder verdrängte Triebe. Wer dagegen zuviel Kultur- und Geistesgeschichte gelesen hat, ersetzt das Gewissen durch – individuell verschiedene – Reste moralischer und religiöser Traditionen. In allen Fällen (und selbstverständlich gibt es viele Varianten zwischen Dogmatismus und Skeptizismus bzgl. der Wertvorstellungen) ergibt sich ein Pluralismus unverträglicher oberster Zwecke. Es bleibt an die Auswahl der praktischen Politiker gebunden, welche Lebensformen als oberste Zwecke durchgesetzt werden.

Ob sich Mehrheiten mit verträglichen Lebensformen als obersten Zwecken finden, bleibt kontingent („zufällig"). Notfalls werden Mehrheiten durch Kompromisse gebildet, indem – vorübergehend – auf die volle Durchsetzung der eigenen obersten Zwecke verzichtet wird.

Für die Innenpolitik verzichten die praktischen Politiker der modernen Demokratie auf Gewalt. Es wird solange verhandelt, bis ein Kompromiß mehrheitsfähig ist. Die Unverträglichkeit der obersten Zwecke (insbesondere, wenn dies wirtschaftliche Interessen von Teilgruppen sind) wird dabei als unabänderlich, als „naturgegeben" hingenommen. Der Grundkonsens der Demokraten besteht darin, daß, trotz der Unverträglichkeit der obersten Zwecke, die nur mehrheitlich ausgehandelten Gesetze von allen gemeinsam anerkannt werden. Der Pluralismus der obersten Zwecke führt durch den Gewaltverzicht scheinbar zu einem friedlichen Miteinander. Kritisch betrachtet ergibt sich aber nur ein Gegeneinander ohne Krieg. Der innenpolitische Frieden ist ein freiwillig anerkannter Frieden nur für die Mehrheit. Der Schutz der Minderheiten steht zwar in den Verfassungen, ist aber in der Verfassungswirklichkeit stets durch Mehrheitsbeschlüsse bedroht. Der innenpolitische Frieden ist außerdem nur ein labiler Zustand. Solange die obersten Zwecke unverträglich sind, droht die Gefahr eines Bürgerkriegs. Nur eine Pluralität miteinander verträglicher Lebensformen als oberster Zwecke kann zu stabilem Frieden führen. Die modernen Demokratien sind dagegen eine Methode, mit dem Pluralismus (unverträglicher) oberster Zwecke zu überleben. Die friedliche Alternative zum modernen Pluralismus ist nicht die gewaltsame Durchsetzung eines obersten Zweckes. Dadurch wird der latente Bürgerkrieg nicht aufgehoben, sondern nur effizienter verdeckt als in Demokratien.

Eine friedliche Alternative zum modernen Pluralismus ist nur als eine Aufgabe der Wissenschaft in Angriff zu nehmen: die Vielfalt der Zwecke (die ein Kennzeichen jeder Kultur ist) ist unter der Bedingung der Posttraditionalität in eine Pluralität miteinander verträglicher Lebensformen als oberster Zwecke umzudenken.

In traditionalen Kulturen besteht kein Bedarf für ethisch-politische Wissenschaften. Es genügt die gelehrte Auslegung der Tradition, insbesondere gewisser heiliger Bücher. Erst unter der Bedingung der Posttraditionalität entsteht die Herausforderung an das Denken, über die Unverträglichkeit von obersten Zwecken hinauszukommen. In den modernen Demokratien, die durch Verzicht auf ethisch-politische Theorie und durch die Praxis der Kompromisse überlebt haben, hat die institutionalisierte Wissenschaft zwar die Möglichkeit, sich zu einem freien Konsens in Prinzipienfragen durchzuarbeiten – aber sie hat diese Möglichkeit bisher nicht ergriffen. Über die Gründe nachzudenken, die bei uns die Rechts- und Staatswissenschaften (häufig „Sozialwissenschaften" genannt) zu einem Abbild der Widersprüche (d.h. der Unverträglichkeiten) in unserer pluralistischen Gesellschaft gemacht haben, ist eine Aufgabe der Geschichtsschreibung.

In der Wissenschaftstheorie geht es um die Frage, wie ethisch-politische Wissenschaften, die zu einem allgemeinen freien Konsens in Prinzipienfragen (und daher zu einer Vielfalt *verträglicher* oberster Zwecke) führen, methodisch überhaupt „möglich" sind.

Der Ausgangspunkt ist die politische Praxis der Gesetzgebung. Im Gegensatz zur technischen Praxis, in der – im wörtlichen Sinne – gehandelt wird (mit den Händen gearbeitet wird), ist die politische Praxis eine verbale Praxis. Es wird argumentiert (sog. Kopfarbeit: Mundwerk statt Handwerk). Diese Argumentationspraxis so zu verbessern, daß (innenpolitisch) ein Frieden, der auf allgemeiner freier Anerkennung der Gesetze beruht, hergestellt und bewahrt wird – das ist die Aufgabe ethisch-politischer Theorie. Erst nach der Klärung dessen, was innenpolitisch einen Staat allgemeiner freier Zustimmung (mit dem römischen Terminus: eine „Republik") ausmacht, kann über das außenpolitische Handeln solcher Staaten beraten werden.

Weil praktische Politik ein Mundwerk ist, ist sie an eine gemeinsame Sprache als ihre Bedingung gebunden. Unsere Sprachen werden als höchste Kulturgüter tradiert. Sie werden in der politischen Praxis als selbstverständliche Vorbedingung so akzeptiert, wie sie sind: als Umgangssprache und als Bildungssprache. Auch alle Schulen, einschließlich der Hochschulen, gehen für die Ausbildung davon aus, daß die Schüler zumindest die Umgangssprache beherrschen. Mit der linguistischen Wende der Wissenschaftstheorie (die von der formalen Logik Freges ausging und sich mit der Oxford philosophy etwa seit 1950 international durchsetzte) ist aber nicht nur das Programm verbunden, die tradierten, sogenannten natürlichen Sprachen zu analysieren, sondern auch das Programm, Kunstsprachen zu konstruieren, die den wissenschaftlichen Zwecken besser angepaßt sind als die tradierten Volkssprachen. Für die Theorie des technischen Wissens haben wir diese Aufgabe schon behandelt:

durch schrittweise Einführung von Wörtern, deren Gebrauch (einschließlich der Syntax und semantischer Normierungen) sich auf die vorwissenschaftliche Praxis stützte, entstanden logische Kalküle, arithmetische Theorien, protophysikalische Theorien — und schließlich die mathematische Sprache der empirischen Physik. Die Unterschiede zur analytischen „philosophy of science" liegen hier nur in der schrittweise pragmatischen Begründung apriorischer Theorien, d.h. der Raum- und Zeit-Theorien, die der empirischen Physik vorausgehen. Die analytische Wissenschaftstheorie behandelt diese apriorischen Theorien nur als *Entwürfe* formaler Theorien (als axiomatische Theorien oder sogar als bloße Kalküle). Für die Auswahl aus der Vielfalt freier Entwürfe sei allein die empirische Physik zuständig. Die vorwissenschaftliche technische Praxis wird dabei ignoriert.

Für die ethisch-politischen Wissenschaften stellt sich das Begründungsproblem dadurch anders, daß hier keine sprachfreie Praxis vorgegeben ist, sondern nur die verbale Praxis des Argumentierens der Politiker. Die Begründung muß daher eine Stufe tiefer einsetzen, nämlich bei dem Handeln der Bürger, das durch die Gesetzgebung normiert wird. Über dieses Handeln wird ja in der politischen Praxis gesprochen. Die Tatsache, daß in der Praxis eine traditionelle Sprache verwendet wird, braucht für die Wissenschaft nicht unkritisch hingenommen zu werden. Aus der europäischen Geschichte wissen wir, daß die Juristensprache bis weit ins 19. Jh. das Lateinische war: eine Gelehrtensprache im Gegensatz zur Volkssprache (in der zumindest das Urteil dem ungelehrten Bürger verkündet wurde). Viele Gesetzestexte waren schon seit dem Ende des Mittelalters in der Volkssprache geschrieben, aber das Juristenlatein überlebte lange als Interpretationssprache, also für die gelehrten Argumentationen.

Mittlerweile hat sich die Einsicht durchgesetzt, daß das Lateinische auch nur eine Volkssprache ist. Sie wurde von den europäischen Gelehrten allerdings nicht als Umgangssprache, sondern nur als Bildungssprache tradiert. Für den Nationalismus des 19. Jh. war die Zweisprachigkeit der Wissenschaften ein schwerer Makel, und zwar für die germanischen Völker mehr als für die romanischen Völker (da deren Volkssprache ja aus dem Lateinischen entstanden war).

Sprachkritisch wäre ein Rückgriff auf das Lateinische als Wissenschaftssprache nur eine halbe Lösung. Die Syntax und viele semantische Normierungen des Lateinischen, einer indoeuropäischen Sprache, blieben der Kritik entzogen.

Mit der deontischen Modallogik haben wir schon die ersten Schritte in eine „Orthosprache" der ethisch-politischen Wissenschaften getan. Die Modalitäten (geboten—erlaubt) sind in der Logik allerdings immer nur relativ zu einem Basissystem von Imperativen definiert. Die Logik zeichnet inhaltlich keine Imperative vor anderen aus. Das Argumentieren darüber, welche Basisnormen (das sind im einfachsten Falle allgemeine, bedingte Imperative) als Gesetze „in Kraft treten" sollen — dieses Argumentieren läßt sich nur in der politischen Praxis kennenlernen und erst danach kann diese Argumentationspraxis durch ethisch-politische Theorien gestützt werden. Das Ziel ist dabei eine politische *Argumentationskultur*, die — zunächst innenpolitisch — den Frieden stabiler macht.

Die Argumentationen der Gesetzgeber sind immer Argumentationen über die Änderung von geltenden Gesetzen: meistens werden alte Gesetze nur novelliert. Die gegenwärtige Praxis dieser Argumentationen ist nicht das Thema einer Theorie ethisch-politischer Wissenschaften. Die gegenwärtigen praktischen Politiker sind ja nicht durch ein Studium ethisch-politischer Wissenschaften für ihre Aufgabe vorgebildet oder gar „ausgebildet".

Es gab zwar bis zum Ende des 19. Jh. eine Tradition solcher Wissenschaften — ehe die politischen Wissenschaften zu Sozialwissenschaften des Machterwerbs und der Machterhaltung wurden, vgl. dazu Julien Benda, Der Verrat der Intellektuellen. Aber gegenwärtig ist es für die wissenschaftstheoretische Klärung der Prinzipien ethischer Politik erforderlich, eine Theorie politischer Wissenschaften als Programm zu schreiben, als ein Programm für die Ausbildung und Beratung zukünftiger praktischer Politiker.

Es geht um ein Bildungsprogramm für Politiker, die diesen Beruf nicht nur um der eigenen Karriere willen ergreifen, sondern die an einer Gesetzgebung mitarbeiten wollen, die den Frieden bewahrt und sicherer macht. Die gegenwärtigen rhetorischen Formeln lauten, daß ein solcher Politiker sich „dem Gemeinwohl" verpflichtet weiß, daß er „der Gerechtigkeit" dient.

Eine Theorie des politischen Wissens als Prinzipienlehre von Wissenschaften zur Stützung – und das heißt zugleich: zur Reform – politischer Praxis hat zu klären, ob solche zu bloßer Rhetorik verkommenen Ausdrücke wie „Gemeinwohl" und „Gerechtigkeit" in einer kritisch konstruierten (oder rekonstruierenden) Sprache Verwendung finden können. Schon ehe man sich ernsthaft auf eine schrittweise Begründung der Prinzipien ethisch-politischer Theorien einläßt, muß es bedenklich stimmen, daß sich zwei konkurrierende Wörter („Gemeinwohl" und „Gerechtigkeit") anbieten, wenn mit einem Wort angegeben werden soll, woran denn eine „den Frieden sichernde" Gesetzgebung orientiert sein soll.

„Wer ‚Gemeinwohl' sagt, will betrügen", so hörte sich Sprachkritik bei Carl Schmitt an. „Betrügen" ist ein polemisches Wort. Es ist eher zu vermuten, daß die meisten, die „Gemeinwohl" sagen, nicht wissen, was sie sagen. Dieses Wort ist nämlich ins Deutsche als Lehnübersetzung der römischen Formel „salus rei publicae" gekommen. Der römische Beamte handelte – wörtlich übersetzt – zur „Rettung der öffentlichen Sache". Das Wort „Gemeinwohl" ist eine unglückliche Übersetzung, weil es „Wohl" und „Weh" als *Empfindung* nur für den einzelnen Menschen gibt. Eine Gruppe von Menschen empfindet als Gruppe nichts. Ein Gesetz kann von allen Einsichtigen gewollt werden (dann wird man es „gerecht" nennen), aber in einem pluralistischen Staat wird es immer einigen Bürgern eher „wohl", anderen eher „weh" tun. Es kann trotzdem von allen Einsichtigen – um des Friedens willen – gewollt werden.

Dieser Exkurs über das Wort „Gemeinwohl" war noch einmal ein protreptischer Vorgriff. Für den methodischen Aufbau der sprachlichen Mittel, die für eine theoretische Stützung der Argumentationspraxis der Gesetzgebung geeignet sind, sind zwei Teile zu unterscheiden. Als Titel für diese beiden Teile sei vorgeschlagen: Politische Anthropologie und Politische Soziologie.

In den bisherigen Auflagen dieses Buches ist eine politische Anthropologie der Sache nach unter dem Titel „Ethik" behandelt, allerdings so, als ob Prinzipien des Argumentierens („Vernunftprinzip" und „Moralprinzip") für das *vorpolitische* Zusammenleben zu begründen seien. Dadurch blieben Begründungslücken. Die Beschränkung auf die Aufgabe, nur für die politische Argumentationspraxis solche Prinzipien zu formulieren, ermöglicht erst eine lückenlose

Begründung. Die politische Praxis ist jetzt die Basis einer „Ethik" als politischer Anthropologie. Erst in posttraditionalen Zeiten (wie der unseren) entsteht für das Denken die Aufgabe, die Herausforderung, durch prinzipiengeleitete Wissenschaften der Praxis „geistige Instrumente" zur Verfügung zu stellen. Das Ziel dieser theoretischen Stützung der Praxis, nämlich die Erziehung zu einer politischen Argumentationskultur, die den Frieden sicherer macht, ist in der Not der politischen Praxis begründet, nämlich in der Gefahr des Bürgerkrieges. Diese Not „konstituiert" erst die ethisch-politischen Wissenschaften.

Für jemanden, der als vermeintlich Unbeteiligter die politische Praxis beobachtet, als bloßer Zuschauer, wird die Teilnahme an Theorien um des Friedens willen eine wissenschaftlich unbegründete „Entscheidung" sein. Aber was — außerhalb des technischen Denkens — eine „Entscheidung" ist (im Gegensatz zu bloßer Reaktion oder gedankenloser Gewohnheit), das kann erst in einer Ethik geklärt werden. Und eine Ethik (das ist die hier vorgetragene These) läßt sich als eine begründete Wissenschaft auf der Basis der politischen Praxis nur dann aufbauen, wenn aus der posttraditionalen Not dieser Praxis das Denken um des Friedens willen — zunächst in vorwissenschaftlicher Weise — schon begonnen hat.

Nur weil wir uns schon lange (das moderne „schon immer" ist leicht übertrieben) um effiziente Technik bemühen, sind schließlich Theorien zur Stützung der technischen Praxis entstanden. Das Ziel der Effizienz wird nicht von den technischen Wissenschaften begründet — umgekehrt begründet („konstituiert") erst dieses Ziel die Methoden der technik-stützenden Theorien. Das Ziel der Effizienz läßt sich politisch kritisieren in Theorien zur Stützung der politischen Praxis. Solche ethisch-politischen Theorien sind ihrerseits aber nur entstanden, weil wir uns schon lange (und hier nun gar nicht „schon immer", sondern nur in posttraditionalen Zeiten) um friedenssichernde Politik bemühen. Das Ziel des Friedens wird nicht von den politischen Wissenschaften begründet — umgekehrt begründet („konstituiert") erst dieses Ziel die Methoden der politik-stützenden Theorien.

Verglichen mit der Erfolgsgeschichte theorie-gestützter Technik ist die bisherige Geschichte theorie-gestützter Politik allerdings entmutigend. Die Geschehnisse nach 1789 und 1917 beweisen, daß die bisherigen Theorien das Ziel des Friedens nicht erreicht haben. Die mit griechischer Theorie gestützte Praxis der römischen Republik (ehe diese im Caesarentum unterging) kann zwar etwas Hoffnung machen — aber geschichtliche Erfahrungen beweisen nichts über unser Vermögen, doch noch ethisch-politische Wissenschaften so aufbauen zu können, daß sie als geistiges Rüstzeug für praktische Friedenspolitik geeignet sind. Die „Geisteswissenschaften" sind bisher nicht über die Vorurteile, die mit dem Gebrauch der Volkssprachen übernommen wurden, hinausgekommen. Da wo sie es als „Sozialwissenschaften" versucht haben, gelang das nur durch Anerkennung der empirischen Naturwissenschaften als Paradigma. Dieses Paradigma führt aber nur zu sozialtechnischem Wissen. Weil die Wahl oberster Zwecke technisch nicht begründet werden kann (es geht ja um Formen des Lebensvollzugs selbst, nicht um effiziente Mittel für irgend etwas), deshalb erscheint die Zielsetzung der Friedenssicherung als technisch-irrationale „Entscheidung". Aber ohne schon in Gang gekommenes ethisch-politisches Denken gibt es gar kein Kriterium zur Unterscheidung zwischen „rational" und „irrational" oberhalb des technisch-strategischen Handelns. Erst wenn durch geistige Teilnahme an der politischen Praxis um des Friedens willen anthropologische und soziologische Grundbegriffe erarbeitet sind, kann politische Rationalität definiert werden. Erst dann kann begründet werden, was es heißt, „rational" (oder „vernünftig") zu argumentieren.

Diejenigen, die um des Friedens willen die „Anstrengung des Begriffs", also des methodischen Denkens, auf sich nehmen, werden gern als Feiglinge denunziert: sie fürchten sich vor dem Kampf um die Macht. Das ist ein rhetorischer Kunstgriff von den antiken Sophisten bis zu den modernen biologistischen Philosophen (Nietzsche) und den Technokraten. Der Kampf um die Macht in einem politischen Gemeinwesen ist kein Naturzustand, weil das Zusammenleben unter Gesetzen kein Naturzustand ist. Die Ordnung des Zusammenlebens durch Gesetze, die für alle gelten, ist eine Leistung der Hochkulturen. Jeder Bürger kann sich zwar der aktiven Teilnahme an der politischen Praxis der Gesetzgebung entziehen — und in den westlichen Demokratien hat jeder sogar ein Recht auf politische Teilnahmslosigkeit. In solche politische Passivität kann man durch Sitte und Gewohnheit, vielleicht sogar durch eine bloße

Laune geraten – aber alle Argumente gegen das Ziel einer Friedenspolitik, soweit sie über technisch-strategische Überlegungen
hinausgehen, sind rhetorischer Schein. Der Kampf um die Macht
hat keine Argumente, und Kriege sind – nach Toynbee – nur „eine
fünftausend Jahre alte Gewohnheit". Erst dann, wenn ethisch-politische Wissenschaften um des Friedens willen schon in Gang gekommen sind, gibt es eine Argumentationsbasis für „gerechte" Gewalt-
anwendung, z.B. innenpolitisch gegen Terror oder außenpolitisch
gegen Aggressoren, die nicht mit sich reden lassen.

In der Gegenwart ist mit den Mitteln der Sprachkritik, die weit
über die klassische Syllogistik hinausgeht, der Versuch von Platon
und Aristoteles zu wiederholen, ethisch-politische Wissenschaften
zu begründen. Nur dann läßt sich die Rhetorik der praktischen Politiker eindämmen.

Eine Wiederholung der griechischen ethisch-politischen Theorien
haben bekanntlich nach der englisch-französischen Aufklärung
schon Kant und Hegel versucht. Das neue Instrument der Sprachkritik nach Frege stand ihnen aber nicht zur Verfügung – und es
fehlte die sogenannte pragmatische Wende, die zur Einsicht geführt
hat, daß sich alle Wissenschaften nur als Hochstilisierung vorwissenschaftlicher Praxis methodisch aufbauen lassen. Kant und Hegel
waren daher vor einer Verstrickung in metaphysische Scheinprobleme nicht geschützt (das macht ihre Interpretation bis heute so
schwierig).

3.1 Politische Anthropologie

In diesem ersten Teil der politischen Wissenschaften, der traditionell als ein Teil der Ethik behandelt wird, geht es darum, die
sprachlichen Mittel, Grundbegriffe und Prinzipien zur Verfügung zu
stellen, mit denen über den Menschen als Politiker (also insofern er
an der Gesetzgebung, Verwaltung und Rechtsprechung teilnimmt)
gesprochen werden kann. Gesetze werden – in moderner Terminologie – für einen Staat zu einem bestimmten Zeitpunkt „in Kraft
gesetzt". Jedes Gesetz „gilt" für alle Bürger dieses Staates von diesem Zeitpunkt ab – bis zur Aufhebung oder Novellierung des Gesetzes.

Obwohl sich daher die Gesetzgebung selbstverständlich für einen Staat im Verlauf der Zeit ändern muß, und obwohl erst recht die Gesetzgebung verschiedener Staaten verschieden sein muß, läßt sich doch einiges über die Gesetzgebung (und daher über die Gesetzgeber) sagen, was unabhängig vom jeweiligen Staat und jeweiligen Zeitpunkt begründet werden kann. Durch diese Unabhängigkeit vom „Wo" und „Wann" der Gesetzgebung sei die politische Anthropologie als ein Teilgebiet, nämlich als eine Prinzipienlehre ethisch-politischer Wissenschaften definiert. Sie wird dadurch nicht auf eine geheimnisvolle Weise „überhistorisch" — sie beschränkt sich nur auf das, was aller Gesetzgebung unter der Bedingung der Posttraditionalität gemeinsam ist. Unter dieser Bedingung ist ein Friede durch allgemeinen Konsens nicht mehr selbstverständlich — er muß erst durch eine Argumentationspraxis erarbeitet werden. Für dieses Argumentieren muß der Politiker geistig ausgebildet werden durch ethisch-politische Wissenschaften.

Der Titel „Politische Anthropologie" sagt also aus, daß nur über den homo politicus gesprochen werden soll, über eine Spätform des Kulturmenschen, historisch mindestens seit Solon greifbar — aber bei uns bis in die Gegenwart immer verwechselt mit Gottkönigen, Caesaren usw. bis herunter zu den Fürsten traditionaler Herrschaftsverbände oder den modernen Diktatoren und Demagogen.

Der (praktische oder theoretische) Politiker hat die Aufgabe der Gesetzgebung für einen politischen Verband, d.h. für eine Menschengruppe, die sich ihre Gesetze selbst gibt — und daher durch ihre Gesetze „verbunden" ist. Ein politischer Verband muß als eine Sprachgemeinschaft (evtl. mehrsprachig mit obligatorischer Übersetzung der Sprachen ineinander) vorausgesetzt werden, weil Gesetze sprachliche Gebilde sind. In der Logik, bei der Einführung der Elementarsätze und speziell in der deontischen Modallogik haben wir parasprachlich schon Termini gebraucht, die über die logische Terminologie hinausgehen. Den einfachsten Typ von „Gesetz" haben wir aber rein logisch definiert, nämlich als allgemeine bedingte Imperative.

Daß diese Imperative für alle Bürger (wie wir die Verbandsangehörigen, neuzeitlich: die Staatsangehörigen, nennen) verbindlich sind, daß sie die Bürger zur Ausführung oder Unterlassung von *Handlungen* ($!p$ oder $!\neg p$) *auffordern*, meist aber nur die *Zwecke* der

Handlungen ge- oder verbieten (! A oder ! $\neg A$), das ist mit einem
außerlogischen, mit einem politischen Basisvokabular formuliert.
Dieses Basisvokabular gehört so eng zur Verwendung der eingeführten Sätze, daß es mit ihnen empraktisch zu lernen ist. Kinder lernen solche Basiswörter schon in der Familie, notfalls in der Schule
— aber auch dann noch in unpolitischen Kontexten, wobei zunächst
ungeklärt bleibt, weshalb überhaupt von allgemein-verbindlichen
Imperativen (oder Normen) geredet wird.

Religionen machen den vergeblichen Versuch, die allgemeine
Verbindlichkeit auf den „Willen" mythischer Figuren zurückzuführen — und die traditionelle Moralphilosophie mutet dem Menschen
als privatem Individuum (wenn auch in vorstaatlichen sozialen Bindungen lebend) eine „Vernunft" zu, die ihm gebietet, nach Maximen
zu handeln, die er „als allgemeine Gesetze wollen kann". Diese Be-
gründungslücke der Moralphilosophie heißt bei Kant „das Faktum
der Vernunft". In der politischen Anthropologie, die sich auf eine
Theorie des Argumentierens für und gegen Gesetzesänderungen beschränkt, wird stattdessen nur auf das Faktum zurückgegriffen, daß
wir in posttraditionalen politischen Verbänden leben. Nicht für
alle, aber für die, die bereit sind, um des Friedens willen zu denken,
ergibt sich allein aus dem Faktum der Posttraditionalität die Aufgabe einer theoretischen Stützung der politischen Argumentationspraxis. Die — frei nach Schiller formulierte — Frage: „Was heißt
und zu welchem Ende studiert man vernünftiges Argumentieren?"
muß von der politischen Theorie beantwortet werden. Das Wort
„Vernunft" darf nicht vorausgesetzt werden. Vom Leser dieses Buches wird nur die Bereitschaft (und die Fähigkeit) erwartet, um des
Friedens willen den Aufbau politischer Theorie mitzuvollziehen.

Für das bisher benutzte Basisvokabular sind nur wenige parasprachliche Hinweise erforderlich, da es jeder deutschsprachige Leser empraktisch schon erlernt hat. Wenn beim praktischen Reden
ein Imperativsatz gebraucht wird (z.B. „Bringe mir diesen Stein!")
im Unterschied zum Gebrauch von Aussagesätzen bzw. Fragesätzen
(z.B. „Dort liegt ein Stein." bzw. „Liegt dort kein Stein?"), dann
heißt dieses Reden eine „Aufforderung".

Man lernt empraktisch den Gebrauch von Imperativen, indem
das getan wird, wozu der Imperativ auffordert. Das Tun heißt dann
eine „Befolgung der Aufforderung", kürzer eine „Handlung". Der

Terminus „Handlung" könnte empraktisch auch direkt mit dem Gebrauch von Imperativen gelernt werden, ohne den Umweg über die Termini: „Aufforderung" und „Befolgung". In der Umgangssprache werden solche Wörter miteinander gelernt — und normalerweise in der grammatisch schlichteren Form als Tatwörter: Auffordern, Befolgen und Handeln. Ob das Tun eines anderen ein Handeln ist, ob er also in seinem Tun eine Aufforderung (von einem Anderen oder von ihm selbst) befolgt, das läßt sich nicht durch bloßes Beobachten entscheiden. Wenn jemand fällt, so kann er z.B. bloß gestolpert sein — oder aber er hat sich „aufgrund" einer Aufforderung fallen lassen. Das beobachtete Tun wird als Handlung „gedeutet", wenn eine Aufforderung hinzugedacht wird. Diese Aufforderung braucht nicht beobachtbar (hörbar) zu sein — dann wird sie aus dem Tun „erdeutet". Die Problematik des Deutens und Erdeutens kann erst in der politischen Soziologie thematisiert werden. Hier genügt die empraktisch zu lernende Auszeichnung des Handelns (des Befolgens von Aufforderungen) als einer Art des menschlichen Tuns. Dies ist seinerseits eine Art der Bewegungen.

Im Logikkapitel sind neben die Aufforderungen zu Handlungen (! *p* mit einem Tatwort *p*) schon diejenigen Aufforderungen (! *A* mit einer Aussage *A*) gestellt, in denen aufgefordert wird *so* zu handeln, *daß* ein Sachverhalt *A erreicht* wird. Ist nur der Sachverhalt *A* genannt, keine Handlung *p*, so wollen wir sagen, daß nur der *Zweck* genannt sei. Ein bestimmtes Handeln (als ob eine Aufforderung, *p* zu tun, befolgt wird) kann dann als *Mittel* gedeutet werden, den Zweck *A* zu erreichen. Um diese Unterscheidungen noch expliziter zu machen, seien die Aufforderungen zur Erreichung von Sachverhalten *finale* Aufforderungen genannt. Aufforderungen zu Handlungen als Mittel zu einem Zweck heißen ebenfalls *final*. Es bleiben Aufforderungen zu Handlungen als unmittelbarem Vollzug (die also nicht als Mittel zu einem Zweck getan werden sollen — etwas verwirrend sagt man dazu: „als Selbstzweck") übrig. Diese seien *afinale* Aufforderungen genannt.

Erst wenn in der Praxis eingeübt ist, wie man Sachverhalte erreicht, also wenn ein technisches Können erlernt ist, wird das Reden von *zweckmäßigem* Handeln, von Mitteln, *um* einen Zweck zu erreichen, sinnvoll. Dadurch wird technisches Wissen — in vorwissenschaftlicher Weise — gebildet. Deutungsprobleme entstehen erst, wenn über das Handeln von Personen gesprochen wird, mit denen man nicht gemeinsam handelt und redet.

In der Gesetzgebung hat man es immer mit bedingten Imperativen zu tun, die Aufforderungen an *alle* Bürger sind, sofern sie die Bedingungen der Imperative erfüllen. Das Handeln aller „Betroffenen" ist nicht aus gemeinsamer Praxis bekannt. Es muß daher stets nach Mitteln und Zwecken gedeutet werden. Die Zwecke der Menschen, ihre Lebensformen als oberste Zwecke, sind dem historischen Wandel unterworfen. Aber in jeder Kultur wird nach Mitteln und Zwecken gehandelt. In der politischen Anthropologie wird explizit gemacht, was in diesem Sinne „kulturinvariant" ist.

Hat man ein technisches Können, so daß man praktisch „weiß", wann man *bei jeder Wiederholung* einen bestimmten Sachverhalt durch die Ausführung bestimmter Handlungen erreicht (während die Unterlassung dieser Handlungen den Sachverhalt nicht erreicht), dann kann man lernen, dieses Können als ein „Wissen" von *Regelmäßigkeiten* in Aussagesätzen zu formulieren. Dazu sind Bedingungen C explizit anzugeben, unter denen durch eine Handlung p der Sachverhalt A erreicht wird (unter denen ohne p aber A nicht erreicht wird). Es werden also bedingte Allsätze $C \wedge p \to A$ und $C \wedge \neg p \to \neg A$ formuliert. Das sind — theoretisch formuliert — temporale Allsätze, weil behauptet wird, daß *„immer* dann, wenn" C erfüllt ist, A mit p (und $\neg A$ mit $\neg p$) erreicht wird.

Wer solche Allsätze behauptet, von dem wollen wir sagen, daß er *technische Meinungen* hat. Er meint, daß (unter der Bedingung C) seine Handlung p das Erreichen des Sachverhalts A *bewirkt.* Abgekürzt heißt dann der Sachverhalt A eine *Wirkung* der Handlung p. Traditionell heißt die Handlung p (unter der Bedingung C) auch *eine Ursache* des Sachverhalts A, aber man kommt gut ohne den Luxus der Rede von „Ursachen" aus, wenn man seine Meinungen über die Wirkung von Handlungen zu formulieren gelernt hat. Daraus, daß Handlungen einerseits Mittel für Zwecke sind, andererseits Wirkungen haben (nach der Meinung der handelnden Person), folgt, daß ein Sachverhalt A' nur dann als Zweck einer Handlung p erdeutet werden darf, wenn die (vermeintliche) Wirkung A von p das Erreichen von A' einschließt: die Aussage A muß die Aussage A' implizieren.

Für unser technisches Handeln werden die Meinungen über Wirkungen durch mathematisch-physikalische Theorien zu einem Wissen über „Verlaufsgesetze" ausgearbeitet. Unter den Bedingungen C (das sind Aussagen, die einen komplexen Sachverhalt darstellen) wird durch das Handeln p ein Zustand Z_0 hergestellt — und anschließend sagt unser Gesetzeswissen voraus, daß sich in der Zeit t der Zustand Z_0 in den Zustand Z_t verändern wird. Impliziert Z_t (für ein t) die Aussage A, dann ist der Sachverhalt A eine physikalische Wirkung von p unter der Bedingung C.

Im Gegensatz zur Technik ist das Wirkungswissen in der Politik nicht durch Verlaufsgesetze präzisierbar. In den Kabinetten und Parlamenten werden für alle Bürger gemeinsam bedingte Ge- und Verbote gesetzt. Wir können uns auf Gesetze über Zwecke, also über finale Handlungen der Bürger beschränken. Die gesetzliche Regelung afinaler Handlungen kann als Ausnahme vernachlässigt werden, z.B. ist der Inzest (als sogenanntes Vollzugsdelikt) unabhängig von seinen Zwecken bei uns verboten.

Die Gesetze sind „zwangsbewehrt", d.h. ihre Befolgung soll durch die Polizei und die Justiz „erzwungen", also jedenfalls bewirkt werden. Hier wird erwartet, daß die Androhung von Strafe (weil doch die Einsicht nicht bei allen Bürgern ausreicht) ein bestimmtes finales Handeln bewirkt. Die Voraussage von Handlungen ist aber eine mißliche Sache. Die Androhung der Todesstrafe bewirkt bei jemandem, der zur Selbsttötung entschlossen ist, wenig. Für Voraussagen von Handlungen ist die Physik nicht mehr zuständig. Die Biologie als Wissenschaft von Tier und Mensch beschränkt sich auf das *Verhalten*, also beim Menschen auf das Tun, das kein Handeln ist — vgl. dazu den psychologischen Anhang am Ende dieses Abschnitts. Die Sozialwissenschaften können nur „Tendenzen" begründen: wird ein Zustand Z der Bürger in einen Zustand Z_0 überführt (durch In-Kraft-Treten eines Gesetzes zur Zeit t_0), so läßt sich allenfalls eine Verbesserung der „Chancen" für bestimmte Handlungen sozialwissenschaftlich begründen.

Die finalen Handlungen der Bürger, die aufgrund von Meinungen als Mittel für Zwecke ausgeführt werden, sind — erfahrungsgemäß — nicht miteinander *verträglich*. „Verträglichkeit" ist eine praktische Modalität. Als theoretische Modalität entspricht ihr die (Leibnizsche) Kompossibilität. Wenn die *Konjunktion* eines Systems von

Aussagen $A_1, \ldots, A_n$ *möglich* ist, dann heißt das System „kompossibel". Nach Definition der Möglichkeit heißt dies, daß die Negation $\neg (A_1 \wedge \ldots \wedge A_n)$ *nicht* notwendig ist, *nicht* nach unserem Wissen voraussagbar ist. Es ist *nicht* voraussagbar, daß mindestens eine der Aussagen des Systems *nicht* wahr werden wird.

Die Verträglichkeit ist so definiert, daß sie die Kompossibilität praktisch verschärft. Die durch die Aussagen $A_1, \ldots, A_n$ dargestellten Sachverhalte sollen nicht nur zusammen möglich sein, sie sollen jetzt und für uns zusammen *erreichbar* sein. Die Frage nach der Frist für die Erreichbarkeit, ob kurz-, mittel- oder langfristig, bleibt durch die Definition zunächst offen.

Sind die Sachverhalte $A_1, \ldots, A_n$ Zwecke, so heißt entsprechend auch das System der Zwecke „verträglich", wenn die Sachverhalte zusammen erreichbar sind. Da das Sinnen und Trachten der Menschen, wie schon in der Bibel steht, seit jeher vielfältig ist, sind die Zwecke der Bürger eines Staates zunächst stets unverträglich, zumeist wohl sogar inkompossibel. Die Gesetze schränken diese Vielfalt durch Ge- und Verbote ein. Die Kunst der Politiker ist es, die Vielfalt der Zwecke zu einem verträglichen System zu machen. Die Chancen zu einem friedlichen Miteinander (trotz der Vielfalt menschlicher Zwecke) sollen verbessert werden.

Als Franz I. und Karl V. um Mailand kämpften, waren ihre Zwecke inkompossibel, weil sie beide — wie Kant sagt — *dasselbe* wollten, nämlich Mailand. Die „Friedensschlüsse" änderten daran gar nichts, weil die Zwecke sich nicht änderten. Das ist — leider — der Normalfall in der Außenpolitik. Auch innenpolitisch werden in der Praxis oft Kompromisse geschlossen, ohne Änderung der unverträglichen Zwecke. Hieraus entsteht die Aufgabe ethisch-politischer Wissenschaften, nämlich die Aufgabe, durch Argumentationen, die als Ziel einen allgemeinen freien Konsens (zunächst unter den Theoretikern) haben, die jeweils vorgefundene Vielfalt der Zwecke zu einem System verträglicher Zwecke umzudenken. Die Zwecke der Menschen sind ja nicht von Natur vorgegeben. Nur der neuzeitliche Individualismus will den Menschen — nach dem Vorbild der antiken Sophistik — einreden, jeder Mensch wisse von sich aus, was für ihn gut sei. Von dem posttraditionalen Faktum ausgehend, daß wir in politischen Verbänden (Staaten) leben, die sich ihre Gesetze selber geben, entsteht die Aufgabe, den Bürgern durch Gesetze allererst zu ermöglichen, die Vielfalt ihrer Zwecke zu verträglichen Zwecksystemen umzubilden. Nur wenn politische Institutionen, wie Bürgerversammlungen und Parlamente, vorhanden sind mit einer hinreichenden Chance, daß die Gesetze von politisch Gebildeten (mit der erforderlichen Argumentationskompetenz) beraten werden, lassen sich verträgliche Zwecksysteme erarbeiten, für die zugleich die freie Zustimmung aller Bürger (die sich die Mühe machen, den Argumentationen zu folgen) erwartet werden darf. Die Gesetze sollen aus der stets drohenden Bürgerkriegsgefahr herausführen. Neuerdings redet man statt vom Bürgerkrieg von „sozialem Unfrieden", der vor allem die weltwirtschaftliche Wettbewerbsfähigkeit der eigenen Wirtschaft, der sogenannten Volkswirtschaft, bedrohe.

Für die Beratung über Gesetze, die vom unverträglichen „Pluralismus" von Zwecken zu einer verträglichen „Pluralität", zu einem „Reich" der Zwecke führen sollen, ist im Folgenden eine angemessene Terminologie zur Verfügung zu stellen.

Werden im Parlament nur Normen formuliert und rhetorisch wiederholt, die unverträgliche Zwecke haben, kommt man einem freien Konsens nicht näher. Es müssen daher modifizierte Normen in die Beratungen eingebracht werden. Solche Normen mögen „Vorschläge" heißen. Werden mehrere Vorschläge eingebracht, so können auch diese (d.h. die vorgeschlagenen Zwecke) noch unverträglich sein. Das Reden über solche Vorschläge und die mit ihnen verbundenen Meinungen möge eine „Beratung" heißen. Das Ziel der Beratung ist ein verträgliches System von Vorschlägen, die dann als „Gesetze" *beschlossen* werden. Da Irren menschlich ist und insbesondere die gemeinsame Erreichbarkeit von Zwecken sehr schwierig zu beurteilen ist, können — leider — auch unverträgliche Gesetze beschlossen werden.

Beratungen mit Vorschlägen und Beschlüssen können schon im vorpolitischen Leben eingeübt werden. Dann wird meistens nicht über Normen (Allsätze) beraten, sondern unmittelbar über Zwecke von Personen. Aber z.B. geht es in privaten Vereinen auch um Normen, wenn über eine „Satzung" beraten wird. Beratungen in Familien, Betrieben, Institutionen usw. stehen immer schon in einem politischen Zusammenhang, z.B. durch das Erbrecht, durch Betriebsverfassungsgesetze oder staatlich vorgegebene Satzungen von

Institutionen. Rein private Gespräche unter Verwandten und Freunden sind kein Gegenstand einer Theorie. Es gibt zwar z.B. Familienberatung als öffentliche Aufgabe – aber dann von außerhalb und unter gesetzlicher Kontrolle. Für eine Theorie des Argumentierens beschränken wir uns daher auf politische Argumentationen. Nur dann ist der Theorie die politische Praxis und die posttraditionale Aufgabe vorgegeben, ein friedliches Miteinander durch freien Konsens sicherer zu machen.

Solange über technische Probleme (und über Theorien zur Lösung solcher Probleme) geredet wird, muß über Mittel für Zwecke geredet werden. Auch dann gibt es Vorschläge, Argumentationen und Beschlüsse. Das sind technische Beratungen. Die politischen Wissenschaften haben Theorien zur Stützung politischer Beratungen als Aufgabe. Auch alle sozialtechnischen Beratungen, in denen es um Mittel zur Erreichung sozialer Zustände geht („sozial" heißt hier nur: das Zusammenleben der Bürger betreffend) sind technische, keine politischen Beratungen. Weil alle Probleme der Wahl von Mitteln erst dann entstehen, wenn ihre Lösung bei der Beratung über Zwecke (oder nach einem Beschluß über Zwecke) erforderlich ist, sind technische Beratungen den politischen stets nachgeordnet. Sie sind sekundär. Umgekehrt ausgedrückt: die Politik hat den Primat vor der Technik. Für die Wissenschaften haben daher die politischen Wissenschaften den Primat vor den technischen Wissenschaften.

Bei Kant, der im Anschluß an Aristoteles von „praktischer Vernunft" spricht, wenn ethisch-politisches Wissen gemeint ist, und von „theoretischer Vernunft", wenn mathematisch-technisches Wissen gemeint ist, findet sich entsprechend die Formulierung vom Primat der „praktischen" vor der „theoretischen" Vernunft. Nach modernem Sprachgebrauch handelt es sich beidemale um Theoretisches, das eine vortheoretische Praxis stützt.

Der zweite Teil der Frage „Was heißt und zu welchem Ende studiert man vernünftiges Argumentieren?" ist damit beantwortet. Die politische Argumentationskultur hat als ihr Ende, als ihr Ziel, den Frieden sicherer zu machen durch freien Konsens aller, die an der Gesetzgebung teilnehmen. Der erste Teil der Frage, also die Frage „Was heißt man ‚vernünftiges' Argumentieren?" ist dagegen noch nicht beantwortet. Es ist noch zu explizieren, was das für ein Beraten (mit Vorschlägen und Beschlüssen) ist, das am allgemeinen, freien Konsens orientiert ist – und das „vernünftig" genannt wird. Diese Explikation ist für eine politische Anthropologie nicht schwierig. In den früheren Auflagen dieses Buches wurde der Versuch gemacht, auf einer individual-ethischen Basis von Personen, die (private) Konflikte beraten, zu einem Vernunftprinzip zu kommen. Das führte zu Scheinbegründungen schon bei der Frage, warum allgemeine (bedingte) Imperative für das Beraten eingeführt werden. Da wir jetzt von der politischen Praxis ausgehen, die – wie jedem bekannt ist – über allgemeine bedingte Imperative als Gesetze berät, entfallen solche Scheinprobleme.

Das Argumentieren ist eine verbale Praxis. Die Orientierung am Konsens erfordert daher zunächst, daß die Verwendung der Wörter gemeinsam normiert wird. Für den Wortgebrauch gibt es sprachliche Traditionen und es gibt auch noch Sprachgewohnheiten der einzelnen Sprecher. Um zu vermeiden, daß aneinander vorbeigeredet wird (und schon dadurch der Konsens verfehlt wird), ist eine grammatisch-logische Kompetenz und eine Vereinbarung über semantische Normierungen der Wörter eine erste Anforderung an „vernünftiges" Argumentieren.

Mit den Wörtern werden Sätze formulierbar. Überall da, wo man bei der Beratung von Normen (Gesetzen) Aussagen – assertorische oder nicht deontische Modalaussagen – heranzieht, muß über diese ein Konsens erreicht werden. Das muß in den technischen, insbesondere sozialtechnischen Wissenschaften eingeübt sein. Wird dieses beides (Wortnormierung und Konsens über deskriptive Sätze) als erreichbar akzeptiert, beginnt die Beratung über bedingte Imperative (präskriptive Sätze) – und die Beratung muß sich jetzt daran orientieren, daß die Normen Gesetze werden sollen, die *allgemein* gelten. Wer über Gesetze berät, berät stellvertretend für *alle* Bürger. Da die Normen den Bürgern finale Handlungen ge- oder verbieten (wenn die Bedingungen der Normen erfüllt sind), müssen die Zwecke der Handlungen bis zu den obersten Zwecken, den Lebensformen herauf, ein verträgliches System bilden. Die Beratung muß so geführt werden, daß jeder, der dazu bereit ist – und hinreichend kompetent – ihr folgen kann. „Vernünftiges" Argumentieren heißt nichts anderes als diese allgemeine Nachvollziehbarkeit.

Negativ läßt sich Vernunft als allgemeine Nachvollziehbarkeit noch präzisieren: die Zwecksetzungen, die in den Beratungen vorgeschlagen werden, dürfen *nicht* an die Person des Argumentierenden, an seine Eigenheiten oder seine Zugehörigkeit zu Teilgruppen der Bürgerschaft gebunden sein. Man soll ihm „ohne Ansehen der Person" folgen können. Für die Gesetzgebung wird also vom Politiker gefordert, daß er seine „Subjektivität" (das Festhalten an seinen Eigenheiten und partikularen Bindungen) überwindet. Nur dann argumentiert er „vernünftig", weil nur dann eine allgemein nachvollziehbare Argumentation (eine sachliche Begründung, wie man auch sagt) zustande kommt. Das Überwinden oder Überschreiten (lateinisch: transzendieren) der Subjektivität — kurz: die Transsubjektivität — ist die negative Präzisierung der Orientierung des Argumentierens am allgemeinen, freien Konsens. „Vernünftiges" Argumentieren sei daher durch die Transsubjektivität definiert.

Diese Definition kann sich historisch auf Platon und in der Neuzeit vor allem auf Kant berufen. Man hat ihr vorgeworfen, nur *formal* zu sein. Aber für die „Materie" des Argumentierens ist vorgesorgt. Da es bei politischen Argumentationen um Beschlüsse zur Gesetzgebung geht, sind die Staatsbürger und die bisher geltenden Gesetze die Materie für das Argumentieren. „Vernunft" ist das Wort, das die Form der Argumentationen vorschreibt, damit die Beratungen zu einem allgemeinen freien Konsens führen können. Diese Form muß transsubjektiv sein. Jede Subjektivität muß in den Beratungen schrittweise eliminiert werden. Das ist das Prinzip vernünftigen Argumentierens.

In der antiken Philosophie wurde „Vernunft" unter den Tugenden behandelt. „Tugend" ist etymologisch dasselbe wie Tauglichkeit oder Tüchtigkeit. Erst durch das Christentum wurde das Wort eingeengt auf Normen christlicher Sitte, insbesondere auf die Keuschheit. Durch die politische Anthropologie läßt sich dagegen die antike Tugendlehre als eine Lehre von den Tüchtigkeiten (Fähigkeiten oder Kompetenzen) interpretieren, die der Politiker haben muß, um durch seine Gesetzgebung den Frieden sicherer zu machen. Die antike Lehre von den vier Kardinaltugenden liefert dadurch eine nützliche Explizierung der Forderungen, die an das Tun und Reden der Politiker zu stellen sind. Bisher haben wir nur begründet, daß der Politiker die Tugend der Vernunft haben sollte,

also die Kompetenz für transsubjektives Argumentieren. Die Transsubjektivität muß er geübt haben, bis sie ihm zur festen Gewohnheit geworden ist. Vernunft gehört dann zu seiner „Haltung".

Betrachtet man den zeitlichen Verlauf der Beratungen, so lassen
sich zusätzlich zur Vernunft noch zwei Tugenden nennen, die erforderlich sind, damit die Beschlüsse der Politiker zu konsensfähi-
gen Gesetzen führen. Die Beratungen beginnen mit Vorschlägen.
Die Herkunft solcher Vorschläge zu untersuchen, ist Sache der
Psychologie. Es können bloße Einfälle oder Wünsche sein (vgl. dazu den psychologischen Anhang). Der Politiker muß die Tugend
haben, nicht bei seinen ersten Vorschlägen zu bleiben, sondern
sich auf Gegenargumentationen einzulassen. Er muß bereit sein,
sich in Frage zu stellen. Er muß fähig sein, Beschlüsse solange auf-
zuschieben, bis ein Konsens durch Beratungen begründet ist. Diese
Haltung, die jeden Beschluß gründlich beraten will, heißt (wieder
mit einem psychologischen Terminus) die Tugend der *Besonnenheit*. Im Übermaß führt die Tugend zur Karikatur des „Bedenken-
trägers": jeder Beschluß wird durch immer neue Bedenken verzö-
gert oder gar verhindert. Ohne Besonnenheit handelt der Politiker
aber bedenkenlos. Bei dieser Tugend kommt es (wie schon Aristoteles bemerkte) auf das rechte Maß an. Im zeitlichen Verlauf folgt
nach Vorschlägen (unter besonnenen Politikern) das Argumentieren.
Hier ist Vernunft, Transsubjektivität die geforderte Tugend – und
hier gibt es nie ein Zuviel an Vernunft, faktisch gibt es nur ein Zu-
wenig. *Nach* dem Argumentieren erfolgt ein Beschluß und danach
gilt es für den Politiker, den Beschluß durchzusetzen. Für diesen
Fall, daß nach einem wohlberatenen Beschluß noch weitere Beratungen (z.B. in anderen Gremien) folgen, ist vom praktischen Politiker als dritte Tugend die Tatkraft (oder Standfestigkeit) gefordert. In der antiken Tugendlehre, deren Begrifflichkeit bis auf die
archaische Zeit Homers zurückging, hieß diese Tugend „Tapferkeit": ein tüchtiger Kämpfer für die gerechte (d.h. wohlberatene)
Sache zu sein.

Besonnenheit, Vernunft und Tatkraft – nur wenn ein Politiker
diese drei Tugenden besitzt, ist er ein guter Politiker. Nur dann
kann er dem Frieden dienen.

Nach unserem Sprachgebrauch ist das Wort „Tapferkeit" weitgehend auf die Tüchtigkeit in gewalttätigen Kämpfen, insbesondere

im Krieg, eingeengt. Aber das Wort „Mut" kann gegenwärtig so gebraucht werden, daß es die beiden zusätzlichen Tugenden (vor und nach der Vernunft) zusammenfaßt. Wer mutig ist, ist besonnen und tatkräftig. Mut allein reicht aber nicht aus: die oberste Tugend des Politikers ist Vernunft. Mutig, d.h. besonnen und tatkräftig, kann auch der Machtpolitiker sein, der nicht transsubjektiv denkt, sondern der nur seine „Interessen" rhetorisch vertritt.

Die drei Tugenden (Besonnenheit, Vernunft und Tatkraft) werden traditionell assoziiert mit drei psychologischen Termini: Fühlen, Denken und Wollen, so daß die drei Tugenden als die Tüchtigkeiten von drei „Seelenteilen" erscheinen. Auf diese Unglücksgeschichte unserer philosophischen Tradition sei in diesem systematisch orientierten Lehrbuch nicht näher eingegangen. Platon hat die (schon zu seiner Zeit) traditionelle Vierzahl der Kardinaltugenden mit der Dreizahl der Seelenteile (und es gibt ja in den Beratungen auch nur dreierlei: das Vorher, das Argumentieren und das Nachher) künstlich in Übereinstimmung gebracht. Das läßt sich, unabhängig von Platon, auch dadurch erreichen, daß die Vernunft in zwei Teile zerlegt wird: in die politische Vernunft und in die technische Vernunft. Als traditionelle Wörter aus der Tugendlehre bieten sich dabei an: „Klugheit" für die technische Vernunft und „Weisheit" für die politische Vernunft. Statt „Weisheit" läßt sich – und das scheint dem gegenwärtigen Bildungsdeutsch besser angepaßt – auch „Gerechtigkeit" für die Tugend der politischen Vernunft sagen. „Gerecht" ist allerdings zunächst ein Beiwort (Adjektiv), das nicht den Politikern, sondern den Gesetzen zu- oder abgesprochen wird. Die resignierende Frage: „Was ist Gerechtigkeit?" (analog zur Pilatusfrage: „Was ist Wahrheit?") ist bloße Rhetorik. Wer argumentieren kann, weiß, welche Aussagen wir „wahr" nennen: diejenigen, denen aufgrund technisch-vernünftiger Argumentation zuzustimmen ist. Entsprechend ist auch die Verwendung des Wortes „gerecht" unproblematisch. Diejenigen Normen (Gesetze), denen aufgrund politisch-vernünftiger Argumentation zuzustimmen ist, nennen wir „gerecht". Ändern sich die Zeiten, so ändert sich auch das, was gerecht ist. Die Gerechtigkeit ist nicht, wie die Wahrheit, kumulativ – aber argumentationsfähig sind sie beide: die Aussagen und die Normen. Weil das, was politische Vernunft zustande bringt, Gerechtigkeit ist, d.h. gerechte Gesetze, nennt

man auch die politische Vernunft als Tugend „Gerechtigkeit".
Wenn Mißverständnisse zu befürchten sind, läßt sich das Wort „Gerechtigkeitssinn" für die politische Vernunft als Tugend verwenden.
Und dann kann man wieder einen Politiker mit Gerechtigkeitssinn
kurz „gerecht" nennen.

Die antike Lehre der vier Kardinaltugenden läßt sich auf diese
Weise systematisch rekonstruieren als eine Definitionslehre der
vier Tüchtigkeiten (Kompetenzen), die ein Politiker als Gesetzgeber haben sollte: Mut als Besonnenheit und Tatkraft, Vernunft
als Gerechtigkeitssinn und Klugheit. Nur alle vier Tugenden, nur
Mut und Vernunft zusammen, machen einen tüchtigen Friedenspolitiker.

3.2 Psychologischer Anhang

In den Argumentationen zur Gesetzgebung brauchte nicht über
die Gesetzgeber als Privatpersonen gesprochen zu werden. Aber es
gehört zu den bewährtesten rhetorischen Mitteln, in den Argumentationen „persönlich" zu werden: es werden Behauptungen aufgestellt über das, was der politische Gegner fühlt, denkt, will. Es wäre
pedantisch, alle psychologischen Wörter zu vermeiden, aber sicherlich wird bei uns viel zu viel „psychologisiert". Der Behaviorismus,
der auch dann, wenn es um Menschen geht (und nicht nur um Tiere, die wie wir Lust und Schmerz empfinden), sich auf die Beschreibung von *Verhalten* beschränkt, ist das andere Extrem. Der
Behaviorismus ist psychologiefrei, weil er nach naturwissenschaftlicher (also physikalisch-chemischer) Methode vorgehen will. Alle
Wissenschaften, auch die Naturwissenschaften, sind aber Hochstilisierungen unseres vorwissenschaftlichen, praxisbezogenen Sprechens. Die Unterscheidung zwischen Handeln und bloßem Verhalten lernt jeder mit den sogenannten natürlichen Sprachen — aber
die Behavioristen verdrängen dieses vortheoretische Wissen. Für die
sprachkritische Behandlung der Wissenschaften ist es deshalb angebracht, wenigstens ein Minimum psychologischer Termini so zu rekonstruieren, daß ihre Verwendung unabhängig von den Eigenheiten der natürlichen Sprachen wird.

Dieser Anhang ist zwar, wie das ganze Lehrbuch, in Deutsch geschrieben – in ihm wird in Deutsch beschrieben, wie man schrittweise zusätzlich zum praxisbezogenen Reden auch über „seelische" und „geistige" Geschehnisse (Vorgänge und Zustände) reden kann.

Die Unterscheidungen, für die Wörter bereitzustellen sind, sind – selbstverständlich – in den Kultursprachen längst gemacht. Aber unser Bildungsdeutsch hat eine, von der Literatur gepflegte, Überfülle an seelisch-geistigen Wörtern, die so verwirrend ist, daß die Sprecher nur auf gut Glück versuchen können, damit zurecht zu kommen.

Die folgenden Vorschläge für einen Aufbau psychologischer Termini orientieren sich an der klassisch-griechischen Psychologie, ehe diese von der jüdisch-christlichen Willenspsychologie (in der Spätantike) abgelöst wurde. Diese Orientierung ist aber keine „weltanschauliche" Vorentscheidung. Es werden vielmehr dem Leser Konstruktionen vorgetragen, die von ihm auch dann schrittweise nachvollziehbar sind, wenn er skeptisch bliebe gegenüber der zusätzlichen Meinung des Autors, daß es sich um eine Rekonstruktion von Teilen der griechischen Psychologie handelt. Auf diese historische Meinung kommt es nicht an – und philologisch-historisch betrachtet wären sicherlich viele Differenzierungen angebracht. Denn die griechische Philosophie blieb ja insgesamt an Eigenheiten der griechischen Sprache gebunden, die sie nicht überwinden konnte.

Die systematische Konstruktion (die zugleich eine partielle Rekonstruktion ist) wird in drei Abschnitten vorgetragen:

(1) Vorstellungspsychologie
(2) Denkpsychologie
(3) Begehrungspsychologie

Die beiden ersten Abschnitte werden unproblematisch sein. Erst bei den „Begehrungen" muß man sich ernsthaft mit dem Behaviorismus auseinandersetzen, d.h. mit der behavioristischen Reduktion allen Denkens und Handelns auf Verhaltensreaktionen. Diese hat sich bis in die Bildungssprache durchgesetzt, z.B. werden politische Entscheidungen meist als „Reaktionen" (statt als „Antworten") in den öffentlichen Nachrichten mitgeteilt.

(1) Vorstellungspsychologie

Für die Vorstellungspsychologie enthalten alle Sprachen (auch der vorwissenschaftlichen Kulturen) ein hinreichendes Vokabular. Nachdem in Handlungszusammenhängen das Reden über Geschehnisse (Taten und Bewegungen) und Dinge (Täter und Objekte) gelernt ist, kommen zunächst Wörter für das Wahrnehmen dieser „äußeren" Gegenstände unseres Redens hinzu. „Siehst Du den Ball?", „Hörst Du das Rufen?", mit solchen Fragen lernen z.B. Kinder Wahrnehmungswörter wie „Hören" und „Sehen". Dazu gehört etwa, die Augen zu schließen oder sich die Ohren zuzuhalten. Daß die Wahrnehmungswörter nach indoeuropäischer Grammatik als Tatwörter konstruiert werden, ist willkürlich. Wir könnten z.B. auch das Sehen als „Erscheinen" (Mir erscheint der Ball), das Hören als „Erklingen" (Mir erklingt das Lied) konstruieren. Im Deutschen werden die Wahrnehmungswörter „Riechen" und „Schmekken" als Tatwörter (Ich rieche das Ei) *und* als Geschehniswörter (Das Ei riecht) gebraucht. Für eine Wissenschaftssprache wären Geschehniswörter für das Wirken auf unsere Sinnesorgane (Erscheinen oder Leuchten, Klingen, Riechen usw.) leichter zu lehren – erst danach zusätzlich ein Wort „Wahrnehmen" für die *Tätigkeit* des Wahrnehmens (sog. bewußtes Wahrnehmen) dieser Wirkungen, die uns widerfahren.

Zur Vorstellungspsychologie gehört als nächster Schritt nach der Wahrnehmung das „Erinnern". Man erinnert sich an Geschehnisse und Dinge, z.B. an das Spielen mit einem Hund. Daß man damals den Hund „wahrgenommen" hat, z.B. das Bellen und das glatte, glänzende Fell, braucht nicht eigens gesagt zu werden. Man erinnert sich an die Gegenstände selbst, nur gelegentlich an das Wahrnehmen der Gegenstände. Für Erinnerungen deshalb ein Wortungetüm wie „Bewußtseinsinhalt" zu erfinden, ist verwirrend. Schon F. Mauthner hat klargemacht, daß ein Wort wie „Gedächtnis" für das Erinnerungsvermögen ausreicht. Eine „Erklärung" des Erinnerungsvermögens ist erst recht überflüssig. Wer nichts behält, wird erst recht keine Erklärungen behalten. Nur für die Therapie von Gedächtnisstörungen ist selbstverständlich die Kenntnis von Wirkungszusammenhängen (bis ins Physiologische) nützlich. Für solche Kenntnisse wird aber das vorwissenschaftliche Vermögen (das praktische Können) des Sich-Erinnerns immer vorausgesetzt.

Wird vergangenes Tun und Widerfahren „beschrieben", also in Worte gefaßt, so erinnert es sich leichter. In der Erinnerung wird das Vergangene kein gegenwärtiges Leben, es wird nur „vorgestellt". Durch Wörter lassen sich Vorstellungen hervorrufen – der Tätigkeit der *Phantasie* sind keine Grenzen gesetzt. Sie kann – durch Wörter gestützt – beliebige Erinnerungen hervorrufen und alle Teile beliebig kombinieren. Durch die Phantasietätigkeit, insbesondere das Hören und Erzählen fiktiver Geschichten, bilden sich Gewohnheiten des Vorstellens aus. Es „assoziieren" sich Vorstellungen an bestimmte Wörter. Werden diese Vorstellungen beschrieben, so führt das zu weiteren Wörtern. So entstehen Assoziationsketten von Wörtern und Vorstellungen. Alle Vorstellungen bleiben dabei aber immer Erinnerungsvorstellungen oder Phantasievorstellungen, die aus Erinnertem kombiniert sind.

(2) Denkpsychologie

Von dieser (trivialen) Vorstellungspsychologie ist der Übergang zur Denkpsychologie naheliegend. Er ist schon von Platon explizit vollzogen. Zur Erinnerung gehört nämlich speziell das Erinnern an Wörter, an das was gesagt, geschrieben oder gedruckt wurde. Stellt man sich in der Phantasie Argumentationen vor, dann sei diese spezielle Vorstellungtätigkeit „Denken" genannt.

Bildungssprachlich werden oft Denken und Vorstellen gleichgesetzt. Aber die Wichtigkeit des vorgestellten Argumentierens begründet die Verwendung eines eigenen Wortes für die „Selbstgespräche der Seele". F. Mauthner setzt Denken und Reden gleich. Hier sei dagegen vorgeschlagen, vorgestelltes Reden „Denken" zu nennen.

Die Termini, die für Beratungen verwendet werden, ergeben dann auch Unterscheidungen für vorgestellte Beratungen, für das „innere" Beraten. Für das innere Beraten sei das Wort „überlegen" vorgeschlagen. Stimmt man innerlich aufgrund von Überlegungen einer Behauptung zu, so soll gesagt werden, daß man zu einer *Meinung* gekommen sei. Man „hat" dann eine Meinung.

Geht es in der Überlegung um auszuführende Handlungen oder um bedingte Zwecke, um Normen, so seien die inneren Vorschläge, von denen die Überlegung ausgeht, *Wünsche* genannt. Wird nach

Abwägung von Wünschen und Gegenwünschen ein innerer Beschluß gefaßt, so heißt dies ein *Entschluß*. Dann ist man — bedingt — aufgrund von Meinungen und Wünschen zu einem bestimmten Handeln *entschlossen*. Man kann im Deutschen auch sagen, daß man dann so handeln „wolle". Das ist ein unproblematischer Gebrauch von „Wollen", weil nicht nach der Freiheit oder Unfreiheit des Wollens gefragt werden kann. Es kann nur darum gehen, ob die Überlegungen vernünftig oder unvernünftig waren.

Auch die Frage nach dem guten oder bösen Wollen („Willen") ist eine Scheinfrage: nur die Handlungen, Zwecke oder Normen können mit deontischen Modalitäten beurteilt werden.

Das Meinen und Wollen der Bürger ist für die Politik von entscheidender Wichtigkeit, da im Parlament über Normen beschlossen wird, die alle Bürger betreffen — aber es können nicht alle Bürger ihre Überlegungen vortragen. Die Politiker müssen daher mit Vermutungen über das Meinen und Wollen der Bürger arbeiten. Diese Vermutungen können theoretisch gestützt werden durch die Sozialwissenschaften. Empirisch ist zwar nur zugänglich, was die Bürger sagen und tun — was die Bürger meinen und wollen, muß in den Sozialwissenschaften „erdeutet" werden.

Das Wollen haben wir per definitionem auf handlungsvorbereitende Überlegungen zurückgeführt. Unsere jüdisch-christliche Tradition hat es aber mit sich gebracht, daß der Mensch dadurch vom Tier unterschieden wird, daß er über seine Triebe hinaus (die er, wenn auch reduziert, mit den Affen gemeinsam hat) nicht nur ein Vorstellungsvermögen, einschließlich des Denkvermögens hat, sondern einen „freien Willen" zum Guten oder Bösen. Diese spekulative Psychologie ist von den frühen Kirchenvätern (Klemens von Alexandrien, Origines) erdacht worden, um den griechisch Gebildeten der römischen Kaiserzeit den Weltenschöpfer des jüdischen Mythos als eine Macht begreiflich zu machen, die die Menschen nicht in ihrer Vernunft unendlich übertrifft, sondern in der Güte ihres „Willens". Diese Spekulation schrieb den Menschen einen endlichen „Willen" zu, der gut und böse sein konnte.

So ist es dazu gekommen, daß der Volksmund bei uns z.B. von einem störrischen Tier, oder einem störrischen Kind sagt: „Es weiß, was es will". Das störrische Verhalten von Tieren und Menschen ist aber ein Musterfall eines Tuns, das gerade kein Handeln aufgrund eines überlegten Wollens ist.

(3) Begehrungspsychologie

Kritisch betrachtet, erfordert die Unterscheidung des (überlegten) Handelns vom (unüberlegten) Verhalten – mit dem Zwischenbereich der Handlungsgewohnheiten – keine Spekulationen über den freien Willen, sondern eine Begehrungspsychologie, die für Mensch und Tier gleich ist. Der Mensch unterscheidet sich vom Tier allerdings dadurch, daß alles Begehren durch das Denken überformt ist. Der Definition von Grundbegriffen einer Begehrungspsychologie sind mehrere allgemeine Unterscheidungen vorauszuschicken. „Natur" wird negativ definiert als der Bereich aller Geschehnisse und Dinge, die nicht zu der von Menschen hervorgebrachten Kultur gehören. Bildungssprachlich ist die Unterscheidung von Kultur versus Natur nicht deutlich, weil z.B. die historisch tradierten Sprachen „natürliche" Sprachen heißen. Hier wird „natürlich" als Gegensatz zu „künstlich" gebraucht. Esperanto ist eine künstliche Sprache, Deutsch eine natürliche Sprache – aber beide Sprachen sind Kulturleistungen.

Normieren wir „Natur" als Gegenbegriff zu „Kultur", dann läßt sich innerhalb der Natur die belebte von der unbelebten Natur unterscheiden (wenn auch gegen den Sinn des lateinischen „natura"). Die philosophische Tradition enthält viele Versuche, „Leben" zu definieren. Z.B. wird dasjenige „belebt" genannt, was sich „von sich aus" bewegt, ohne dazu von außen angestoßen zu sein. Diese negative Definition, durch die das „Leben" dasjenige wird, das nicht physikalisch-chemisch erklärbar ist, wird bekanntlich von der Molekularbiologie verworfen (vgl. dazu II, 4). Diese Kontroverse läßt sich vermeiden, wenn man die Abstammungslehre der modernen Biologie heranzieht. Nach ihr sind *alle* Lebewesen durch Abstammung miteinander verbunden. Alle Lebewesen sind also in dem Sinne miteinander „verwandt", daß es gemeinsame Vorfahren gab. Per definitionem sind wir Menschen „Lebewesen" und wir dehnen diesen Terminus auf alle Dinge aus, die mit uns durch Abstammung verwandt sind. Für die unbelebte Natur bleibt dann nur Physik und Chemie übrig: wir versuchen, Geschehnisse der unbelebten Natur stets als physikalisch-chemische Bewegungen zu erklären.

Die Bewegungen der Lebewesen (oder *Organismen*) sind zum Teil physikalisch-chemisch zu erklären. Man kann z.B. Organismen stoßen und die bewirkte Beschleunigung aus den Massen und Geschwindigkeiten vorausberechnen. Wir haben aber in der Sprache besondere Wörter, die wir unabhängig von allen physikalisch-chemischen Forschungsprogrammen für unser Zusammenleben mit Pflanzen und Tieren gebrauchen. Wir kennen aus vorwissenschaftlicher Erfahrung z.B. den Jahresrhythmus von Pflanzen: die ersten Regungen im Frühjahr, die Entwicklungen bis zur Frucht und das Erstarren oder Absterben im Winter. Diese besonderen „Bewegungen" der Pflanzen, die wir vor aller wissenschaftlichen Biologie schon kennen, mögen hier zusammenfassend „Regungen" heißen. Als Menschen haben wir teil an diesen Regungen, sie sind unser vegetatives Leben. Im Gegensatz zur aristotelischen Terminologie sprechen wir nicht von einer vegetativen „Seele", sondern reservieren das Wort „Seele" für Tiere, die wie wir Lust und Schmerz empfinden.

Für eine Wissenschaftssprache (die zum Zwecke der Beratung normativer Probleme konstruiert werden soll) ist eine Rekonstruktion der alltäglichen Wendung „Lust und Schmerz empfinden" zur Zeit noch ein kontroverser Schritt. Das Wort „empfinden" suggeriert ja, daß wir gewisse Geschehnisse (eine Lust oder einen Schmerz) *in* uns „finden". *In* unserem Körper kann aber selbstverständlich auch mit den modernsten medizinischen Methoden nur Physikalisch-Chemisches gefunden werden, z.B. elektrische Ströme oder Molekülketten. Das Wort „Empfinden" (ebenso wie „Introspektion", als ob wir in unserem Inneren Lust oder Schmerz *sehen* könnten) ist irreführend.

Trotzdem besteht kein Grund, die Rede von Lust und Schmerz aus der Wissenschaft zu verbannen — sie gehört nur nicht zu den Wissenschaften von der unbelebten Natur und auch nicht zur Botanik. Tiere und Menschen unterscheiden sich von den Pflanzen dadurch, daß zu ihren Regungen auch *Reaktionen* gehören. Die Besonderheit von Reaktionen gegenüber bloßen Regungen kann *nicht* dadurch definiert werden, daß man die Wörter „Lust" und „Schmerz" als bekannt voraussetzt und dann eine Reaktion etwa kausal erklärt, als eine Regung, die von einem Schmerz *bewirkt* wird, oder final als eine Regung, *um* einen Schmerz zu vermeiden. Das wäre eine Definitionslücke.

Jeder, der eine Sprache erlernt hat, kennt zwar Wörter, die den deutschen Wörtern Lust und Schmerz entsprechen, aber trotzdem muß die Frage beantwortet werden, wie diese Wörter methodisch gelehrt und gelernt werden können. Die moderne Verhaltensforschung (als verstehende Verhaltensforschung im Gegensatz zum Behaviorismus) hat der sprachkritischen Wissenschaftstheorie auf diese Frage eine Antwort ermöglicht. Man rekonstruiere nämlich zunächst die Wendung, daß „etwas schmerzt". Das setzt voraus, daß — unter gewissen Bedingungen — ein Vorgang regelmäßig eine Regung bewirkt. Das ist auch bei Pflanzen der Fall: unter gewissen Bedingungen bewirkt z.B. erhöhte Temperatur schnelleres Wachstum. Bei Tieren (und auch bei uns) kennen wir aber nicht nur solche regelmäßig bewirkten Regungen, sondern auch eine *Veränderung* der bewirkten Regungen. Das Tier *lernt,* d.h. unter denselben Bedingungen „bewirkt" derselbe Vorgang bei hinreichender Wiederholung eine sich ändernde Regung. Diese Definition von „lernen" ist keine Definition im Sinne der Physik, weil eine physikalische Wirkung — unter gleichen Bedingungen — immer die gleiche ist.

Wir können aber das Wort „lernen" empraktisch an unserem eigenen Lernen lernen. Im engeren Sinne wird das Wort „lernen" nämlich für das zweckmäßige Einüben eines Wissens oder Könnens gebraucht, z.B. wenn wir eine Fremdsprache lernen oder Kochen lernen. Dieses Lernen ist ein Handeln und daher auf Menschen beschränkt. Das Erreichen eines Zweckes ist für den Ungelernten schwierig, umständlich und oft erfolglos. Das ändert sich während des Lernens: der Zweck wird immer schneller und sicherer erreicht. Diese Eigenschaften des Lernprozesses rechtfertigen es, bei Tieren (und Kleinkindern) ebenfalls von „Lernen" zu sprechen, obwohl kein Handeln nach Zwecken stattfindet. Von den Behavioristen sind viele „Versuchsanordnungen" erdacht, die exemplarisch das Lernen im weiten Sinne demonstrieren. Z.B. sind Hindernisse aufgebaut, die eine Ratte überwinden muß, *um* von einer Stelle *weg*zukommen, oder *um* zu einer anderen Stelle *hin*zukommen.

Die Benutzung der Partikeln „um—zu" ist aus der Sprache des finalen Handelns entnommen. Ebenso wie das Wort „Lernen" müssen diese Partikeln jetzt in einem weiteren Sinn verwendet werden. Wir Menschen leben ja nicht nur mit Erwachsenen in redevermittelten Handlungszusammenhängen, wir sind immer schon mit Kindern und Tieren in Lebenszusammenhängen aufgewachsen. Daher wissen wir, daß es Vorgänge gibt, die Mensch und Tier von einer Stelle „wegtreiben" (z.B. Hitze) und zu einer anderen Stelle „hintreiben" (z.B. Schatten). Sind für den Ortswechsel Hindernisse vorhanden, so „lernen" wir diese zu überwinden. Erst umständlich, vielleicht erfolglos, aber bei genügender Wiederholung sicherer und schneller. Wir wissen auch, daß solche „Lernprozesse" individuell verschieden sind. Die Eigenschaft, ein Lernprozeß zu sein, unterscheidet diese Regungen der Tiere und Menschen von den Regungen der Pflanzen.

Lernprozesse haben wir — vor dem zweckmäßigen Handeln — immer schon vielfach durchgemacht. Die natürliche Sprache sagt dazu: der Schmerz treibt uns weg, die Lust treibt uns hin. Aber das muß erst rekonstruiert werden, weil die Wörter „Lust" und „Schmerz" noch nicht zur Verfügung stehen. Mit dem Wort „Treiben" (statt „Bewirken", weil es jetzt um Lernprozesse geht), lassen sich „Lust" und „Schmerz" leicht vermeiden. Es genügt ja zu sagen, daß die Hitze uns wegtreibt, und daß der Schatten uns hintreibt.

Im Behaviorismus wird dieser Sport perfektioniert: über gelernte Regungen von Tier und Mensch zu reden, ohne Lust und Schmerz zu erwähnen. Dadurch wird der Eindruck erweckt, es sei *unwissenschaftlich*, von Lust und Schmerz, von unserem Empfinden zu reden. *Wissenschaftliches* Reden müsse sich auf das Reden über gelernte Regungen beschränken, auf das Reden über *Verhalten*. Das Wort „Verhalten" wird dafür durch „gelernte Regung" definiert.

Vorgänge, die unter bestimmten Bedingungen bei Wiederholung einen Lernprozeß bewirken, heißen „Reize". Lernt man, nach dem Reiz sich wegzubewegen oder hinzubewegen, so heißt dieses Verhalten die *Reaktion auf* den Reiz. Wir reagieren auf den Reiz, als ob ein „Weg!" oder ein „Hin!" befohlen würde. Daß der Reiz uns „wegtreibt" oder „hintreibt", ist nur eine andere Ausdrucksweise für das Reagieren *auf* den Reiz. Noch einmal anders ausgedrückt: auf den Reiz *streben* wir weg oder *streben* wir hin. Die gelernte Regung (das Verhalten, mit dem wir reagieren) ist ein Streben, das ein

Ziel hat: das Vermeiden des Reizes (Weg!) oder das Erreichen des Reizes (Hin!). Das zielstrebige Verhalten ist kein zweckmäßiges Handeln — aber beides muß gelernt werden. Für uns Menschen kommt die Besonderheit hinzu, daß wir uns das durch unser Verhalten erstrebte Ziel als Zweck setzen können. Mit einem etwas altertümlichen Wort sei das Streben, das wir durch unser Handeln unterstützen, ein *Begehren* genannt. Was wir begehren, sind keine bloß gewünschten Zwecke, sondern Zwecke, die zugleich Ziele sind, die wir durch unser Verhalten erstreben. Da das Setzen von Zwecken aufgrund von Überlegungen geschieht (die Tugend der Besonnenheit sei vorausgesetzt), können wir unsere Zwecke auch erstrebten Zielen entgegensetzen: wir brauchen nicht nur zu reagieren.

Wie weit ein solcher Triebverzicht um anderer Zwecke willen gehen *kann* (Wie weit ist er erreichbar?) und wie weit er gehen *soll* (Wie weit ist er „zumutbar"?), das hängt von den Begründungen der Zwecke, bis zu den obersten Zwecken ab. Das ist für jeden Einzelfall nur im ethisch-politischen Gesamtzusammenhang unseres Lebens zu klären.

Das Wort „Begehren" ist etymologisch verwandt mit „Gier", „Begierde" und „gern", im Lateinischen mit „gratia" und „gratis", im Griechischen mit „Charisma". Terminologisch sei Begehren von *Bedürfnis* so unterschieden, daß nur die als Zwecke *anerkannten* Begehrungen „Bedürfnisse" heißen. Denn Begehrungen können im Handlungszusammenhang der Menschen in Staat und Familie daraufhin befragt werden, ob sie als Zwecke erlaubt oder nicht erlaubt sind. Bedürfnisse bestehen nicht schon deshalb, weil es Begehrungen gibt, sondern erst dann, wenn über die Begehrungen beraten ist: im freien Konsens werden Begehrungen als Bedürfnisse *anerkannt*. Im Normalfall geschieht dies negativ: einige Begehrungen werden (als ob es bloße Wünsche wären) nicht als Bedürfnisse anerkannt. Nach diesen terminologischen Klärungen ist es dogmatisch, daß über Lust und Schmerz nicht gesprochen werden dürfe. Wenn wir beim Handeln über Dinge und Geschehnisse reden, dann braucht zwar meistens z.B. nicht über das *Wahrnehmen* gesprochen zu werden, aber selbstverständlich wird bei Störungen des Handelns in einfachsten Fällen etwa gefragt: „Siehst Du den Ball nicht?", „Siehst Du nicht, daß der Ball bunt ist?".

Entsprechend braucht in den Lebenszusammenhängen, in denen wir – evtl. mit Tieren zusammen – auf Reize reagieren, meistens nicht über das *Empfinden* gesprochen zu werden. Aber bei Störungen des Verhaltens wird das Wort „Empfinden" nützlich. Man fragt etwa: „Empfindest Du den Reiz nicht?", „Empfindest Du nicht, daß der Reiz schmerzt?". Tiere kann man zwar nicht fragen, aber ihre Verhaltensstörungen erfordern, daß *wir* uns nach ihren Empfindungen fragen. Im Normalfall empfinden wir mit den Tieren (insbesondere den uns vertrauten Tieren) gemeinsam Lust und Schmerz – das gehört zum Lebenszusammenhang. Das wissen wir *vor* aller Wissenschaft. Es ist ein Dogma der Behavioristen, daß wir als Wissenschaftler nur „Hypothesen" über das Empfinden der Tiere aufstellen könnten. Dieses Dogma ist oft mit philosophischen Spekulationen begründet worden (bis zum Solipsismus, der auch dem Mitmenschen nur „hypothetisch" ein Empfinden unterstellt) – es bleibt aber eine Gedankenlosigkeit, die vorwissenschaftlichen Lebens- und Handlungszusammenhänge dann zu vergessen, wenn man mühsam die Stufe physikalischer Theorienbildung erklommen hat.

Die Sprache der verstehenden Verhaltensforschung ist selbstverständlich viel differenzierter als dieser erste Rekonstruktionsschritt von „Empfinden", „Lust" und „Schmerz" zeigt. Hier begnügen wir uns mit *einer* Differenzierung. Es gibt zwischen den nicht-erlernten Regungen und dem erlernten Verhalten eine Zwischenform, die man „nicht-erlerntes Verhalten" (auch „angeborenes" Verhalten) nennt. Um den bisherigen Definitionen nicht zu widersprechen, muß dazu der Terminus „Verhalten" in einem weiteren Sinne gebraucht werden, nämlich für Regungen, die durch Vorgänge bewirkt („ausgelöst" ist die übliche Metapher) werden, *als ob* das Lebewesen auf Reize reagiere. Für dieses Verhalten im weiteren Sinne sei der Ausdruck „instinktives Verhalten" benutzt. Wörtlich übersetzt heißt „Instinkt" nichts anderes als *Antrieb*. Etymologisch gehört es zu lat. „stingere" und ist mit „stimulus" verwandt. „Stimulus" wird als Fremdwort für *Reiz* gebraucht. Es bedeutet ursprünglich den Stecken oder Stachel, mit dem Vieh „angetrieben" wird.

Für die menschliche Psychologie ist – auf der bisherigen rein tierpsychologischen Basis – entscheidend, daß bei uns das instinktive und erlernte Verhalten durch das Handeln nach Zwecken überformt ist. Der Mensch ist ein denkendes Lebewesen.

Als soziale Lebewesen leben und lernen wir gemeinsam. Schon die Sprache wird vom Kind nur dadurch gelernt, daß es in der Familie und in anderen Kleingruppen gemeinsam Verhalten, Handeln und Reden lernt. Da der Staat erst durch Schulen, allenfalls Vorschulen in diese Lernprozesse eingreift, ist der Ausdruck „primäre Sozialisation" für das erste Lernen durchaus zutreffend. Beim Kind entwickelt sich die Vorstellungstätigkeit anders als bei einem Jungtier. Die redegestützte Vorstellung zukünftiger Dinge und Geschehnisse verbindet sich mit den Erinnerungen an Lust und Schmerz zu „gefühlsbetonten" *Erwartungen.* Das Kind lernt Erwartetes zu fürchten oder zu erhoffen und auch die Wörter „Erwarten", „Fürchten" und „Hoffen". Die Erfüllung einer erhofften Erwartung ist zu unterscheiden von der Befriedigung eines Begehrens. Neben „Lust" und „Schmerz" sind deshalb zusätzliche Wörter erforderlich. Die deutsche Sprache bietet dafür „Freude" und „Leid" an. Statt von Empfindungen wird bei der Erfüllung von Erwartungen von *Gefühlen* gesprochen. Man *fühlt* Freude bzw. Leid, wenn eine erhoffte bzw. befürchtete Erwartung sich erfüllt.

Auch bei höheren sozial lebenden Tieren kann entsprechend von Gefühlen (zusätzlich zu Empfindungen) gesprochen werden. Die Erwartungen sind nur graduell von menschlichen Erwartungen verschieden, da sie nicht sprachlich gestützt sind − und also auch nicht im menschlichen Sinne „mitteilbar" sind. Aber Tiere (vom Regenwurm an aufwärts) sind beseelt, sie haben Empfindungen. Und höhere Tiere haben Gefühle wie wir.

Eine weitere Differenzierung des Fühlens zu der Freude (bzw. dem Leid), die beim Menschen damit verbunden ist, daß Erwartungen erfüllt (bzw. enttäuscht) werden, die sich auf überlegte Zwecke beziehen, bleibt − durch die Sprache − den Menschen vorbehalten: die *geistigen* Freuden (bzw. Leiden) gelungenen (bzw. mißlungenen) überlegten Handelns.

Als soziale Lebewesen lernen wir, über unser Empfinden und Fühlen im gemeinsamen Verhalten und Handeln zu reden. Dadurch ist das Fühlen primär ein *Mitfühlen,* wir lernen Freude und Leid als *Mitfreude* und *Mitleid.* Das technische Denken, exemplarisch hochstilisiert im Umgang mit der unbelebten Natur, läßt das ursprüngliche Mitgefühl oft verkümmern. Für unsere politische Kultur entsteht dadurch das Schreckbild des Technokraten. Insbesondere wegen dieser Gefahr gehört zum politischen Denken ein Stück elementarer Psychologie, wie es in diesem Anhang rekonstruiert wurde.

3.3 Politische Soziologie

In kleinen politischen Verbänden, in denen eine Vollversammlung aller Erwachsenen möglich ist, so daß jeder direkt an der Beratung von Gesetzen teilnehmen kann, ist eine „Sozialwissenschaft" überflüssig. Für die neuzeitlichen Staaten ist eine solche „direkte Demokratie" ein bloßer Traum — die Partizipation der Bürger kann nur „indirekt" sein. Es werden etwa 500 Bürger als Vertreter der gesamten Bürgerschaft gewählt, in den modernen Demokratien durch allgemeine, freie Wahlen.

Die gewählten Vertreter können in Vollversammlungen miteinander reden. Diese heißen daher „Parlamente". Definiert man Politik als Machtpolitik, dann sind die Parlamentarier „Interessenvertreter" — und der Klassenkampf findet in Redeschlachten statt.

Für Politik als Friedenspolitik ist es dagegen die Aufgabe der praktischen Politiker, in den Parlamenten über die Gesetze so zu beraten, daß die freie Zustimmung *aller* (kompetenten) Bürger erwartet werden darf. Die Bedingung der Kompetenz ist immer erforderlich. Nur die Bürger können *frei* zustimmen, die hinreichend sachverständig sind *und* die sich die Mühe machen, die Argumentationen der Politiker nachzuvollziehen. Die erforderliche Kompetenz läßt sich daher pointiert so formulieren: die Bürger dürfen „weder töricht noch eigennützig" sein. Positiv formuliert, erfordert die Partizipation „Klugheit und Gerechtigkeitssinn". Bis auf weiteres ist bei uns diese Partizipation auch nur einer Mehrheit der stimmberechtigten Bürger eine Illusion. Trotzdem bleibt selbstverständlich die Suche nach gerechten Gesetzen die Pflicht jedes Parlamentariers, der um des Friedens willen Politiker geworden ist.

In den Parlamenten, Kabinetten und Ministerien bis herunter zu den Gemeindeverwaltungen muß daher für die Bürger, die man vertritt, mitgedacht werden. Genau für diese Aufgabe können die Sozialwissenschaften ihren theoretischen Beitrag zur Ausbildung und

Beratung der praktischen Politiker leisten. Erst aus der politischen
Praxis unserer Staaten entsteht die Zielsetzung der Sozialwissenschaften. Sie „konstituieren" sich aus der politischen Praxis als
politische Sozialwissenschaften.

Im folgenden geht es nicht um ein Stück der fachwissenschaftlichen Arbeit der Sozialwissenschaften, wie etwa die gegenwärtigen
sozialen Verhältnisse (in einem bestimmten Staat) der arbeitslosen
Jugend, der berufstätigen Frauen, der Industriearbeiter oder der
leitenden Bankangestellten – es geht nur um die Erarbeitung von
Grundbegriffen, mit denen die Frage beantwortet werden kann,
wie solche Untersuchungen politisch, d.h. als theoretische Stützung
gerechter Gesetzgebung, sinnvoll sind. Für eine solche Prinzipienlehre der politischen Sozialwissenschaften wird hier der Terminus
„politische Soziologie" benutzt.

Die Einbeziehung der Sozialgeschichte ist ein besonderes Problem. Primär haben es die Sozialwissenschaften zu tun mit den gegenwärtigen sozialen Verhältnissen, mit dem Leben der Bürger in
den sozialen Organisationen, insbesondere mit ihrem Meinen und
Wünschen. Erst wenn sich herausstellt, daß für diese Aufgabe auch
die Herkunft (z.B. gewisser Meinungen oder Zwecke) relevant ist,
erweitert sich das Feld der sozialen Gegenwartsforschung zur Sozialgeschichte.

In einer konsensorientierten Gesetzgebung ist für die bloß vertretenen (aber nicht mitberatenden) Bürger mitzudenken. Der Politiker muß dafür zurückgreifen können auf ein Wissen, wie die Bürger „draußen im Lande" leben. Das Ziel der Sozialwissenschaften
als theoretische Stützung der praktischen Politik umfaßt daher
zweierlei:

ein hinreichendes Wissen über die sozialen Verhältnisse, in denen
die Bürger leben
und ein hinreichendes Wissen über das Begehren und Denken der
Bürger.

Der zweite Teil (die Erforschung der *Sinngehalte* der Bürger, wie
wir terminologisch sagen werden) ist dabei ambivalent. Einerseits
kann die Erforschung bloß das Ziel haben, die *faktischen* Sinngehalte festzustellen (um daraus auf die Wirkung von gesetzlichen
Maßnahmen zu schließen), andererseits können die „Interviews"

der Sozialwissenschaftler aber zugleich der Ort sein, an dem der Dialog mit dem Bürger stattfindet. Jedes Interview kann zugleich ein Stück Aufklärung der Bürger sein – und kann umgekehrt bei den Sozialwissenschaftlern zur Überprüfung der eigenen Sinngehalte führen.

Es liegt nahe, die Sozialwissenschaften, insofern sie sich mit den sozialen Verhältnissen (z.B. den Wohnungsverhältnissen, der Einkommensverteilung, der Verteilung der Arbeitszeit usw.) beschäftigen, *ohne* dabei die Meinungen und Wünsche der Bürger einzubeziehen, als *objektive* Sozialwissenschaften auszuzeichnen. Das Begehren und Denken erscheint dadurch als „bloß" subjektive Zutat. Aber das wäre eine einfache Analogie zu den technischen Wissenschaften. In den politischen Wissenschaften geht es letztlich um nichts „Objektives", sondern um den freien Konsens der Bürger, also um etwas „Subjektives". Auch die Transsubjektivität der politischen Vernunft ist in diesem Sinne noch etwas Subjektives, d.h. nichts Objektives im Sinne der Technik oder Naturgeschichte.

Mit diesem Vorbehalt sei hier der Terminus „objektive" Sozialgeschichte (mit dem Primat des gegenwärtigen Sozialgeschehens) akzeptiert. Der Unterschied zur technischen Forschung zeigt sich schon daran, daß die sprachlichen Mittel zur Beschreibung sozialer Geschehnisse (sozialer Vorgänge, insbesondere sozialer Zustände) nicht „objektiv" vorgegeben sind. Für die Technik werden in den physikalischen Theorien Bewegungsgesetze als Hypothesen aufgestellt. Das sind allgemeine Bedingungssätze. Die Bedingungen dieser Sätze können technisch reproduziert werden und die Reproduktion ist durch Messungen überprüfbar, die letztlich auf Raum- und Zeitmessungen zurückgehen.

Wer sozialwissenschaftlich in falscher Analogie zur Physik denkt, wird daher versuchen, die objektive Beschreibung sozialer Verhältnisse auch auf Zahl und Maß zu reduzieren. Aber die empirische Sozialwissenschaft ist keine Gesetzeswissenschaft wie die Physik. Sie ist eine deskriptive Wissenschaft wie die Geschichte. Der Historiker ist allerdings beschränkt auf die Spuren dessen, was in der Vergangenheit – ohne ihn – getan worden ist. Die empirische Sozialwissenschaft kann dagegen „Situationen", in denen gehandelt wird, selber herstellen. Ihre „Daten" verdanken sich einer *systematisch erweiterten* Erfahrung in der Gegenwart.

Nehmen wir den einfachen Fall einer sogenannten Fallstudie. Man hat als „Fall" etwa eine Angestelltenfamilie (zwei Kinder, Eltern und eine Großmutter, z.B.). Auch bei der Beschränkung auf objektive Beschreibung ließen sich beliebig viele wahre Sätze formulieren, die das Leben dieser Familie beschreiben. An zu beschreibenden Dingen gibt es etwa Lebensmittel, Möbel, Kleidung, Bücher usw. Auch wenn alles nach Größe und Gewicht vermessen würde – es kommt darauf an, daß die qualitativen Unterschiede (z.B. zwischen den Büchern) relevant sind. Das gilt erst recht für die Tätigkeiten der Familienmitglieder: ihre private Arbeit, Berufstätigkeit, politische Tätigkeit und ihre Teilnahme etwa an Spiel, Sport und Kunst. Auch wenn die Dauer jeder Tätigkeit mit der Stoppuhr gemessen wird – über die Relevanz der qualitativen Unterschiede kann nur aufgrund der Einordnung der Fallstudie in die Sozialwissenschaften als theoretische Stützung einer konsensorientierten Gesetzgebung argumentiert werden.

Für die Sozialwissenschaften ist ein Kriterium erforderlich, das eine Auswahl aus den – praktisch unbegrenzten – Beschreibungsmitteln begründet. Dieses Kriterium ergibt sich nur aus der Aufgabenstellung der Sozialwissenschaften als politischer Sozialwissenschaften. Für die Novellierung von Gesetzen wird etwa darüber beraten, unter welchen Bedingungen Eltern einen „Anspruch" auf Ausbildungsbeihilfen für ihre Kinder haben. Diese Bedingungen erscheinen im Gesetzestext als Beschreibung von „Tatbeständen". Die sprachlichen Mittel der Beschreibung sind insbesondere Prädikatoren, mit denen die Einzelfälle daraufhin geprüft werden, ob sie den Tatbestand erfüllen. Nur wenn die Prädikatoren der Gesetzesbedingung auf unsere Familie zutreffen (d.h. wahre deskriptive Sätze ergeben) sind die Eltern anspruchsberechtigt. Für eine Novellierung der Gesetze können auch Prädikatoren (d.h. Unterscheidungen) verwendet werden, die bisher nicht im Gesetzestext vorkamen. Nur im Hinblick auf die Gesetzgebung hat der Sozialwissenschaftler die Möglichkeit, eine Auswahl aus den Prädikatoren einer wissenschaftlichen Beschreibungssprache zu begründen. Nur so kann er „Relevanz" begründen.

Das Schlagwort der „gesellschaftspolitischen Relevanz" bekommt hier seinen schlichten Sinn. Es handelt sich um diejenigen Prädikatoren (Unterscheidungen), die in den politischen Sozialwissenschaften zur theoretischen Stützung der Gesetzgebung gebraucht werden. Selbstverständlich kann es Kontroversen darüber geben, welche Unterscheidungen sozialpolitisch relevant sind. Ein wissenschaftlicher Konsens über die Relevanz kann nur das Ergebnis transsubjektiver Beratungen sein. Praktische Politiker werden sich dagegen – unter Zeitdruck – oft durch Kompromiß einigen. Ohne Beschränkung der sprachlichen Mittel auf die Prädikatoren einer wissenschaftlich überprüfbaren Sprache (im Idealfall: einer Orthosprache, die stets offen für Erweiterungen ist) bleiben die Sozialwissenschaften in der Gefahr, bloße Literatur zu produzieren. Die literarische Darstellung von Einzelfällen (sogar von fiktiven Fällen) mag öffentlich viel wirkungsvoller als die wissenschaftliche Bearbeitung realer Fälle sein – aber literarische Darstellungen sind nicht überprüfbar. Deshalb gehören sie nicht zur Wissenschaft, die am allgemeinen, freien Konsens orientiert ist. Das Ergebnis unserer sozialwissenschaftlichen Fallstudie wird also eine Beschreibung des Lebens der Angestelltenfamilie sein, die sich auf politisch Relevantes beschränkt. Der Ausdruck „relevant" läßt sich vermeiden, weil man stattdessen auch sagen kann, daß der Sozialwissenschaftler sich darauf beschränkt, die (politische) *Situation* zu beschreiben, *in* der sich die Familie befindet. Das Wort „Situation" wird dazu terminologisch so verwendet, daß zur Beschreibung der Situation nur diejenigen deskriptiv-wahren Sätze (über die Familie) gehören, die relevante Unterscheidungen treffen.

Vieles, was in der Familie geschieht (Vorgänge und Zustände) ist sozialwissenschaftlich irrelevant – obwohl man sich über die Relevanz bzw. Irrelevanz stets täuschen kann. Es sei daher davor gewarnt, *jede* Zustandsbeschreibung eine Situationsbeschreibung zu nennen – das Problem, über die Relevanz gewisser Unterschiede zu entscheiden, würde dadurch verschwinden.

Die Beschränkung auf Situationsbeschreibungen (im Gegensatz zu beliebigen wahren Beschreibungen) mag dem Leser für Fallstudien gekünstelt erscheinen – sie wird aber zwingend, wenn über alle Bürger (oder große Teilgruppen) eines Staates von den Sozialwissenschaften etwas gesagt werden soll.

Ist diese Anzahl der betroffenen Bürger so groß, daß mit Deskriptionen aller Einzelfälle nicht mehr argumentiert werden kann (selbst wenn ein Computer alle Einzelfälle gespeichert hätte), dann sind *statistische* Beschreibungen der Bürgerschaft erforderlich. Die Statistik ist als politische Statistik in der Zeit des Absolutismus entstanden — der Herrscher kannte die Bürger (seine „Untertanen") nicht einzeln, so begnügte er sich damit, ihren „Zustand" (lat. status, niederländisch staat) zu kennen. Die Statistik lieferte seine Kenntnis dieses „Staats".

Der einfachste Fall statistischer Kenntnis ist die Auszählung einer Wahl. Es sind etwa 20 Millionen Stimmen abgegeben, z.B. bei einem sogenannten Volksbegehren mit schlichtem „Ja" oder „Nein". Die deskriptive Statistik berechnet dann, wieviel Prozent Ja-Stimmen abgegeben sind, sie berechnet die (sogenannten relativen) *Häufigkeiten* von „Ja" und „Nein".

Die moderne Stochastik (wahrscheinlichkeitstheoretische Statistik) wird in der politischen Statistik nur dann gebraucht, wenn eine vollständige Deskription zu aufwendig wird, so daß man sich mit Schätzungen zufrieden gibt. Dazu werden *Stichproben* mit *Zufallsauswahl* von etwa 2 000 oder 4 000 Bürgern gemacht. Nur die Auswahl mit einem Zufallsgenerator bringt die Wahrscheinlichkeitsrechnung in die Statistik hinein (in der Thermodynamik z.B. ist das ganz anders). Hat man in einer Urne 1 000 weiße oder schwarze Kugeln und entnimmt man „zufällig" (d.h. hier z.B. blind nach guter Mischung) 10 Kugeln, etwa 3 weiße und 7 schwarze, dann ergibt die einfache Hochrechnung 300 weiße Kugeln in der Urne. Dazu läßt sich mit Hilfe der Stochastik berechnen, wie *wahrscheinlich* die *Schätzung* zutrifft, daß die Häufigkeit der weißen Kugeln bis auf einen gewählten Fehler, z.B. von 0,01 mit der Stichprobenhäufigkeit (hier: 0,3) übereinstimmt.

Alle Bürger eines Multimillionen-Staates durch eine Kennzeichnung symbolisch in eine Urne zu tun, ist immer noch zu aufwendig. Die Statistiker treffen daher Vorauswahlen von Teilgruppen (z.B. die Bürger einer nördlichen Industriestadt und die Bürger eines südlichen Landkreises), ehe sie die zufällige Stichprobe entnehmen. In dieser Vorauswahl wird Erfahrung gebraucht und ersichtlich kann hier manipuliert werden, wenn Interessen im Spiel sind.

Das ist jedoch keine prinzipielle Schwierigkeit, weil eine vollständige Deskription in einer sogenannten Volkszählung nur eine Kostenfrage ist. Wonach in einer Volkszählung gefragt wird, das ist dagegen von der politischen Zwecksetzung (z.B. einer Novellierung des Ausbildungsförderungsgesetzes) abhängig. Diese Abhängigkeit besteht auch dann, wenn man sich auf objektive Daten beschränkt, weil dazu über die Relevanz von Unterscheidungen Konsens erreicht sein muß.

Die entscheidende Schwierigkeit der Sozialwissenschaften liegt aber darin, daß objektive Daten über die in den Parlamenten und Ministerien nur „vertretenen" Bürger für die Gesetzgebung nicht genügen. Die Beratung der Gesetze ist ja so zu führen, als ob alle Bürger mitberaten würden. Die faktischen Zwecksetzungen (als Unterzwecke von Lebensformen) aller Bürger müssen — soweit möglich — in die Beratungen einbezogen werden — aber alle Zwecksetzungen müssen für die Gesetzgebung einer transsubjektiven Kritik unterzogen werden. Das Endziel der Gesetzgebung, den Pluralismus unverträglicher Lebensformen (als oberster Zweck) zu einer verträglichen Pluralität umzuarbeiten, muß von jedem Bürger, der gehört sein will, akzeptiert werden.

Die Aufgabe der praktischen Politiker, für alle — kompetenten — Bürger mitzudenken (und übrigens: die Nichtkompetenten durch Bildungsinstitutionen darin zu unterstützen, sich kompetent zu machen), erfordert, daß die empirische Sozialwissenschaft über die objektiven Daten hinausgeht. Sie muß, wie man seit Schleiermacher und Dilthey sagt, eine *hermeneutische* Wissenschaft werden, um auch subjektive Daten zu erarbeiten. Für die Gesetzgebung braucht man nicht nur ein Wissen über die „äußeren" Verhältnisse der Bürger, sondern auch über ihr „inneres" Leben. Für den allgemeinen, freien Konsens muß man wissen, was die Bürger antreibt und was sie geistig bewegt, eine normative Ordnung anzunehmen oder abzulehnen. Zur Situation, in der die Bürger politische Entscheidungen treffen, gehören nicht nur die ökonomischen Bedingungen, zu ihrer Situation gehört auch ihre seelisch-geistige Herkunft. Da Menschen, wie die höheren Tiere, durch individuelle Lernprozesse Verhaltensweisen erworben haben — als Menschen außerdem aber mit dem Sprechen auch Denken gelernt haben —, gehört die Ausbildung des Begehrens und Denkens mit zur Situation des Bürgers.

Hier muß die ganze psychologische und noologische Begrifflichkeit herangezogen werden, um bei der Gesetzgebung in die Argumentationen alles mitaufnehmen zu können, was die Bürger vorbringen würden, wenn sie anwesend wären.

Zur Situation der Bürger, die von den Sozialwissenschaftlern erforscht werden soll (um dieses Wissen als theoretische Stützung den praktischen Politikern zur Verfügung zu stellen), gehören ihre Zwecksetzungen und (technischen) Meinungen über die Mittel für die gesetzten Zwecke und Oberzwecke. Außerdem gehören auch die Meinungen über ihre Situation dazu, nämlich Relevanzentscheidungen für die Beschreibung ihrer Verhältnisse. Die Zwecksetzungen können Begehrungen sein oder bloße Wünsche − und es ist zu berücksichtigen, daß sich die Bürger für ihre Zwecksetzungen Handlungsregeln als *Gewohnheiten* erworben haben bis zu Maximen, · d.h. bis zu Handlungsregeln, die zur Lebensform gehören.

Meinungen und Zwecke sind bei jedem „mündigen" Bürger in einen − mehr oder weniger geordneten − Zusammenhang gebracht. Zu den Situationsmeinungen gehören insbesondere Meinungen über die Situation der Mitbürger, also z.B. über deren Situationsmeinungen, über deren technisches Wissen (oder Unwissen) und über deren Einsicht (oder Uneinsicht) in eine normative Ordnung der Zwecke.

Zusammenfassend sei alles das, was durch Denken das Handeln eines Menschen bestimmt, sein *Sinngehalt* genannt. Die Sinngehalte der Bürger sind der Gegenstand der hermeneutischen Sozialwissenschaft. Diese Sinngehalte werden häufig nicht kritisch durchdacht sein. Sie können technischen Aberglauben, politische Ideologie enthalten − und z.B. reine Illusionen über die eigene Situation oder über die Situation anderer.

Die Sozialwissenschaft braucht sich als politische Grundlagenwissenschaft nicht darauf zu beschränken, die faktischen Sinngehalte der Bürger zu erheben (obwohl das ihre primäre Aufgabe ist) − sie kann zugleich in den „Interviews" auf undurchdachte Sinngehalte aufmerksam machen. So entsteht eine pädagogische Nebenaufgabe politischer Bildungsarbeit (bis herunter zu profaner Seelsorge). Sie hat zur Voraussetzung, daß der Sozialwissenschaftler selbst mit kritisch überprüften Begriffen ausgerüstet ist. Sobald der Verdacht entsteht, daß zum Sinngehalt des Sozialwissenschaftlers z.B. Illusionen über die gegenwärtige Situation oder gar politische Ideologien gehören, wird die Sozialforschung sinnlos. Das heißt nicht, daß die Sozialwissenschaftler allwissend sein müßten − sie sollten sich nur (durch die Ausbildung in den Prinzipien ihrer Wissenschaft) über ihre Aufgabe als Grundlagendisziplin einer Friedenspolitik im klaren sein. Und sie sollten die Grundbegriffe, die sie für ihre Deskriptionen gebrauchen, beherrschen. Der Bürger als „Gegenstand" der Sozialforschung kann dem Sozialwissenschaftler im Urteil über die Relevanz von Unterscheidungen durchaus überlegen sein. Der Wissenschaftler muß daher fähig sein, sich in die Situation der Bürger hineinzudenken, ja einzufühlen. Er muß dazu eventuell seine Deskriptionsbasis erweitern – im Unterschied zum Bürger ist er als Wissenschaftler aber verpflichtet, konsistente nachvollziehbare Beschreibungen als Resultat seiner Fallstudien vorzulegen. Das wird selbstverständlich schwieriger, wenn zum Staat Gruppen von Bürgern gehören (etwa eingebürgerte Ausländer), die noch in traditionalen Kulturen aufgewachsen sind. In einem posttradional aufgeklärten Staat muß von den Bürgern nicht verlangt werden, ihre Traditionen aufzugeben. Es geht nur darum, daß für die Teilnahme an der Gesetzgebung verlangt werden kann, das Endziel einer verträglichen Vielfalt der Lebensformen über die traditionalen Verhaltens- und Denkgewohnheiten zu stellen.

Die gegenwärtigen Sozialwissenschaften verstehen sich bekanntlich anders als es der hier vorgetragenen politischen Soziologie entspricht. Der Kultur-Relativismus und Kultur-Nihilismus, die Erschütterung des Vertrauens in die politische Vernunft (und damit die Entfesselung der technischen Vernunft), wie sie die Philosophie und Wissenschaft des 19. Jahrhunderts uns hinterlassen hat (Darwin, Marx und Freud einerseits, Kierkegaard und Nietzsche andererseits – alles getragen von der romantischen Grundströmung des deutschen Historismus) hat die gegenwärtigen Sozialwissenschaften weitgehend zu einem Verzicht auf ihre ethisch-politische Aufgabe gebracht. Der Mut, an der griechisch-europäischen Vernunft festzuhalten, wird als dogmatische Enge verdächtigt, als „Eurozentrismus".

Das Verständnis politischer Soziologie als einer Prinzipienlehre der Sozialwissenschaften muß der fachlichen Arbeit vorausgehen. Die hermeneutische Arbeit kann die Einsicht in die Prinzipien ethischer Politik vertiefen – diese Arbeit muß aber schon nach diesen Prinzipien begonnen werden.

Auch nach hinreichender Klärung der Prinzipien bleibt die hermeneutische Aufgabe schwierig genug. Selbst wenn der Sozialwissenschaftler im günstigsten Fall einige Jahre mit dem „Gegenstand" (d.h. den Personen) seiner Fallstudie zusammenlebt (im obigen Fall also mit der Angestelltenfamilie), so kann er als überprüfbare Fakten stets nur berichten, was die Familienmitglieder tun und was sie reden.

Um die Zwecke der Personen mit in die politischen Beratungen einzubringen (und es wird anschließend an die Fallstudien zu untersuchen sein, wieviele Familien des Staates in ähnlichen Verhältnissen leben und etwa das Gleiche tun und reden), dazu muß das Tun und Reden *gedeutet* werden. Vieles was getan wird, kann bloßes Verhalten sein, überformt durch Sitten und Gewohnheiten: z.B. wie man ißt, sich kleidet, sich durch Spiel und Sport die Zeit vertreibt – alles in Abhängigkeit von den „objektiven" Verhältnissen. *Deutung* wird erst erforderlich, wenn die Personen handeln, also aufgrund von Überlegungen etwas tun. Was da überlegt wird, allgemeiner: der Sinngehalt der Personen, ist aus dem Tun und Reden zu *erdeuten.* Erst mit einem (erdeuteten) Sinngehalt kann dann das Tun und Reden als ein Handeln *gedeutet* werden.

Wenn etwa eines der Kinder in der Schule mit besonderem Eifer beginnt, Sonne, Mond und Sterne zu betrachten, Bücher darüber zu lesen usw., dann wird dies – normalerweise – ein Handeln sein, das sich selbst genug ist, d.h. afinales Handeln. Vielleicht akzeptieren die Eltern aber astronomische Studien nicht als „Selbstzweck" – sie werfen dem Kind dann vor, es „mache sich wichtig", es vernachlässige die Schule usw.

Schon dieser einfachste Fall afinalen Handelns (in dem gar kein Zweck zu erdeuten ist, um das Tun als Mittel zu diesem Zweck zu deuten) zeigt die *Ungenauigkeit* aller Hermeneutik. Die politischen Wissenschaften sind keine „exakten" Wissenschaften. Das ist kein Mangel. Jeder Versuch, die Exaktheit der technischen Wissenschaften hier nachzuahmen, verrät vielmehr mangelnde Einsicht in die Aufgabe, freien Konsens zu erreichen. Wer meint, dem Bürger andemonstrieren zu können, was er wollen solle (wo er sich in der Vielfalt der Lebensformen seinen Platz suchen solle), der bemüht sich nicht um *freien* Konsens, sondern der will Konsens erzwingen – so wie man technische Effekte erzwingen kann.

Macht man sich frei von der Faszination technischer Exaktheit, dann wird die Ungenauigkeit, die zu jeder Deutung menschlichen Tuns gehört, eine Selbstverständlichkeit. Was jemand sagt, kann gelogen sein — und wer nicht lügt, kann sich irren. Trotzdem beruht unser Zusammenleben darauf, daß es immer wieder ehrliches, gemeinsam um Wahrheit und Gerechtigkeit bemühtes Miteinanderreden gibt. Jeder Mensch lernt ja nur dadurch reden, daß er lernt, an diesem ehrlichen Miteinanderreden teilzunehmen.

Diejenigen theoretischen Köpfe, deren Leidenschaft genaues Denken ist, brauchen sich nicht auf technisches Denken zu beschränken. Sie haben in der Prinzipienlehre der politischen Wissenschaften ein lohnendes Arbeitsfeld. In ethisch-politischen Prinzipienfragen muß (so sagte schon Kant) noch „pünktlicher" gedacht werden als in der Geometrie. Dort ist ja vieles selbstverständlich. Bei politischen Sinngehalten ist aber gerade das vermeintlich Selbstverständliche oft bloß unkritisch übernommen.

Weil es in den politischen Wissenschaften um mehr geht als um technische Effizienz — nämlich letztlich um Leben statt Tod, um Frieden statt Krieg —, gehört es zur Aufgabe (mit modernem Pathos sagt man: zur „Verantwortung") der Politologen, Soziologen und Psychologen, sich um klare Deutungen des Tuns und Redens der Personen zu bemühen, denen ihre Studien gewidmet sind.

Obwohl für finale Handlungen erst Zwecke zu erdeuten sind, ehe man das Tun als Mittel zu einem Zweck deuten kann, gibt es auch hier stets eine Basis klarer Deutungen. Wer im Winter nur einen Holzofen hat, aber keinen Vorrat an Kleinholz, und dann Holz hackt, der tut das, *um* ein Feuer zu machen. Es ist eine Spielerei, sich hier Gegenbeispiele auszudenken. Es kommt hinzu, daß für die Sozialwissenschaften nicht einmalige Handlungen relevant sind, sondern nur regelmäßig wiederholte Handlungen. Die Wiederholung sichert die Deutung — obwohl „absolute" Sicherheit in allen menschlichen Dingen eine Illusion ist. Für wiederholte Handlungen, deren Zwecke schon erdeutet sind, lassen sich dann häufig auch Oberzwecke — mit praktischer Sicherheit — erdeuten: das Handeln wird dadurch als ein mehrfach vermitteltes Handeln gedeutet.

Selbstverständlich sind für diese Hermeneutik des Tuns Gespräche mit den handelnden Personen sehr hilfreich. Wer den Zweck angibt, um dessen willen er etwas tut. kann allerdings lügen — oder sich irren, z.B. sich selbst belügen. Aber jedes Gespräch wäre sinnlos, wenn nicht als erste Vermutung Ehrlichkeit unterstellt wird. Durch das Reden, zusätzlich zum Tun, wird andererseits die Ungenauigkeit allen Deutens vergrößert. Denn nur unter Wissenschaftlern kann der Sprachgebrauch durch Definitionen und semantische Normierungen hinreichend eindeutig gemacht werden. In der Familie unserer Fallstudie wird der Sprachgebrauch überall da, wo er nicht empraktisch kontrollierbar ist, mit Mehrdeutigkeiten belastet sein.

Auch diese Ambivalenz sozialwissenschaftlicher Forschung ist unvermeidlich: mit dem hermeneutischen Bemühen, die Mehrdeutigkeiten im Reden der Bürger zu enträtseln, kann sich immer die pädagogische Aufgabe verbinden, die Bürger über ihren Sprachgebrauch aufzuklären.

Beschränkt man sich bei einer Familie (als Gegenstand einer Fallstudie) auf die innerfamiliären Beziehungen, dann hat man als sozialwissenschaftlichen Gegenstand den Sonderfall, der von dem Leben in „Staat und Familie" nur die – kulturell überformte – Lebensbasis von Geburt, Liebe und Tod auswählt. Zur Lebensform der Familienmitglieder gehört aber, daß sie zugleich Mitglieder der verschiedensten „sozialen Gebilde" sind, z.B. vom privaten Kindergarten über Vereine bis zu wirtschaftlichen Betrieben und staatlichen Institutionen. Die sozialwissenschaftliche Terminologie ist z.Z. sehr uneinheitlich, weil kein Konsens über die Aufgabe der Sozialwissenschaften als Grundlagenwissenschaften der Politik besteht. Mit dem fehlenden Ziel, der politischen Praxis (als Gesetzgebung um eines stabileren Friedens willen) theoretische Grundlagen zu liefern, haben sich – seit dem 19. Jh. – mit den technischen Wissenschaften auch die Sozialwissenschaften verselbständigt. Man studiert „soziale Systeme" so, wie man in der Biologie Algen oder Wolfsrudel studiert – vermeintlich allein um der Erkenntnis willen.

Für die politische Soziologie als Prinzipienlehre der Sozialwissenschaften sei daher auf den Terminus „System" verzichtet. Wir weichen auf den weniger belasteten Terminus „soziales Gebilde" aus: jede Gruppe von Menschen, die sich in einem Handlungszusammenhang befindet, heiße ein *soziales Gebilde.* Die Gruppe kann nur vorübergehend zusammenhängen, wie etwa eine unabsichtlich zusammengekommene Wandergruppe. Erst wenn eine Gruppe sich *organisiert,* d.h. sich in *Organe* gliedert, die verschiedene Aufgaben erfüllen, wird die Gruppe sozialwissenschaftlich relevant. Das Wort

„Organ" ist dabei im ursprünglichen Sinne der natürlichen Werkzeuge, wie Hand oder Stimme, gebraucht.

Wird die Aufgabenerfüllung über längere Zeit zu einer festen Gewohnheit bestimmter Personen *und* bleiben die Aufgaben konstant, auch dann wenn die Personen wechseln, dann werde das soziale Gebilde eine *Organisation* genannt. Die Aufgaben in einer Organisation „beharren im Wandel der Individuen", wie G. Weippert formulierte. Dieses Beharren im Wandel wird durch Satzungen erreicht. Bei uns werden in den wichtigen Fällen die Satzungen schriftlich fixiert — und sie genießen staatlichen Rechtsschutz. Unter diesen Oberbegriff Organisation fallen die eingetragenen *Vereine,* die wirtschaftlichen *Betriebe* (vom Handwerksbetrieb bis zu den Konzernen, Banken und Staatsbetrieben) und die staatlichen *Institutionen.* Großorganisationen, wie politische Parteien und Kirchen, sind nach dieser Einteilung Vereine.

Die Satzungen normieren die Aufgaben der Organe, indem sie einen Plan von *Stellen* vorschreiben. Die Satzungen schreiben außerdem den jeweiligen *Stelleninhabern* vor, welche *Funktionen* sie haben. „Funktion" ist das Substantiv, das zum Verb „fungieren" gehört (lat. fungi = etwas ausführen, verrichten). Die technischen Assoziationen von mechanischen Funktionen (oder gar mathematischen Funktionen) gehören nicht zum ursprünglichen sozialen Handlungszusammenhang des Fungierens.

Durch den — skeptischen bis zynischen — Vergleich mit einem Theaterspiel redet man bei der zu einer Stelle gehörenden Funktion auch von einer „Rolle", die zu „spielen" sei. Für rein psychologische Beziehungen mag der Vergleich naheliegen — für die Soziologie kommt man mit „Stelle" und „Funktion" ohne diese Theatermetaphorik aus. Zur Abkürzung seien die staatlichen Organisationen — mit Ausnahme der staatlichen Wirtschaftsbetriebe — *Institutionen* genannt. Dieses Wort (lat. instituere = einrichten) ist aus der römischen Rechtswissenschaft in die Sozialwissenschaften gekommen. Das lateinische „institutio" wird von den Juristen nicht nur für Organisationen, also Gruppen von Bürgern, gebraucht, sondern zugleich für die Satzungen. Durch diesen Sprachgebrauch wird sogar die Familie ein Rechtsinstitut, eine „Institution", nur weil es rechtliche Normen für die Familienbeziehungen gibt. Um Mißverständnisse zu vermeiden, sei hier das Wort „Institution" nur für gewisse Organisationen, also Gruppen von Bürgern gebraucht. Die Satzungen der Institutionen als der staatlichen Organisationen (außer den Staatsbetrieben) werden vom Staat, also von den Regierungen und Verwaltungen gesetzt. Für Vereine und private Betriebe setzt der Staat dagegen nur gewisse Bedingungen („Rahmenbedingungen"), z.B. im Betriebsverfassungsgesetz.

Vereine, Betriebe und Institutionen sind für den Bürger die soziale Umwelt. Die technische *und* soziale Umwelt bestimmen seine „Lebenswelt" in den modernen Industriestaaten (Ost und West) mehr als die natürliche Umwelt. Diese kommt daher zu kurz und die Ökologie – vielleicht – zu spät.

Die Sozialwissenschaften haben mit dem Bürger zugleich seine soziale Umwelt als Gegenstand ihrer Forschung. Die Analogie mit den Naturwissenschaften (die die natürliche Umwelt als Forschungsgegenstand haben) führt in die Irre, weil unberücksichtigt bleibt, daß die natürliche Umwelt im technischen Interesse erforscht wird, die soziale Umwelt aber im ethisch-politischen Interesse.

Die Organisationen, durch die die soziale Umwelt „strukturiert" ist, sind Gruppen von Bürgern. Das sind also keine Gegenstände, deren technische Beherrschung zu erforschen ist. Die Sozialwissenschaften als politische Wissenschaften tragen zur Ausbildung und Beratung der Politiker bei. Im weiteren Sinne tragen sie auch die Ausbildung und Beratung des *Führungspersonals,* also der Bürger, die *leitende* Stellen in den Organisationen innehaben.

Eine Aufgabe der Politik ist die normative Ordnung aller staatlichen Organisationen (Stellenpläne und Funktionsbeschreibungen) und die Setzung eines rechtlichen Rahmens für alle privaten Organisationen.

Für die Aufgabe der Politikberatung müssen die Sozialwissenschaften daher zweierlei erforschen: *erstens* das gegenwärtige „Verständnis", das die Bürger von den Organisationen und den Funktionen der Stelleninhaber haben (dazu gehört insbesondere das „Verständnis" der Stelleninhaber selbst – und jeder Bürger kann ja in mehrfacher Weise Stelleninhaber, evtl. auch Amtsinhaber einer Institution sein), *zweitens* Richtlinien für eine Änderung der politisch zu bestimmenden normativen Ordnung der Vereine, Betriebe und Institutionen.

Es bedarf dazu einer kritischen Überprüfung der historisch tradierten Organisationen. Dem ethisch-politischen Ziel des allgemeinen, freien Konsenses läßt sich nur dadurch näherkommen, daß die Kluft zwischen dem faktischen Verständnis der Organisationen und der in den Satzungen formulierten normativen Ordnung verringert wird.

Die prinzipiellen Überlegungen zur Rechtfertigung sozialer Organisation überhaupt gehören bei uns zur Allgemeinbildung. Die Evolutionslehre der Biologie hat durchgesetzt, daß wir „den Menschen" als ein Lebewesen verstehen, das sich aus Primaten entwickelt hat. An die Stelle von Instinkten, die das Verhalten bestimmen, sind beim Menschen Handlungsmöglichkeiten getreten, zwischen denen er wählen kann – und muß. Diese Entwicklung ist schon eine soziale Entwicklung, weil dazu Sprache gehört und eine *Differenzierung* der Handlungsmöglichkeiten, die nur durch *Spezialisierung* innerhalb von organisiertem Zusammenleben erfolgt. Auch unabhängig von dem technischen Fortschritt gibt es in allen Kulturen einen hohen Organisationsgrad des sozialen Lebens. Das zeigt sich schon darin, daß die Sprachen auch der technisch-primitiven Kulturen hochkomplex sind. Daß sich Organisationen entwickeln, heißt, daß sich Lebensformen differenzieren, daß neue Handlungsweisen „erfunden" werden – immer ausgehend von der Befriedigung vitaler Bedürfnisse, aber über diese hinaus sich durch technische und soziale Vermittlung verselbständigend.

Viele Bedürfnisse sind nur im sozialen Zusammenhang zu befriedigen, viele jedenfalls leichter mit anderen als allein. Wir brauchen nicht zu rechtfertigen, daß sich das Zusammenleben überhaupt organisiert hat, d.h. daß sich im Wandel der Individuen beharrende Funktionen entwickelt haben (wer ein Buch liest, hat sich allemal schon als soziales Lebewesen akzeptiert). Aber die historisch entstandene Komplexität unserer Organisationen und die dadurch verwirklichte Vielfalt der Lebensformen erfordert in der Gegenwart, wissenschaftlich durchdacht zu werden. Denn die Vielfalt hat nicht nur zu den unvermeidlichen praktischen Konflikten geführt, sondern in lebensbedrohender Weise zu Unverträglichkeiten schon im Verständnis der Prinzipien allen Zusammenlebens. Unsere überkommene soziale Lebenswelt hat sich seit etwa 5 000 Jahren in der Form von militärisch-politischen Herrschaftsverbänden entwickelt.

Seit etwa 2 500 Jahren gibt es den von den Griechen begonnenen Versuch der Befreiung von traditionaler Herrschaft. Diese zweite Hälfte der Geschichte der Hochkulturen war − sozusagen − halbtraditional. Erst seit der Aufklärung des 18. und 19. Jh. gibt es den erneuten Versuch − jetzt mit institutionalisierter Wissenschaft −, eine posttraditionale Friedenspolitik zu erreichen.

Es gehört auch zur Allgemeinbildung, zu wissen, daß dieser Versuch durch die faktische Entwicklung der Wissenschaften seit der Mitte des 19. Jh. erst einmal gescheitert ist. Die Weltkriege unseres Jahrhunderts und die tödliche Spaltung der nördlichen Staaten in einen West- und einen Ostblock (worunter insbesondere die südliche Welthälfte zu leiden hat) haben dieses Scheitern für jeden sichtbar gemacht.

So ist es zu der Besonderheit unserer Situation gekommen, daß für eine ethische Politik (mit dem Ziel eines stabileren Friedens durch mehr Gerechtigkeit) die Wirtschaft das wichtigste Problem der politischen Wissenschaft geworden ist. Denn das Problem einer normativen Ordnung der in privaten oder staatlichen Betrieben organisierten Wirtschaft ist ja *das* Problem, das Ost und West zu Feinden gemacht hat − zu Feinden, die über die Prinzipien einer gerechten Wirtschaftsordnung gar nicht mehr miteinander reden wollen.

Sowohl im Westen wie im Osten wird die Diskussion um Prinzipien der Wirtschaftspolitik fast immer eingeengt auf Kontroversen, die innerhalb der neuzeitlichen Wirtschaftswissenschaften geführt wurden − als ob das Problem einer gerechten Wirtschaftsordnung erst mit dem Kapitalismus und den Versuchen seiner Überwindung entstanden sei. 200 Jahre nach Adam Smith wird noch darüber gestritten, wie weit er schon eine „soziale" Marktwirtschaft lehrte und gut 100 Jahre nach Karl Marx wird noch darüber gestritten, wieviel Marktwirtschaft (ob sozial oder unsozial) mit seiner Kapitalismuskritik verträglich wäre.

In der neothomistischen Tradition kann man gelegentlich Hinweise darauf finden, daß „Wirtschaften" als sozialer Grundbegriff schon in der Scholastik philosophisch durchdacht sei. Hier lasse sich eine gemeinsame Basis für einen Dialog finden − unabhängig von den Meinungen, die die Dialogpartner über Kapitalismus und Sozialismus haben. Da sich − grob gerechnet − die thomistische

Philosophie aus aristotelischer Philosophie und der Theologie der
Kirchenväter zusammensetzt, bleibt für eine post-traditionale Poli-
tologie der Hinweis auf Aristoteles wichtig. Es geht — noch einmal
wie bei Hegel — um eine „Synthese" des (platonischen) Kantianis-
mus mit dem Aristotelismus. In den letzten Jahren hat O. Höffe die
aristotelische Prinzipienlehre des Wirtschaftens (Ökonomik) wieder
aufgenommen und — postkantisch — weitergeführt, zuletzt 1981
in „Sittlich-politische Diskurse". Es gelingt dadurch, das Wirtschaften als eine allgemeine menschliche Tätigkeit zu erkennen, deren
normative Ordnung ein ethisch-politisches Problem ist.

Wir kennen „Wirtschaften" in der organisierten Form der Betrie-
be, vom Familienbetrieb über anonyme Handels-, Produktions- und
Dienstleistungsbetriebe bis zu den Banken und Staatsbetrieben.
Diese differenzierte Organisation mit den spezialisierten Funktio-
nen der Stellen- oder Amtsinhaber ist historisch entstanden in der
Kulturentwicklung des wirtschaftenden Menschen. Um die soziale
Organisation zu verstehen, sind zunächst die Funktionen zu verstehen — diese sind es ja, die in den Organisationen „auf relative
Dauer" gestellt werden. Die Funktionen sind zu beschreiben durch
die Normen (Verhaltens- und Handlungsmuster), die eine spezielle
Tätigkeit im Handlungszusammenhang „Wirtschaft" vorschreiben.
Die normative Ordnung des Wirtschaftens geschieht durch Normensysteme — das Handeln nach diesen Normen wird durch die Organisation von Betrieben (mit Stellenplänen und Funktionsbeschreibungen) sichergestellt. In Hochkulturen ist die normative Ordnung
des Wirtschaftens rechtlich geschützt, bei Staatsbetrieben sogar in
alleiniger Verantwortung der Politik.

Normensysteme erfassen die organisatorische Differenzierung
auf der begrifflichen Ebene, „abstrakt", wie man sagt. Die abstrakten Normensysteme *konkretisieren* sich in sozialen Organisationen.
Die normative Ordnung des Wirtschaftens ist — als Normensystem
— zunächst ein begriffliches Gebilde. Die sozialen Gebilde (die
Wirtschaftsbetriebe) sind Konkretisierungen dieses Abstraktums.
Die Sozialwissenschaften, hier die Wirtschaftswissenschaften, als
theoretische Stützung der Wirtschaftspolitik (also der gesetzgeberi-
schen Gestaltung der Wirtschaftsordnung) haben als ihren Gegenstand nicht zuerst die konkreten Sozialgebilde, sondern vorher die
abstrakten Begriffsgebilde der normativen Ordnung des Wirtschaf-

tens. Bildungssprachlich wird statt von normativen begrifflichen Gebilden auch von „Leitideen" oder „Leitvorstellungen" gesprochen. M. Hauriou, Cours de science sociale, 1896, führte den Ausdruck „idées directrices" ein. Um eine unnötige Psychologisierung zu vermeiden, beschränken wir uns auf die Unterscheidung der sozialen Gebilde von den zugrundeliegenden Normensystemen. Die Verdeutlichung dieser Unterscheidung dadurch, daß man die sozialen Gebilde (als Personengruppen) „konkret" nennt und die Normensysteme (also Sätze) „abstrakt", ist — genau genommen — ebenfalls überflüssig.

Die Lebensvorsorge der höheren Tiere ist beim Menschen (auf allen Kulturstufen) zum Wirtschaften entwickelt. Diese Entwicklung ist der historischen Kontingenz unterworfen, aber überall gibt es eine normative Ordnung des Wirtschaftens. Denn Wirtschaften ist eine lebenswichtige Tätigkeit — aber sie ist abhängig z.B. von der Entwicklung der Sprache, der Technik und der politischen Ordnung. Stellt man sich den Menschen einseitig als homo faber oder als homo oeconomicus vor, verliert man die Einordnung der Wirtschaft in den Gesamtzusammenhang einer politischen Friedensordnung aus dem Blick.

Zur Lebensvorsorge gehören beim Tier die Nahrungssuche, Sexualität und der Schutz vor Feinden. Beim Menschen, der sich auch in „unwirtlichen" Gegenden am Leben hält, kommt das lebensnotwendige Bedürfnis nach Wohnung und Kleidung hinzu.

Der Mensch als sprechendes Wesen hat mehr Phantasie als die Tiere. Seine Vorstellungswelt ist — redegestützt — daher jeder Übersteigerung von Bedürfnissen zu Wünschen fähig. Der Mensch gerät — wie die Geschichte lehrt — immer wieder in die Versuchung, übersteigerte Wünsche der Phantasie zu verwirklichen. Aber schon die einfache Lebensvorsorge erfordert (auch auf sogenannten paradiesischen Inseln) spezielle Tätigkeiten, um die zur Befriedigung der Bedürfnisse notwendigen „Güter" (nicht nur die „Lebensmittel") zu beschaffen. Nennt man jede Güterbeschaffung *Arbeit*, dann kann man aus der Geschichte lernen, daß Arbeit — für eine Horde, einen Stamm, einen Staat insgesamt gesehen — stets Mühe und Last ist. Die Arbeit ist keine natürliche Tätigkeit, kein Verhalten, sondern ein kulturell geformtes Handeln. Beim Menschen hat sich die Arbeit *zwischen* Bedürfnis und Befriedigung (*zwischen* Begierde und Genuß) geschoben. Je vermittelter die Lebensform durch die Arbeit wird, desto mehr erfordert sie eine Selbstbeherrschung des unmittelbaren Begehrens. Besonnenheit und Tatkraft sind nicht nur sekundäre Tugenden der Arbeit, sie prägen vielmehr die Lebensform der Menschen in ihrer Kultur.

Gegenüber der allgemeinen Lebensvorsorge wird erst dann von „Wirtschaft" im strengen Sinn gesprochen, wenn die erforderlichen Güter (einschließlich der Dienstleistungen) in einer Gruppe arbeitsteilig erbracht, insbesondere hergestellt werden. Durch die *Arbeitsteilung* wird es notwendig, die *Verteilung* der insgesamt erarbeiteten Güter zu organisieren. Im einfachsten Fall kann dies durch *Tausch* geschehen. Die Güter werden dadurch zu *Waren.* Die Auszeichnung einer Standardware (z.B. von Geld) als allgemeines Tauschmittel ist für den Warenverkehr zweckmäßig: es entwickelt sich zusätzlich der Geldverkehr. In der Neuzeit ist daraus das Bankwesen entstanden bis zu den Sonderziehungsrechten (SZR) einer „Weltzentralbank" (die es noch nicht gibt).

Der Mensch lebt nicht vom Brot allein: die Warengesellschaft ist nur eine Organisation der Arbeit *zwischen* dem Leben, wie es sich in der Familie einerseits, im Staat andererseits vollzieht. Die technischen und ökonomischen Spezialisierungen in den differenzierten Organisationen der Wirtschaft (= Gesellschaft) haben den Pluralismus von Lebensformen in unserer Zeit entscheidend gefördert. Weil die Politik dafür verantwortlich ist – um des Friedens willen –, die Vielfalt der Lebensformen miteinander verträglich zu machen, ist insbesondere über die normative Ordnung des Wirtschaftens allgemeiner, freier Konsens herzustellen. Auch und gerade die Wirtschaft erfordert eine *gerechte* Ordnung – und gerecht kann eine Wirtschaftspolitik (wie alle Politik) nur dann sein, wenn jeder (kompetente) Bürger ihr frei zustimmen kann.

Die ethisch-politischen Prinzipien bestimmen auch die Wirtschaftspolitik. Die Wirtschaftswissenschaften (als politische Sozialwissenschaften) haben die Aufgabe der Ausbildung der Wirtschaftspolitiker – und die Erarbeitung von Richtlinien, die dem praktischen Politiker eine Orientierung über die Tagespolitik hinaus geben.

In Hochkulturen haben wir es mit auf vielfältige Weise vermittelten Lebensformen zu tun. Die Arbeit ist durch Spezialisierung auf alle verteilt. In den politischen Herrschaftsverbänden traditionaler Kulturen arbeitete die militärische Oberschicht allerdings nicht selbst. Sie ließ arbeiten, etwa von Kriegsgefangenen als Sklaven oder von Erbuntertanen. Bei uns ist jeder Mensch mit seiner Geburt Bürger des Staates. Sklaverei und Erbuntertänigkeit sind durch das Gerechtigkeitsprinzip in Republiken ausgeschlossen.

Im posttraditionalen Staat muß jeder Bürger für seine Teilnahme an der Wirtschaft selber arbeiten – und damit seine Lebensform (in der Vielfalt der Lebensformen) selbst bestimmen. Zum Wirtschaften als Lebensvorsorge gehört insbesondere der Erwerb von Eigentum, d.h. von Rechten auf die zukünftige Verfügung über erarbeitete Güter. Deswegen ist der rechtliche Schutz von Eigentum selbstverständlich Teil jeder gerechten Wirtschaftsordnung. Aber auch die Eigentumsordnung ist ebenso selbstverständlich nur ein Teil der politischen Ordnung des Zusammenlebens der Bürger. Zur westlichen Wirtschaftsordnung gehören aus der Tradition des römischen Rechts als wesentliche Teile die Vertragsfreiheit und das Erbrecht. Beides gehört bei uns zum BGB (Bürgerliches Gesetzbuch). Das Wort „bürgerlich" steht hier für den Besitzbürger (bourgeois), nicht für den Staatsbürger (citoyen). Die Vertragsfreiheit ist allerdings beschränkt, z.B. sind „sittenwidrige" Verträge nicht rechtsverbindlich. In posttraditionaler Zeit ist das Wort „Sitte" in Gesetzestexten ein Anachronismus – der Sache nach könnte die „Sittenwidrigkeit" dadurch definiert werden, daß sie den Status (christlich gesprochen: die Würde) des Vertragspartners als eines freien Staatsbürgers verletzt. Aus dem republikanischen Staatsziel folgt auch, daß Arbeitsverträge nicht nur eine private Angelegenheit, z.B. von Unternehmerverbänden und Gewerkschaften sind: es gehört zur Verantwortung der Politik, dafür zu sorgen, daß die Arbeitsbedingungen jedes Bürgers seine staatsbürgerliche Partizipation fördern. Beschränkt man das Ziel der Wirtschaftsordnung auf den privaten Wohlstand (im statistischen Mittel), dann sollte man sich nicht wundern, daß mit diesen auf ökonomische Interessen reduzierten Bürgern kein Staat zu machen ist. Es stellt sich die vielbeklagte „Unregierbarkeit" der westlichen Demokratien ein.

Politische Kritik am real existierenden Kapitalismus ist in Europa seit den sechziger Jahren häufig formuliert worden – und das geläufige Gegenargument ist der Hinweis auf den real existierenden

Sozialismus. Der Hinweis mag für die praktische Politik wirksam sein, theoretisch ist es allemal ein Trugschluß, Kritik am eigenen Handeln dadurch zu entkräften, daß man auf andere hinweist, die noch mehr zu kritisieren sind. Gewiß kann man aus der Erfahrung lernen. Wenn die Marxsche Geschichtstheorie (Geschichte als Geschichte von ökonomischen Klassenkämpfen) von einer politischen Avantgarde (Lenin) in eine Militärdiktatur (ohne vorausgegangene bürgerliche Aufklärung) eingeführt wird, dann *muß* daraus keine Republik werden, sondern dann *kann* (wie das Beispiel lehrt) daraus der real existierende Sozialismus werden.

Ob nun West oder Ost *näher* an einer Realisierung der Gerechtigkeitsidee ist, ist eine müßige Frage. Sie kann jedenfalls nicht durch quantitative Kriterien (etwa das Bruttosozialprodukt) beantwortet werden. Im Bilde gesprochen: beide ökonomisch-politischen Ordnungsgebilde haben sich auf ihrem Weg durch unser Jahrhundert im Gebirge (ihres eigenen Denkens) verstiegen: in der bisherigen Richtung ist nicht mehr weiterzukommen. Es bleibt nur der Versuch, durch vorsichtigen Abstieg noch einmal in friedliche Täler zu kommen.

Die Ungerechtigkeit der dem ökonomischen Interessenkampf ausgelieferten Arbeitsverträge wird durch das Erbrecht entscheidend verschärft. Jeder Mensch wird als — zunächst unmündiger — Staatsbürger geboren. Aber schon mit der Eintragung im „Standesamt" wird der Familienstand festgeschrieben: die Eltern sind ja Arbeiter, Angestellte, Unternehmer (einschließlich der Handwerker und der sogenannten freien Berufe) oder Beamte. Der Schutz der Familie als politische Aufgabe des Staates setzt voraus, daß die Familien für ihre Kinder sorgen. Keine Schule kann die Eltern von der Erziehungsaufgabe entlasten, den Kindern zu helfen, sich in die vielfältigen Lebensformen unserer Kultur einzuleben.

Wenn das Schlagwort von der „offenen" Gesellschaft einen Sinn haben soll, dann kann es nur heißen, daß jeder Bürger in der Arbeitswelt sein eigenes Leben bestimmt. Daß die Kinder gewisser Familien einen Bildungsvorsprung vor anderen haben, ist ein gerechtes Verdienst der Erziehungsarbeit in diesen Familien. Daß Kinder aber durch Erbschaft Unternehmer werden (oder ein Einkommen ohne eigene Arbeit erben), das ist gegen das republikanische Prinzip, daß jede normative Ordnung vom freien Konsens aller mündigen Bürger getragen sein sollte. In feudaler Tradition wurden die politischen Herrschaftsrechte vererbt. Bei uns werden noch wirtschaftliche Herrschaftsrechte vererbt. Die Ungerechtigkeit dieses Erbrechts in einer Republik ergibt sich aus den politischen Prinzipien für die Wirtschaftsordnung. Betrachtet man — irrigerweise — die Wirtschaft als „autonom", dann entstehen solche Gerechtigkeitsfragen gar nicht. Aber selbstverständlich folgt aus der Forderung nach Konsens aller (kompetenten) Bürger nicht, daß überhaupt kein Eigentum vererbbar sein dürfte. Der Mensch wirtschaftet nicht als isolierter Einzelner, sondern im Familienverband, der mehrere Generationen umfaßt. Tüchtige Familien werden aufsteigen und untüchtige Familien absteigen — das gehört zur Offenheit der Gesellschaft. Die Gerechtigkeit verlangt, daß jede Generation ihre Tüchtigkeit erweist. Zur Neuordnung des Erbrechts kann von der Wissenschaftstheorie nur eine Orientierung an Prinzipien erwartet werden. Alle Einzelheiten müssen von den Fachwissenschaften ausgearbeitet werden, um dann als „Empfehlung" an die praktischen Politiker weitergegeben zu werden. Daß z.B. langfristige Konsumgüter, Wertgegenstände, Eigenheime und kleine Familienbetriebe an die Kinder vererbbar sein sollten, wird kaum strittig sein — aber die juristische Abgrenzung gegen z.B. Konzernbeteiligungen kann nur in Kooperation der prinzipiengeleiteten Rechtswissenschaft mit dem Gesetzgeber erarbeitet werden.

Wer Produktionskapital erbt und dadurch „Arbeitskraft" kaufen kann, der verfügt über Mitbürger wie ein Händler über Ware. Den Käufer „Arbeitgeber" zu nennen, verschleiert, daß nur der Tauschwert der Arbeit, nicht die Arbeit als wesentlicher Teil der Lebensform berücksichtigt wird. Durch die Vertragsfreiheit des römischen Rechts zusammen mit dem „bürgerlichen" Erbrecht werden auf diese Weise Herrschaftsrechte vererbt. Herrschaftsrechte dürfen nicht vererbbar sein — das ist eine politische Forderung an die Wirtschaftsordnung, in der die Bürger durch Arbeit, Genuß und ehrenamtliche öffentliche Tätigkeit ihr Leben führen.

Ausgenommen von dieser Vielfalt der privaten Lebensformen sind nur die Bürger, die — wie man sagt — dem Staat dienen. Da wir in Deutschland bis zum Anfang dieses Jahrhunderts nur einen Obrigkeitsstaat kannten, ist bis heute der Sprachgebrauch üblich, daß „Staat" eine Obrigkeit meint, der die Bürger untertan sind.

Aber in einer Republik ist die Gesamtheit der Bürger der Staat —
und die Regierung, Verwaltung und Justiz sind Organe dieses Staats
(d.h. der Bürgerschaft). Die Stellen in staatlichen Organisationen
(also in den Staatsbetrieben und Instituten) heißen *Ämter*. Die
Amtsinhaber heißen *Beamte*, wenn sie auf Lebenszeit dem Staat
dienen.

Auch die Beamten gehören zu Familien und müssen sich, wie jeder Bürger, ihren Lebensunterhalt durch Arbeit erwirtschaften.
Aber mit dem Eintritt in den Staatsdienst scheiden sie aus der Vielfalt (wirtschaftlich konkurrierenden) Lebensformen aus. Sie dienen
dann der öffentlichen Sache, nämlich dem friedlichen Miteinander
der Lebensformen, ohne für eine von ihnen Partei zu ergreifen. Für
die Sozialwissenschaften, die sich als „wertfreie" empirische Wissenschaften verstehen, bleibt die Existenz der politischen Institutionen zunächst unverständlich. Denn die Staatsdiener einer Republik bilden keine ökonomische Klasse und auch keinen Interessenverband. Für die *politische* Soziologie ist dagegen die Existenz
von Institutionen mit Amtsinhabern, die für eine normative Ordnung der vielfältigen privaten Lebensformen verantwortlich sind,
kein sozialwissenschaftlich zu erklärendes Phänomen. Nur dadurch,
daß Politik (Gesetzgebung, Verwaltung, Rechtsprechung) schon
lange praktiziert wird, konstituieren sich — in posttraditionaler
Zeit — die Sozialwissenschaften mit dem Ziel, theoretische Grundlagen für eine gerechte (den Frieden stabilisierende) Politik zu liefern.

Die empirische Soziologie ist darauf verfallen, die Gruppe der
Staatsdiener dadurch zu einem Interessenverband zu machen, daß
ihnen allen — oder zumindest den leitenden Amtsinhabern — ein
gemeinsames *Machtinteresse* unterstellt wird. Sie seien machtgierig
und sie hätten sich zur Befriedigung ihrer Machtbedürfnisse die
Herrschaftsmittel des Staates geschaffen. Das mag für traditionale
Kulturen — und in der Neuzeit für die Fürstendiener — zutreffend
gewesen sein. Außerdem wird der Mißbrauch von Weisungsbefug-
nissen in allen menschlichen Organisationen jedem Erwachsenen
bekannt sein. Aber die politischen Institutionen einer Republik
sind nicht aus Machtinteressen zu erklären, sie dienen gerade der
normativen Ordnung der privaten Machtbedürfnisse (Geltungsbe-
dürfnisse). Aus Kämpfen soll ein friedlicher Wettstreit werden. Die-

ses Ziel muß utopisch klingen, solange es bisher nicht einmal von
den politischen Wissenschaften an den Universitäten (und anschließend von der Pädagogik bis in die Schulen) theoretisch und praktisch akzeptiert ist.

Für die empirische Soziologie ist auch die Existenz einer nicht
an wirtschaftliche oder machtpolitische Interessen gebundenen Organisation von Gelehrten (= Wissenschaftlern) ein zunächst unver-
ständliches Phänomen. Weil der Praxisbezug nur als Forderung besteht, aber nicht realisiert ist, unterstellt man als obersten Zweck
das Erkennen selbst. Der Mensch – oder jedenfalls einige Menschen
– hätten ein Streben nach Erkenntnis, sie seien *wißbegierig*. Kinder
sind in der Tat, wie bekanntlich auch höhere Jungtiere, *neugierig*.
Mit dieser Neugierde, die beim Gelehrten zur Wißbegierde wird,
läßt sich der fehlende Praxisbezug entschuldigen. Die politische Resignation des Aristoteles wirkt hier nach – verbunden mit der antiken Verehrung des Naturgeschehens (Astronomie). Bei Epikur wurde daraus schon eine Aussteigerdevise – auch das, und sogar der
Kynismus, wiederholt sich bei uns.

Diese Interpretationen mögen für nicht-republikanische Staaten
zutreffen, in denen z.B. Fürsten (oder Diktatoren) und reiche Bürger wie Maecenas (oder Rockefeller) die Förderer von Kunst und
Wissenschaften sind. Für eine politische Soziologie sind diese Interpretationen gelehrter Organisationen (als Vereine oder Institute)
aber obsolet geworden. Die Wissenschaften sind als theoretische
Stützen politischer und technischer Praxis zu fördern: zur Rettung
der öffentlichen Sache, nämlich des Friedens und maßvollen Wohl-
stands.

Die wissenschaftliche Ausbildung und Forschung vollzieht sich
bei uns weitgehend in staatlichen Organisationen. Die Ministerien
für Erziehung und Wissenschaft, die Schulen und Universitäten sind
Institutionen. Die Gelehrten sind Wissenschaftsbeamte.

Wie die politischen Amtsinhaber sind auch die Gelehrten Staatsdiener. Sie dienen dem Staat als der Gesamtheit der Bürger – und
erhalten dafür per Gesetz (das den freien Konsens aller Bürger bean-
sprucht) ein „Gehalt". Auf diese Weise *wirtschaftet* der Beamte (ob
Frau oder Mann, ob ledig oder verheiratet), ohne an der Konkur-
renz der privaten Wirtschaft teilzunehmen. Im Obrigkeitsstaat bil-

deten die Beamten (nach der Militäraristokratie) die herrschende
Schicht – in einer Republik gibt es nur Staatsdiener.

Die Staatsdiener verbindet keine gemeinsame Lebensform. Sie
nehmen aufgrund ihrer Herkunft und Bildung teil an der Vielfalt
der Formen des privaten Lebens. Aber es verbindet sie eine gemeinsame Aufgabe: den Pluralismus der Lebensformen zu einer verträglichen Pluralität umzugestalten. Für die politische Soziologie ist daher die Gruppe der Staatsdiener kein Verband, der durch gemeinsame Interessen (wie Machtbegierde oder Wißbegierde) in Konkur-
renz zu anderen Interessenverbänden stünde.

Die Aufgabe der politischen Wissenschaften besteht einerseits
in der normativen Beratung der praktischen Politik durch mehr
oder weniger langfristige Richtlinien für die gesetzgeberische Arbeit, andererseits aber auch in der sozialtechnischen Beratung über
die voraussichtliche „Wirkung" gesetzlicher Änderungen.

Die Sozialtechnik ist nur ein Teil der Sozialwissenschaften. Das
Wort „Technik" darf aber nicht dazu verführen, hier nach einem
Wissen zu suchen, wie man durch politisches Handeln eine – nor-
mativ wünschenswerte – Änderung der bestehenden Verhältnisse
bewirken könne. Politisches Handeln ist auch dann, wenn über die
Ziele ein Konsens besteht, kein technisches Machen. Technik im
strengen Sinne ist auf anorganische Systeme beschränkt, weil nur
mit anorganischer Materie die Reproduktion von Anfangsbedingungen erreichbar ist. Schon bei dem Versuch, technisch mit Organismen umzugehen, z.B. bei der Erprobung von Bakteriziden ist
die Reproduzierbarkeit unsicher: die Bakterien können durch Mutationen resistent werden.

Die Nicht-Reproduzierbarkeit von Anfangsbedingungen gilt a
fortiori für politisches Handeln, dessen „Wirkung" auf die Bürger
eines Staates vorausgesagt werden soll. Die gegenwärtigen Sozialwissenschaften leisten solche Prognosen, insofern sie – oft gegen
das eigene technische Selbstverständnis – kritisch-hermeneutisch
vorgehen. Zur Situation, in der eine politische Maßnahme ergriffen
wird, gehören nämlich die Sinngehalte (das faktische Begehren und
Meinen) der Bürger in der Vielfalt ihrer Lebensformen. Nur eine
hinreichende Kenntnis der faktischen Sinngehalte macht eine Prognose des *Handelns* möglich, mit der die Bürger auf eine Maßnahme
antworten werden. Denn der Sinngehalt bestimmt – per definitio-

nem —, wie ein Bürger handeln wird. Aber ob die Bürger *handeln* werden (d.h. „sinnrational" gemäß ihrem Sinngehalt) oder ob sie auf Reize (wie den äußeren Habitus von Politikern) bloß *reagieren* werden, das ist nicht analytisch aus den Sinngehalten prognostizierbar. Darüber können die Sozialwissenschaften nur ein deskriptivstatistisches Wissen erarbeiten. In den modernen Staaten brauchen die empirischen Sozialwissenschaften zur Politikberatung erstens ein statistisches Wissen über die differenzierte Verteilung der spezialisierten Sinngehalte, zweitens ein statistisches Wissen über die zu erwartende Sinnrationalität (oder -irrationalität) in den geistig und ökonomisch differenzierten Teilgruppen der Bürger.

Wir wollen terminologisch sagen, daß eine *Chance* dafür besteht, daß ein Bürger B eine Handlung H ausführt, wenn erstens B überhaupt so handeln kann und wenn zweitens diese Handlung (nach der Meinung von B) ein Mittel zum Erreichen eines der faktischen Zwecke Z von B ist. Chancen sind nicht quantifizierbar wie Wahrscheinlichkeiten, aber es lassen sich die Chancen verschiedener Handlungen von B miteinander vergleichen. Ist nämlich H' eine Handlung, die B auch als Mittel für Z ausführen könnte, und ist H' im Unterschied zu H zugleich ein Mittel für einen weiteren Zweck Z' von B (immer nach der Meinung von B), dann ist die Chance für H' *besser* als die Chance für H. Die Verbesserung oder Verschlechterung der Chancen für bestimmte Handlungen (relativ zu anderen) — das ist es, was aufgrund gesetzlicher Maßnahmen vorausgesagt werden kann. Durch gezielte steuerliche Maßnahmen werden z.B. die Chancen, daß viele Bürger bestimmte Waren kaufen (z.B. Autos mit Katalysator), verbessert.

Chancenverbesserungen können auch ohne gesetzliche Maßnahmen eintreten, wenn durch technische oder organisatorische Innovationen den Bürgern neue Mittel für ihre Zwecke zur Verfügung stehen. Dadurch können die empirischen Sozialwissenschaften *Tendenzen* feststellen, wie sich die Chancen für Handlungen relativ zueinander ändern.

Obwohl Tendenzen sich immer auf eine Situation beziehen, kann es vorkommen, daß sich einige Tendenzen (nämlich Verbesserungen oder Verschlechterungen der Chancen einiger Handlungsweisen) in verschiedenen Situationen wiederholen. Der Versuch, auf diese Weise zu sozialwissenschaftlichen „Tendenzgesetzen" (in

19*

Analogie zu naturwissenschaftlichen Bewegungsgesetzen) zu kommen, muß aber auf die Fälle beschränkt bleiben, in denen die Sinngehalte der Bürger konstant bleiben. Die Aufgabe der politischen Wissenschaften, alle Sinngehalte durch Bildung, durch mehr Aufklärung zu verändern, macht den Wunsch der empiristischen Sozialwissenschaftler, wenigstens zu Tendenzgesetzen zu kommen, zunichte.

Für Politiker, die die Bürger sozialtechnisch manipulieren wollen, folgt aus diesen Unterscheidungen allerdings etwas anderes, nämlich daß sie die Bürger mit starren Sinngehalten indoktrinieren müssen. Starre Sinngehalte können – im statistischen Mittel – durch Terror erzwungen werden. Dafür liefert unsere Geschichte genügend Beispiele.

Bei uns ist aber gegenwärtig wissenschaftliche Politikberatung ohne dogmatische Vorgaben institutionalisiert. Die politischen Wissenschaften könnten daher Aufklärung als das Mittel ergreifen, um aus ihrer „selbstverschuldeten Unmündigkeit" herauszukommen. Die ersten Schritte in Richtung einer politischen, nicht nur technischen Aufklärung sind nicht von den praktischen Politikern zu erwarten – und auch nicht von Bürgerinitiativen. Die Wissenschaften müssen sich selbst bewegen. Es ist die kritische Aufgabe der Wissenschaftstheorie, in den Wissenschaften eine Selbstaufklärung in Gang zu bringen.

4. Theorie des historischen Wissens

„Ich komme, ich weiß nicht, woher.
Ich bin, ich weiß nicht, wer.

Ich gehe, ich weiß nicht, wohin.
Mich wundert's, daß ich so fröhlich bin".

Der (unbekannte) mittelalterliche Verfasser dieser Zeilen wundert sich zu Recht über seine Fröhlichkeit. Da er nichts über seine Gegenwart (= unmittelbare Zukunft) und seine Zukunft weiß, sollte er besorgter sein. Weshalb aber wundert er sich darüber, daß er unbesorgt ist, obwohl er nichts über seine Vergangenheit weiß? Darf nicht jeder fröhlich sein, der über ein hinreichendes Wissen für Gegenwart und Zukunft verfügt? Wozu Geschichte?

Es geht im folgenden nicht um die Frage, wozu es gut sei, Geschichten zu erzählen. Alle Kinder lieben Geschichten — und es ist nicht beabsichtigt, ihnen (und den Erwachsenen) den Spaß daran zu verderben. Es geht nur um das Problem: Wozu Geschichtswissenschaft? Für das Geschichtenerzählen ist nämlich der Unterschied zwischen „wirklichen" und „fiktiven" (d.h. fingierten) Geschichten irrelevant. Schon nach Aristoteles können fiktive Geschichten lehrreicher sein. Durch Geschichten erfährt man Neues. Statt zu reisen, liest man Reisebeschreibungen. Da man nicht in die Vergangenheit reisen kann, liest man überlieferte Geschichten. „Reisen bildet" sagt der Volksmund. Golo Mann formuliert genauer: „Wir sind weder genügend reich noch genügend klug, um so zu tun, als seien wir die Ersten, die zählen, und vor uns sei nichts Wissenswertes gewesen".

Wir haben es in der Tat nötig, die Erfahrungen unserer Vorfahren mitzuzählen, weil es uns immer noch an technischem Wissen (zum Wohlstand) und an politischem Wissen (zum Frieden) fehlt. Welcher Aufwand an Geschichtsforschung ist aber für diesen Nutzen (Klugheit und Gerechtigkeit von unseren Vorfahren zu lernen) gerechtfertigt?

Als Hilfswissenschaft der Erzählkunst (wie sie an Literaturhochschulen zu lehren wäre) ist jedenfalls die gegenwärtige Geschichtswissenschaft nicht zu rechtfertigen: der „Wilhelm Tell" ist eine dramatische Erzählung, deren historische Wahrheit weitgehend irrelevant ist.

Kulturgeschichtliches Wissen ist erforderlich, um in der Gegenwart (und auf die Zukunft zu) vernünftig handeln zu können. Aber zur Geschichte gehört (seit Buffon 1749) nicht nur die Entstehung unserer Kultur (wozu hier alle sozialen und politischen Ordnungen ebenso wie die Sprachen und die Wissenschaften gerechnet seien), sondern auch die Geschichte des Lebens (mit der Entwicklungsgeschichte der Pflanzen, der Tiere und des homo sapiens) und die „Elementargeschichte" des Himmels und der Erde (die Geschichte der unbelebten Elemente). Elementargeschichte und Lebensgeschichte werden als „Naturgeschichte" der „Kulturgeschichte" gegenübergestellt.

Die Naturgeschichte enthält die traditionellen Probleme des „Anfangs" der Zeit (der „Urbewegung"), der „Urzeugung", der „Urbeseelung" und der „Menschwerdung" (der „Urmenschen").

Über diese „Urfragen" sagt C.F. v. Weizsäcker 1948, S. 45: „Wenige
Fragen der Wissenschaft liegen den unmittelbaren Bedürfnissen des
Menschen so fern wie diese, und wenige können doch so erregte
Debatten hervorrufen . . . An der Stellung zu solchen Fragen offen-
baren sich menschliche Haltungen . . . Der Mensch sucht in die sachliche Wahrheit der Natur einzudringen, aber in ihrem letzten, unfaß-
baren Hintergrund sieht er wie in einem Spiegel unvermutet sich
selbst". Dies ist eine zutreffende Beschreibung des gegenwärtigen
Zustandes der Diskussion – aber es entsteht die Frage, ob die Wissenschaftstheorie den Status dieser Probleme, ehe man sich in empirische Details einläßt, nicht so weit klären kann, daß man vor Über-
raschungen (wie dem u n v e r m u t e t e n Spiegelbild) sicher ist.

Die Kulturgeschichte läßt sich (s. Kap. II,3) als Grundlagendisziplin der politischen Wissenschaften rechtfertigen, aber wozu
Naturgeschichte? Diese Frage gestattet eine leichte Antwort im
Falle der Elementargeschichte. Man braucht nur an einige Erdbeben zu denken (z.B. Tokio 1730, Lissabon 1755, Messina 1908
mit zusammen fast 300 000 Toten), um die Erdgeschichte als
wissenswert zu begreifen. (Man vergleiche z.B. Kants Schrift „Von
den Ursachen der Erderschütterungen", 1756.) Ohne Erdgeschichte
kann die Geologie zu wenig Voraussagen machen – nur das ist zu begründen. Für die Geologie als „angewandte" Physik gilt zwar – wie
überall in der Physik –, daß es für Voraussagen genügen würde, den
gegenwärtigen Zustand der Erde zu kennen und die Naturgesetze.
Aber „den gegenwärtigen Zustand" können wir niemals „genau"
kennen, wir müssen uns stets mit mehr oder weniger unvollständigen
Zustandsbeschreibungen zufrieden geben – und nur das Studium
von Erdbeben, z.B. in der Gegend von Lissabon, kann uns darüber
belehren, mit w e l c h e n Zustandsbeschreibungen man etwas
über den Verlauf von Erdbeben voraussagen kann. Wenn man weiß,
daß dort ein Erdbeben stattgefunden hat, so kann man dort teilweise auf den gegenwärtigen Zustand schließen, ohne erst überall
Bohrungen durchführen zu müssen.

Man geht von partiellen Zustandsbeschreibungen der Gegenwart
aus und „erklärt" diese als „Spuren" der Vergangenheit. Dazu setzt
man hypothetisch frühere Zustände an, die mit Naturgesetzen die
Entstehung der Gegenwart funktional erklären. Durch gelungene
Erklärungen vervollständigen sich die Zustandsbeschreibungen zu-

nächst der Gegenwart, dann der Vergangenheit, dann wieder der Gegenwart usw.

Die Erdbebengeschichte ist auf diese Weise ein Mittel zum Erwerb des technischen Wissens, wie man sich auf Erdbeben vorzubereiten hat. Es kommt hinzu, daß die Geschichte – anstelle von kostspieligen Experimenten – zur Aufstellung „empirischer" Gesetze führt, deren A b l e i t u n g aus Gesetzen der Physik zu schwierig wäre.

Derselbe Zusammenhang unseres technischen Wissens mit der Erdbebengeschichte gilt auch für die Erdgeschichte insgesamt: wir lernen nur durch Einbeziehung der Geschichte, den gegenwärtigen Erdzustand genauer zu beschreiben – und wir gewinnen zusätzlich empirische Gesetze. Dieser Zusammenhang gilt sogar für die gesamte Elementargeschichte, insofern unsere Lebensbedingungen auf der Erde (oder falls wir unbedingt auf dem Mond leben wollen – auf dem Mond) von dem Himmelszustand, also dem Zustand unseres Sonnensystems, unseres galaktischen Systems, unseres metagalaktischen Systems (= des Systems der bekannten galaktischen Systeme) abhängen.

Astronomisches Wissen ist z.B. für die Aufstellung eines Kalenders erforderlich. Die kosmologischen Spekulationen sind faktisch nicht aus technischem Interesse entstanden (es sei denn teilweise irrtümlich aufgrund astrologischen Aberglaubens), aber die Himmelsgeschichte ist dann, wenn sie als Luxus oder Spiel verdächtigt wird – weil sie mit anderen Bedürfnissen in Konflikt gerät –, nur soweit zu rechtfertigen, wie eine technische Rechtfertigung trägt.

Das Problem eines „Anfangs" des Himmels und der Erde erweist sich als „Scheinproblem", wenn man beachtet, daß alle Vergangenheitsbehauptungen aus Gegenwartsbehauptungen (und Naturgesetzen) erschlossen werden. „Es ist also nicht, wie man früher meinte, daß man auf irgendeine Weise etwas über einen ‚Anfang' aussagen müsse und von diesem dann das Gegenwärtige ableiten, sondern es ist ausschließlich u m g e k e h r t, daß vom Gegenwärtigen nach rückwärts konstruiert wird. Damit fallen viele Scheinprobleme, die manches Nachdenken verursacht haben. Dieses Rückwärtskonstruieren führt dann von selbst mit sich, daß die Möglichkeit des Zurückverlegens in die Vergangenheit keine Grenze hat." (Dingler 1926. S. 304.)

Unser metagalaktisches System (das ist der uns bekannte Teil der Welt, des „Kosmos" — Aussagen mit der Pseudokennzeichnung „die Welt als Ganzes" sollten in der Wissenschaft nicht vorkommen) enthält Sternsysteme, die sich grob — z.B. nach v. Weizsäcker — in 3 Formen einteilen lassen: wolkenförmige, spiralförmige (einschl. der elliptischen „Rotationsfiguren") und kugelförmige Galaxien. Unser galaktisches System ist spiralförmig. Jede Galaxis enthält — neben interstellarer Materie — Sterne wie unsere Sonne.

Der Versuch der Astronomie, entsprechend wie die Geologie zu einer Erdgeschichte gekommen ist, zu einer Himmelsgeschichte zu kommen, hat seit der Anwendung der Thermodynamik auf dieses Problem große Fortschritte gemacht. Der Satz, der noch heute insbesondere für die Fragen nach „Anfang" und „Ende" der Elementargeschichte e n t s c h e i d e n d ist, ist der Entropiesatz (der 2. Hauptsatz der Thermodynamik in der statistischen Deutung von Boltzmann 1877).

Aus dem Zusammenhang der Wärmelehre herausgenommen und auf Systeme bewegter Materieteilchen (Strömungen) übertragen, besagt der Entropiesatz, daß eine laminare Strömung (alle Teilchen bewegen sich in klassisch beschreibbarer Weise ohne gegenseitige Störungen) mit einer kleinen Turbulenz (= totalkontingenter Abweichung von der Laminarität) stets in eine Strömung mit g r ö ß e r e r Turbulenz übergeht. Dieser Satz folgt allein aus Wahrscheinlichkeitsbetrachtungen. Es liegt deshalb die Hypothese nahe (vgl. v. Weizsäcker 1948), daß aus einer quasi-laminaren Strömung zunächst turbulente Strömungen entstehen. Das sind die wolkenförmigen Galaxien. Diese gehen in spiralförmige Galaxien über, in denen die Entropie (das Maß der Turbulenz oder „Unordnung") bei Berücksichtigung der Wärmebewegung im Innern der Sterne noch zugenommen hat. Diese gehen schließlich in kugelförmige Galaxien über, in denen die geordnete Spiralbewegung auch noch in total-ungeordnete Wärmebewegung verwandelt ist.

Diese Betrachtungen setzen immer voraus, daß auf unsere Metagalaxis keine Wirkungen „von außen" ausgeübt werden. Hält man daran fest, so ergibt sich, daß alle Bewegung immer mehr in ungeordnete Wärmebewegung übergeht: das System nähert sich unbegrenzt einem immer stabileren Zustand immer größerer totaler Unordnung.

Wir konstruieren hiernach aufgrund des Entropiesatzes keinen Gesamtablauf, sondern nur ein mittleres Stück, das nach beiden Seiten offen ist. Nach rückwärts wird die Turbulenz immer kleiner (schon Epikur beginnt seine Naturgeschichte mit einer quasi-laminaren Strömung: eine total-laminare Strömung bliebe laminar. Er behauptet die quasi-laminare Strömung als früher gegenüber den Wirbeln Demokrits.) Nach vorwärts wird die statistische Gleichverteilung aller Bewegungen immer größer.

Daß die Elementargeschichte „wirklich" so abgelaufen ist und „notwendig" so weiter verlaufen wird (nämlich von einer quasi-laminaren Strömung über unsere Gegenwart zu einer Quasi-Gleichverteilung), folgt aus den modernen Überlegungen ebensowenig wie aus denen Epikurs. Es kann sich bei solchen Überlegungen immer nur um Anwendungen der bekannten Naturgesetze zur Konstruktion eines Stückes Vergangenheit und eines Stückes Zukunft handeln. Der vorgeführte Gedankengang benutzte nur den Entropiesatz. Nimmt man Gravitationswirkungen, elektromagnetische Wirkungen und insbesondere Kernreaktionen innerhalb der Sterne hinzu, läßt sich der konstruierte Verlauf auf vielfache Weise modifizieren.

Was immer aber der jeweilige Stand unseres Wissens ist, wie immer die Konstruktion aussieht, die möglichst viele Naturgesetze mit einer möglichst genauen Beschreibung der Gegenwart berücksichtigt: es bleibt dabei, daß wir nur „hypothetisch" um unsere Gegenwart ein Stück Vergangenheit und Zukunft konstruieren, das nach beiden Seiten offen ist.

Wer mehr fragt, sollte sich nicht wundern, wenn ihm allmählich die Fröhlichkeit vergeht. Ausdrücke wie „der Anfang der Elementargeschichte" oder „das Ende der Geschichte" sind Pseudokennzeichnungen. Da unsere Sonne eine der Sonnen unserer Galaxis ist und die Erde ein Planet der Sonne, geht die Himmelsgeschichte kontinuierlich in die Erdgeschichte über. Nach dem gegenwärtigen Zustand, insbesondere der Schichtung der Erdrinde mit einem feuerflüssigen Erdinnern ist auf eine Bildung des Erdkörpers in zunächst feuerflüssigem Zustand zu schließen (vor 5 - 6 Milliarden Jahren). Dieser Zustand der Erdgeschichte ist mit dem Leben in den Formen, in denen wir es kennen, unverträglich. Erst mit der Abkühlung der Erdrinde sind lebendige Zellen möglich. Die Spuren, aus denen wir rückwärts auf früheres Leben schließen, beschränken sich denn auch auf etwa die letzten 3 Milliarden Jahre. Irgendwann vor etwa 3 Milliarden Jahren entstanden also die ersten Zellen: pflanzliche Zellen, die sich von unbelebter Materie ernähren, dann tierische Zellen, die sich von Pflanzen ernähren, noch später Raubtiere, die Tiere fressen usw.

Die Möglichkeit, daß die ersten Zellen außerirdischer Herkunft waren, besteht zwar, verschiebt aber das Problem der „Urzeugung" nur auf eine andere Stelle in unserer Metagalaxis.

Eine „Urzeugung" in folgendem Sinne kann ebenfalls ausgeschlossen werden: Ein abgeschlossenes physikalisches System aus Elementarteilchen, das v o l l s t ä n d i g beschrieben ist durch die k l a s - s i s c h e Beschreibung seiner geordneten Bewegungen u n d die s t a t i s t i s c h e Beschreibung seiner total-ungeordneten Teilsysteme, geht nach den Naturgesetzen immer nur wieder in ein physikalisches System über, das auf die gleiche Weise beschreibbar ist.

Der Vitalismus schließt hieraus, daß das Leben keinen Anfang innerhalb der Elementargeschichte hat: daß kein Lebewesen, insbesondere keine Zelle, aus einem „bloß" physikalischen System entstanden ist.

Dieser Schluß ist in der Tat zwingend, wenn man voraussetzt, daß eine Zelle etwas anderes als ein physikalisches System ist. Um diese Voraussetzung, nicht um das historische Problem der „Urzeugung", dreht sich der Streit zwischen dem Vitalismus und Physikalismus (= Mechanismus). Mit einfacher Logik ist er zugunsten des Vitalismus zu entscheiden: man muß nur beachten, daß die physikalische Behauptung (eine Zelle sei nichts als ein physikalisches System) nur durch Angabe einer vollständigen Beschreibung bewiesen werden kann. Wer nur behauptet, daß eine Zelle physikalisch vollständig „beschreib b a r" ist, weicht auf eine Möglichkeitsbehauptung aus. Er behauptet nur, daß es nicht notwendig sei, daß jede physikalische Beschreibung unvollständig sei. Der Vitalist, der diese negative Aussage unvorsichtigerweise mit der affirmativen Behauptung beantwortet, für jede Zelle sei n o t w e n d i g e r w e i s e jede physikalische Beschreibung unvollständig, behauptet unnötigerweise zu viel. Relativ zu welchem Wissen wollte er diese „Notwendigkeit" verteidigen? Besteht der Vitalist statt dessen aber darauf, daß der Physikalist nicht auf die „Möglichkeit" einer physikalischen

Beschreibung ausweicht, sondern hier und jetzt für eine Zelle eine vollständige physikalische Beschreibung angibt — so wird er bis auf weiteres das Recht haben, die Zellen nicht bloß als physikalische zu behandeln. Er hat — bis zum physikalischen Beweis des Gegenteils — das Recht, die Zellen als aus nicht physikalischen subzellularen Systemen entstanden zu denken: die „Elementarteilchen" (d.h., was immer die jeweilige Physik als unteilbare Teilchen betrachtet) waren also vor 3 Milliarden Jahren nicht alle entweder in physikalisch geordneter Bewegung oder in physikalisch ungeordneter Bewegung: einige bildeten schon lebendige Systeme (wenn auch noch keine Zellen). Dieser „kritische" Vitalismus, der den Physikalismus ohne Einführung einer zusätzlichen „Lebenskraft" (Entelechie oder Zweckursache) widerlegt, geht auf W. Strich 1914 (vgl. W. Strich 1961), zurück: „omne vivum e vivo".

Für die Biologie bedeutet dies die Möglichkeit, unbeschadet aller Experimente zur physikalischen „Erzeugung" von Leben (die man ja in Ruhe abwarten kann, um zu sehen, was da wirklich aus was „hergestellt" wird — von „Erzeugung" zu reden, ist eine biologische Metapher) die weitere Entwicklungsgeschichte des Lebens von den Einzellern über die Vielzeller bis zu den gegenwärtigen Pflanzen, Tieren und Menschen nachzukonstruieren. Diese Aufgabe hat die Biologie seit Lamarck 1809. Die Naturgesetze der Physik sind dabei nur hilfsweise heranzuziehen. Vielmehr sind die empirischen Verlaufsgesetze des Lebens heranzuziehen, z.B., daß Zellen sich so teilen, daß wieder Zellen entstehen, daß Lebewesen sich durch Ernährung „erhalten" usw. Wir wissen ferner, daß die höheren Lebewesen sich „fortpflanzen", indem aus dem befruchteten Ei ein Lebewesen „gleicher Art" entsteht (es sei denn, die Ontogenese wird durch den „Tod" abgebrochen).

Nachdem man die Mutationen entdeckt hat (d.h., nachdem man weiß, daß Lebewesen gelegentlich in vererbbarer Weise von den Eltern abweichen), läßt sich mit diesen Lebensgesetzen auch die Entstehung der Arten funktional erklären: es ist ja analytisch-wahr, daß die lebenstüchtigeren Mutationen eine bessere Chance des Überlebens, insbesondere der Fortpflanzung haben.

Der Rest der Abstammungslehre ist die Geschichte des Lebens. Aus Spuren in den Erdschichten und aus der Vielfalt der noch lebenden Arten lesen wir ab, unter welchen Bedingungen (Umwelten) welche Mutationen zu neuen Arten führten, welche Arten überlebten und welche ausstarben.

Wir benutzen zur Beschreibung der Lebensregungen (z.B. Wachstum, Verdauung, Atmung) und des Verhaltens der Tiere (z.B. Fressen, Laufen, Schreien) dabei nicht die Beschreibungsmittel der Physik — diese (Länge, Dauer und Masse, Ladung) vielmehr nur hilfsweise —, sondern die Prädikatoren der Sprachen, die wir zunächst für unser eigenes Leben benutzen, für unsere eigene „Vitalität" und „Animalität".

Für die Naturgeschichte setzen wir (vgl. Kap. II,3) die Unterscheidungen zwischen Lebensregungen (Vitalität), zielgerichtetem Verhalten (Animalität) und zweckgebundenem Handeln (Rationalität) voraus. Diese werden in Beratungszusammenhängen (Diskussionen zwischen Personen) eingeführt — wir beraten aber darüber, was im Leben zu tun ist, und unser Leben ist ein Lebenszusammenhang von Menschen, Tieren und Pflanzen, der sich insgesamt im Elementaren (der unbelebten „Natur" als dem Anderen, dem Fremden) am Leben erhält.

Angenommen, es ließe sich — entgegen dem gegenwärtigen Stand unseres Wissens — beweisen, daß gewisse Zellen nichts als physikalische Systeme sind. Wir haben bisher keine Gründe angegeben, die dies als unmöglich erscheinen lassen. Konstruierte jemand insgeheim z.B. Mikroroboter, die sich ähnlich wie Zellen bewegen, so wüßte ja auch nur der Konstrukteur, daß es keine Zellen, sondern eben Mikroroboter sind (weil nur er aufgrund seiner Konstruktion eine vollständige physikalische Beschreibung, evtl. mit statistischen Beschreibungen von Zufallsgeneratoren, kennt).

Unter dieser Annahme, daß die Behauptung des kritischen Vitalismus (Zellen sind keine physikalischen Systeme) widerlegt sei, würde sich der Vitalismus auf die Behauptung zurückziehen müssen, daß jedenfalls beseelte Tiere keine physikalischen Systeme seien. Das bekannte „ignorabimus" (von E. Dubois-Reymond 1872), die Unmöglichkeit einer physikalischen Erklärung von Empfindungen („Bewußtseinsinhalten"), ist selbstverständlich, solange Empfindungen in nicht-physikalischer Sprache beschrieben sind. Sobald aber — wie oben — unser Reden über Empfindungen rekonstruiert ist aufgrund unseres Redens über Verhalten (und Verhaltensänderungen), ist eine physikalische Beschreibung auch des beseelten Verhaltens nicht mehr unmöglich – allerdings z.Z. noch weniger verwirklicht als die physikalische Beschreibung unbeseelter Lebensvorgänge.

Der Physikalismus wird erst zu einer beweisbaren Unmöglichkeit, wenn er behauptet, daß auch der zweckgebunden handelnde Mensch nichts als ein (man fügt gern hinzu „komplexes" oder „sehr komplexes") physikalisches System sei. Hierin liegt die Teilwahrheit des Descartesschen Physikalismus, der nur alle Tiere als physikalische Systeme (Automaten) betrachtete.

Die Widerlegung des über Descartes hinausgehenden Physikalismus (Vulgärmaterialismus) ergibt sich folgendermaßen. Wären alle Menschen nichts als physikalische Systeme, so müßten sich die Kultursituationen nach „Naturgesetzen" verändern. Um solche „Naturgesetze" zu finden, müßten gewisse Kultursituationen reproduzierbar sein (ohne Reproduzierbarkeit von Situationen – wie in der Physik – sind keine Überprüfungen von aufgestellten Verlaufshypothesen möglich). Nach dem Versuch, eine Kultursituation S zu reproduzieren, sind aber wir – die die Reproduktion von S versuchen – Teil der hergestellten Situation S'. In den Fällen, in denen unsere Forschung und unser Wissensstand Teile der Situation sind, ist es aber relevant, daß wir als Teil der Situation S nicht versucht haben, S zu reproduzieren. Also kann die v o l l s t ä n d i g e Reproduktion gewisser Kultursituationen nicht gelingen. Erst recht nicht die Aufstellung eines alle Veränderungen erklärenden Systems von Gesetzen.

Schon eine phänomenologische Theorie von Gesetzen des Kulturgeschehens ist hiernach unmöglich. Der Physikalismus behauptet aber sogar die Existenz einer auf Physik reduzierbaren Theorie.

Mit dieser Widerlegung (die nur für Kulturmenschen, nicht für Tiere gilt) des „radikalen" Physikalismus wird der Descartessche Physikalismus allerdings nur scheinbar gestützt. Im Gegenteil: es wird der kritische Vitalismus jetzt b e w e i s b a r, wenn man als Ergebnis der e m p i r i s c h e n Forschung hinzunimmt, daß es von den Menschen zu den höheren Tieren über die niedrigeren Tiere bis zu den Einzellern stets k o n t i n u i e r l i c h e Übergänge gibt. Aufgrund des kontinuierlichen Zusammenhangs allen Lebens kann schon die einfachste Zelle nicht nur ein physikalisches System sein, weil der Mensch (das andere Ende des Lebenskontinuums) kein physikalisches System ist. Diese Kontinuität als (empirisches) Faktum gehört zur Geschichte des Lebens.

Die „Kontinuität" bedeutet nämlich historisch die A b s t a m m u n g der Menschen von gewissen Einzellern: es gibt eine kontinuierliche, d.h. lückenlose, Generationskette, die jeden Menschen mit Einzellern verbindet, die vor ca. 3 Milliarden Jahren lebten. Könnte man die Vorfahren eines Menschen genau zurückverfolgen, so würde sich (vermutlich) eine Kette ergeben, die über die geschichtliche Zeit zurück zu den Cro-Magnon-Menschen, zu den Australopitheiden, zu den frühen Säugetieren, Fischen, Chordatieren bis schließlich zu den ersten Metazoen, Protozoen — und dann den ersten Zellen überhaupt führt. Nimmt man diese Abstammungsthese als eine historische Behauptung zu den analytisch-wahren Sätzen hinzu, daß (1) ein physikalisches System nur in physikalische Systeme übergehen kann und (2) der Mensch als Kulturwesen kein physikalisches System ist, dann ergibt sich zwingend, daß schon diejenigen Zellen, von denen wir abstammen, keine physikalischen Systeme waren.

Weil sich die Eigenschaft, nichts als ein physikalisches System zu sein, von jedem Lebewesen auf seine Nachkommen „vererben" würde, folgt analytisch, daß die Vorfahren eines Lebewesens, das nicht nur ein physikalisches System ist, auch schon mehr als bloß physikalische Systeme waren.

Man kann selbstverständlich die Abstammungsthese als empirisch unzureichend gesichert bezweifeln, man kann auch das ganze Begriffsgerüst, mit dem die analytischen Wahrheiten (1) und (2) formuliert sind, in Frage stellen. Wer diesen zweiten Weg wählt, leistet aber mit bloßer Skepsis keinen Beitrag: hier sollte man entweder ein anderes Begriffsgerüst vorschlagen — oder aber darauf verzichten mitzureden. „Put up or shut up" ist immer noch die einzige Maxime, die verhindern kann, daß ein Gespräch zu bloßem Geschwätz wird.

Obwohl die Abstammungslehre seit Darwin hauptsächlich wegen des behaupteten historischen Übergangs von affenähnlichen Tieren zum Menschen (und nicht so sehr wegen des behaupteten historischen Übergangs vom unbeseelten Leben zum beseelten) angegriffen wurde, ist gerade dieser Übergang, die „Menschwerdung", nachvollziehbar, indem wir den Prozeß des Spracherwerbs nachvollziehen durch kritische Rekonstruktion unseres Redens (und z.B. durch

die gelungenen „Schulversuche", Schimpansen gewisse Zeichenspra-
chen oder Symbolsprachen zu lehren).

Beim Menschen kommt mit einer hinreichend entwickelten Sprache das explizite Setzen von Zwecken hinzu: das zielgerichtete Verhalten geht in zweckgebundenes Handeln über. Empfindungen und
Wahrnehmungen werden durch die als zugehörig gelernten Wörter
(„Zweites Signalsystem") in (Phantasie-) Vorstellungen jederzeit
verfügbar.

Die Übergänge vom bloßen Leben zur Seele (Lernvermögen) und
zum Geist (Redevermögen) sind ein Faktum der Lebensgeschichte.
Diese Übergänge sind Leistungen („Taten") des Lebens.

Der Übergang von unbelebter Materie zum Leben ist dagegen
eine widerlegbare Spekulation — während der vorsokratische
Hylozoismus, der von einer lebendigen Urmaterie ausging und alle
unbelebte Materie als tote, d.h. abgestorbene Urmaterie auffaßte,
nur eine unbewiesene Spekulation war.

Die historische Fragestellung, was woraus entstanden ist, ist nur
eine suggestive Form, in die wir Fragen unserer Selbsterkenntnis
einkleiden — daher das „unvermutete" Erscheinen unseres Spiegel-
bildes bei der Diskussion der fundamentalen Probleme der Naturgeschichte.

Daß wir über uns, über unsere Gegenwart und unmittelbare Zukunft reden, ändert sich nicht, wenn wir von der Naturgeschichte
zur Kulturgeschichte übergehen — hier ist der Lebensbezug aber
kein Geheimnis mehr.

Zunächst setzt sich die Naturgeschichte der Primaten als die Naturgeschichte der Tierart „homo sapiens" fort: ein unübersehbar
sich wiederholendes Auf und Ab von Geburt, Liebe und Tod, von
der Entstehung neuer Stämme und Völker über Eroberungszüge
und Schlachten bis zum Untergang ganzer Rassen. Die Kulturgeschichte, die Geschichte normativer Gebilde, ist ein Geschehen, das
sich innerhalb der Naturgeschichte aufrechterhält — und sich durch
sprachliche, insbesondere schriftliche Tradition entwickelt.

Die Vernunft des Kulturmenschen, seine Transsubjektivität, ist
nicht mehr durch einen bloßen Lernprozeß von Primaten als ein besonderes (lebenstüchtiges) Verhalten zu „erklären". Wir, die wir
Kulturgeschichte als ein vernünftiges Geschäft betreiben, brauchen

die Vernunft ja auch nicht zu erklären. Wir sind ja schon soweit vernünftig – alles Erklären setzt Vernunft voraus.

Analog zur physikalistischen Reduktion des Lebens versucht man, insbesondere im modernen Behaviorismus, die Kultur b i o l o g i-s t i s c h auf ein „systemerhaltendes" Verhalten menschlicher Sozialsysteme zu reduzieren. Ersichtlich ist die technische Vernunft – und eine daraus entstehende maßvolle Naturbeherrschung – systemerhaltend. Fraglich ist jedoch, wie man historisch nachweisen will, daß auch die politische Vernunft (die zwar immer wieder Handlungsgemeinschaften, aber vielleicht nur ineffiziente „Schafsherden" herstellt) systemerhaltend ist. Diese Frage kann hier offen bleiben, weil weder ein technischer noch ein politischer Zweck vorhanden ist, dem ein solcher Nachweis dienlich wäre.

Schon die Diskussion dieser Zweckmäßigkeit setzt politische Vernunft voraus. Wir sind daher berechtigt, gegenüber allen „Naturalismen" (ob Physikalismus oder Biologismus, einschließlich Behaviorismus und „Systemtheorie") die A u t o n o m i e der Kultur zu behaupten. „Autonomie" steht hier nur für die negative Behauptung, daß wir zur Rechtfertigung vernünftiger Teilnahme an der Kultur (insbesondere am Staat) n i c h t erst auf den Nachweis warten sollten, Kultur sei etwas „Natürliches" (z.B. „systemerhaltend" oder gar physikalisch „wahrscheinlich").

Die Gegenposition zum Naturalismus könnte „Kulturalismus" genannt werden. Üblich ist im Anschluß an die klassische Benennung der Kulturwissenschaften als der „humaniora" (im Englischen „humanities" oder „human sciences") der Terminus „Humanismus".

Die Grundthese des Humanismus ist die Irreduzibilität der politischen Vernunft auf Natur. Wir haben für sie den Nachweis geführt, daß hier schon jeder Reduktions v e r s u c h unvernünftig ist.

Grob betrachtet ist trotzdem die Methode der Kulturgeschichte dieselbe wie die der Naturgeschichte: Es wird vom Gegenwärtigen aus rückwärts konstruiert, „wie es eigentlich gewesen ist". Das Gegenwärtige wird dabei erklärt als etwas historisch Gewordenes. Die Städte z.B., in denen wir leben, sind selbstverständlich nur da, weil sie früher gebaut worden sind – die ersten, wie Jericho, vor etwa 6000 Jahren. Aus den frühesten Zeiten der Kulturgeschichte haben wir keine schriftlichen Überlieferungen (Quellen), diese Zeiten heißen „prähistorisch".

Im Gegensatz zur Naturgeschichte – Collingwood nennt diese „pseudo-historisch" – geht es in der Kulturgeschichte nicht um Erklärung nach Naturgesetzen, sondern um Erklärung der Relikte als von Menschen hervorgebrachte Werke. Es sind also die Zwecke zu rekonstruieren, nach denen die Menschen gehandelt haben. (Die Rechtfertigung dieser Frage nach den Zwecken von Leuten, die schon lange tot sind, gehört zur Theorie des politischen Wissens.)

Da es nicht nur um die Handlungen geht, sondern um die Zwecke, müssen in der Kulturgeschichte die Handlungen gedeutet werden: der Historiker sucht zu v e r s t e h e n. Das Deuten ist aber kein Gegensatz zum Erklären, sondern eine zusätzliche Tätigkeit. Nur wegen der Wichtigkeit des Deutens – und um sich vom physikalischen Denken abzusetzen – konnte der Eindruck entstehen, als ob Deuten und Erklären (man benutzt oft auch „Verstehen" und „Erkennen" als Termini) unverträgliche Methoden seien, als ob die „Naturwissenschaften" und „Geisteswissenschaften" in miteinander unverträglichen Sprachen redeten.

Die Deutung von Handlungen ohne schriftliche Quellen (also z.B. aus Tonscherben in Grabkammern) ist eine mühsame Arbeit, sie hat aber gegenüber der Arbeit des normalen Historikers, der aus Texten auf Zwecke schließt, den Vorteil, daß die Täuschungsmöglichkeiten der Sprache wegfallen. Da die Menschen, wenn sie sich nicht irren, häufig lügen – und außerdem (mit Ausnahme der jüngeren Mathematikgeschichte) alle historischen Texte in einer der „natürlichen" Sprachen geschrieben sind, ist es verständlich, daß sich die Historik, die Methodologie der Historiographie, auf H e r m e - n e u t i k, die Kunstlehre des Interpretierens von Texten, konzentriert. Schleiermacher bestimmt Hermeneutik als „Kunstlehre des Verstehens", aber erst nach Dilthey weitet man die Hermeneutik auf die Lehre des Deutens aller Kulturwerke und sogar des menschlichen „Daseins" (Heidegger) aus. Im folgenden werde – nach dem Vorschlag von W. Kamlah, 1973 – der Terminus „Hermeneutik" wieder auf die Lehre des Interpretierens von Texten eingeengt. Die Lehre des Deutens durch Zwecke – „Teleologik", wenn man einen eigenen Terminus dafür haben will – ist der wesentliche Teil der Kulturgeschichte. Das Interpretieren von historischen Texten ist nur ein Mittel zum Deuten menschlicher Handlungen – die Hermeneutik daher ein Spezialfall der „Teleologik". Das „Inter-

pretieren" — oder wie wir zunächst, ohne uns terminologisch festzulegen, sagen können: das Lesen — von Texten in historischer
Absicht ist ein Mittel zum Deuten vergangener Handlungen.

Selbstverständlich werden aber Texte zu vielerlei Zwecken gelesen. Wer die Lutherbibel liest oder Shakespeare (im Original), kann
dies — mit etwas aufzuwendender Mühe, um sich in das „altertüm-
liche" Deutsch oder Englisch einzulesen — in derselben Absicht tun,
in der er einen zeitgenössischen Autor liest: zur Erbauung oder Un-
terhaltung.

Für Philosophie und Wissenschaften ist wichtig, daß man alte
Texte auch wie etwa den Brief eines Kollegen lesen kann, mit dem
man über ein systematisches Problem korrespondiert. Hier ist die
Schriftlichkeit nur eine Abart des Dialogs. Im Falle alter Texte ist
allerdings zu beachten, daß der Textautor normalerweise nicht die
eigene Sprache spricht (das trifft auf Kollegen, mit denen man bloß
korrespondiert, allerdings gelegentlich auch zu — sogar auf Kollegen,
mit denen man nicht lange genug gesprochen hat, um sich einen gemeinsamen Sprachgebrauch zu erarbeiten) — und daß erst herauszufinden ist, über welche Probleme er spricht.

Dieses Lesen in s y s t e m a t i s c h e r Absicht dient dem kritischen Verstehen der im Text behandelten Probleme. Es muß das
Problem, um dessen willen man den Text in systematischer Absicht
liest, daher ein Problem sein, das der Autor — trotz des zeitlichen
Abstandes — mit dem Leser teilt. Indem man den Autor in einen
fingierten Dialog einbezieht, entsteht auch hier — wie beim wirklichen Dialogpartner — die Aufgabe, eine gemeinsame Orthosprache
zu erarbeiten. Man beginnt dazu mit T e i l e n der eigenen Orthosprache, versucht den Text in diese Sprache zu ü b e r s e t z e n —
und erweitert (oder ändert) die eigene Orthosprache bei Stellen, an
denen die Übersetzung nicht gelingt. Wiederholung dieses Prozesses
führt zu einem einfachen Modellfall der „hermeneutischen Spirale".
Diese Spirale ist theoretisch ohne Ende, nur das Leben erzwingt
jeweils den Abbruch der Interpretation.

„Übersetzen" heißt dabei: einen orthosprachlichen Text herstellen, den der Autor an Stelle des Textes (vermutlich) geschrieben
haben würde, wenn er in Ortho geschrieben hätte.

Schon für das Lesen in systematischer Absicht, bei dem der Autor
in die gegenwärtige philosophisch-wissenschaftliche Diskussion ein-

bezogen werden soll, sind gewisse philologisch-historische Umstände des Textes zu berücksichtigen. Der Sprachgebrauch des Autors ist durch Vergleich mit früheren oder späteren Texten desselben Autors zu untersuchen oder durch Vergleich mit Texten, von denen der Autor „beeinflußt" war (für die Vermutung eines „Einflusses" sind wiederum andere Texte aus der Zeit zu vergleichen). Das sind die philologischen Umstände, die letztlich die ganze Geschichte der Sprache des Textes umfassen. Außerhalb des Textes sind als historische Umstände insbesondere die Lebensgeschichte des Autors und die Kulturgeschichte seiner Zeit heranzuziehen.

Die hermeneutische Spirale nähert sich bedenklich einem hermeneutischen Zirkel, wenn man einen Text in historischer Absicht liest, also zu dem Zwecke, vergangene Handlungen der Menschen zu deuten. Dann läßt man sich nicht in einen Dialog mit dem Autor ein, um sich dessen „Meinungen" kritisch anzueignen, sondern man ist, wie der Lauscher an der Wand, Zuhörer eines Dialogs, den der Autor (schriftlich – und häufig nur monologisierend) mit seinen Lesern führte. Jetzt sind auch Stellen wichtig, an denen – nach eigenem Urteil – der Autor Gedankensprünge macht oder bloß gedankenlos Worte zusammenfügt. Es könnte ja sein, daß solch unkritisches Denken faktisch für das Handeln (des Autors oder seiner Leser) wirksam war.

Man verstrickt sich hier in der Tat in Zirkel, d.h., man verliert die Möglichkeit der schrittweisen Überprüfung der Interpretationsaussagen, wenn man – im Eifer des Hörens auf Vergangenes – die eigene Sprache (in die man den Text übersetzt – und „interpretieren" heißt nichts anderes als übersetzen, unter der Bedingung, daß man die I n t e r p r e t a t i o n s s p r a c h e nicht als vorgegeben betrachtet, sondern notfalls als eine erst zu schaffende Sprache) im unkritischen Zustand der „natürlichen" Sprache beläßt. Bemüht man sich, ein „fluent speaker" auch in der T e x t s p r a c h e zu werden, so mag das zum späteren kritischen Interpretieren eine nützliche Vorübung sein. Auch das Lesen in historischer Absicht darf aber (wegen des politischen Oberzweckes) nicht dabei stehen bleiben. Auch der Rückzug aus der Bildungssprache auf das Niveau der Umgangssprache überwindet nicht diese „Naivität" des Interpretierens, die die I n t e r p r e t a t i o n s s p r a c h e unkritisch übernimmt. Für ein kritisches Interpretieren ist – ob in systemati-

scher oder historischer Absicht – die T e x t s p r a c h e nicht mit
Wörterbüchern (die nur ein erstes Hilfsmittel sein dürfen) in die Ge-
brauchssprache zu übersetzen, für philosophisch-wissenschaftliche
Zwecke (d.h., wenn historisches Wissen für Kulturkritik und Kultur-
reform erarbeitet werden soll) ist vielmehr als Interpretationssprache
stets eine Orthosprache zu verwenden.

Teile des Textes, die nicht in die Orthosprache übersetzbar sind,
z.B. Mythen, sind als solche zu kennzeichnen. Der Text ist trotzdem
partiell übersetzbar, man braucht nur einige Wörter (oder Wendungen) in Anführungszeichen wiederzugeben. Nach der partiellen
Übersetzung in eine Orthosprache (gleichgültig ob in der ersten oder
einer späteren Runde der hermeneutischen Spirale) hat man den
Text soweit als „vernünftigen" Text rekonstruiert. Man hat dann für
die vorkommenden Wörter gefunden, ob sie z.B. Eigennamen oder
Prädikatoren sind, man hat exemplarische Bestimmungen für die
Prädikatoren festgestellt, evtl. Definitionen, syntaktische Konventionen usw. Einige Wörter (oder Wendungen) sind aber unübersetzt
geblieben. Es wird dann der Sprachgebrauch des Textes bloß meta-
sprachlich beschrieben, z.B. stellt man fest, daß ein Autor das Wort
„Entelechie" für eine „Kraft" gebraucht, die physikalische Wirkungen hat (die also eine physikalische Kraft sein müßte), daß der Autor
aber behauptet, seine „Entelechie" sei keine „physikalische Kraft".

In systematischer Absicht lesend, würde man hier einen guten
Grund haben, die Lektüre abzubrechen. Für den Historiker ist aber
alles – Sinn und Unsinn – zunächst in gleicher Weise „wichtig":
Sinn und Unsinn des Textes sind in gleicher Weise Fakten.

Welche Fakten aber r e l e v a n t sind, das ergibt sich erst danach aus dem Zusammenhang der Historie mit den politischen
Wissenschaften. Erst dadurch gewinnt man Kriterien für die Frage,
w i e v i e l Geschichte zu treiben vernünftig ist.

Literaturverzeichnis

BECKER, Oskar	1930	Zur Logik der Modalitäten Halle a. d. Saale
BECKER, Oskar	1952	Untersuchung über den Modalkalkül Meisenheim
BENDA, Julien	1978	Der Verrat der Intellektuellen. München–Wien
BETH, Evert W.	1955	Semantic Entailment and Formal Derivability (Mededelingen der Koninklijke Nederlandse Akademie van Wetenschappen, Afd. Letter- kunde), Amsterdam
BROUWER, Luitzen E. J.	1907	Over de Grondslagen der Wiskunde. Akademisch Proefschrift, Amsterdam–Leipzig
DANTZIG, David van	1947	On the Principles of Intuitionistic and Affirmative Mathematics; in: Koninklijke Nederlandsche Akademie van Wetenschappen, Proceedings of the Section of Sciences 50, S. 918–929, 1092–1103, Amsterdam
DINGLER, Hugo	1911	Die Grundlagen der angewandten Geometrie. Eine Untersuchung über den Zusammenhang zwischen Theorie und Erfahrung in den exakten Wissenschaften Leipzig
DINGLER, Hugo	1926	Der Zusammenbruch der Wissenschaft und der Primat der Philosophie München
DINGLER, Hugo	1964	Aufbau der exakten Fundamentalwissenschaft hrsg. v. Paul Lorenzen München
DUDEN	1959	Grammatik der deutschen Gegenwartssprache, hg. v. d. Dudenredaktion unter Leitung von Paul Grebe, völlig neu bearb. v. Paul Grebe (Der Große Duden Bd. 4) Mannheim
GLIVENKO, V.	1929	Sur quelques points de la Logique de M. Brouwer; in: Académie Royale de Belgique, Bulletins de la classe des sciences 15, S. 183–188

GÖDEL, Kurt   1931 Über formal unterscheidbare Sätze der
                           Principia Mathematica und verwandter
                           Systeme I; in: Monatshefte für Mathematik
                           und Physik 38, S. 173–198

GÖDEL, Kurt   1933 Zur intuitionistischen Arithmetik und Zahlen-
                           theorie; in: Ergebnisse eines mathematischen
                           Kolloquiums, Heft 4, S. 34–38,
                           Wien

HAURIOU, Maurice   1896 Cours de science sociale. La science
                           sociale traditionelle
                           Paris

HÖFFE, Otfried   1981 Sittlich-politische Diskurse. Philo-
                           sophische Grundlagen, philosophische
                           Ethik, biomedizinische Ethik
                           Frankfurt/M.

INHETVEEN,   1976 Die Dinge des dritten Systems; in: Kuno
Rüdiger   Lorenz (Hrsg.), Konstruktionen versus Posi-
                           tionen. Beiträge zur Diskussion um die
                           Konstruktive Wissenschaftstheorie
                           Berlin–New York

INHETVEEN,   1983 Konstruktive Geometrie. Eine formen-
Rüdiger   theoretische Begründung der euklidischen
                           Geometrie
                           Mannheim–Wien–Zürich

JANICH, Peter   1969 Die Protophysik der Zeit
                           Mannheim–Wien–Zürich

KAMLAH, Wilhelm   1967 Logische Propädeutik oder Vorschule des
LORENZEN, Paul   vernünftigen Redens
                           Mannheim

KAMLAH, Wilhelm   1973 Plädoyer für eine wieder eingeschränkte Her-
                           meneutik; in: Dietrich Harth (Hrsg.), Propä-
                           deutik der Literaturwissenschaft, S. 126–135
                           München

KANGER, Stig   1957 Provability in Logic (Acta Universitatis Stock-
                           holmiensis, Stockholm Studies in Philosophy 1),
                           Stockholm

KÖNIG, Dénes   1936 Theorie der endlichen und unendlichen
                           Graphen. Kombinatorische Topologie der
                           Streckenkomplexe (Mathematik und ihre
                           Anwendungen in Monographien und Lehr-
                           büchern 16)
                           Leipzig

KOLMOGOROFF, Andrej N. 1933 Grundbegriffe der Wahrscheinlichkeitsrechnung Berlin

KRIPKE, Saul A. 1959 A Completeness Theorem in Modal Logic; in: Journal of Symbolic Logic, 24, S.1–14

KURODA, Sigekatu 1951 Intuitionistische Untersuchungen der formalistischen Logik; in: Nagoya Mathematical Journal, 2, S.35–47

KUTSCHERA, Franz von 1971 Sprachphilosophie München

LEWIS, Clarence I. LANGFORD, Cooper H. 1932 Symbolic Logic New York–London

LORENZ, Kuno 1968 Dialogspiele als semantische Grundlage von Logikkalkülen; in: Archiv für mathematische Logik und Grundlagenforschung 11, S.32–55, 73–100

LORENZEN, Paul 1958 Formale Logik Berlin

LORENZEN, Paul 1962 Metamathematik Mannheim

LORENZEN, Paul 1965 Differential und Integral. Eine konstruktive Einführung in die klassische Analysis Frankfurt/M

LORENZEN, Paul 1969 Normative Logic and Ethics Mannheim

LORENZEN, Paul 1984 Elementargeometrie. Das Fundament der Analytischen Geometrie Mannheim–Wien–Zürich

LORENZEN, Paul SCHWEMMER, Oswald 1975 Konstruktive Logik, Ethik und Wissenschaftstheorie Mannheim–Wien–Zürich

RIEMANN, Bernhard 1919 Über die Hypothesen, welche der Geometrie zu Grunde liegen hrsg. v. Hermann Weyl, Berlin

SCHMIDT, H. Arnold 1960 Mathematische Gesetze der Logik I. Vorlesungen über Aussagenlogik Berlin–Göttingen–Heidelberg

SCHNEIDER, Hans Julius 1986 Wenn/dann-Verbindungen in der Logik und in der natürlichen Sprache, Jahrbuch der Schweizerischen Natur forschenden Gesellschaft 1986, S.181–188

SCHÜTTE, Kurt	1960	Beweistheorie Berlin–Göttingen–Heidelberg
SCHÜTTE, Kurt	1968	Vollständige Systeme modaler und intuitionistischer Logik Berlin–Heidelberg–New York
SCHWEMMER, Oswald	1971	Philosophie der Praxis. Versuch zur Grundlegung einer Lehre vom moralischen Argumentieren in Verbindung mit einer Interpretation der praktischen Philosophie Kants Frankfurt/M.
SCHWEMMER, Oswald	1975	Deduktion und Argumentation. Begründung, Erklärung und Überprüfung in den Kulturwissenschaften, Habilitationsschrift Erlangen
SCHWEMMER, Oswald	1986	Ethische Untersuchungen. Rückfragen zu einigen Grundbegriffen Frankfurt/M.
SNEED, Joseph D.	1971	The Logical Structure of the Mathematical Physics, Dordrecht
SMULLYAN, Raymond A.	1968	First-Order Logic Berlin–Heidelberg–New York
STEGMÜLLER Wolfgang	1973	Probleme und Resultate der Wissenschaftstheorie und Analytischen Philosophie, Band IV: Personelle und Statistische Wahrscheinlichkeit Berlin–Heidelberg–New York
STRICH, Walter	1914	Prinzipien der psychologischen Erkenntnis. Prolegomena zu einer Kritik der historischen Vernunft Heidelberg
STRICH, Walter	1961	Telos und Zufall. Ein Beitrag zu dem Problem der biologischen Erfahrung Tübingen
WEIZSÄCKER, Carl Friedrich von	1948	Die Geschichte der Natur. Zwölf Vorlesungen Stuttgart
WRIGHT, Georg Henrik von	1951	An Essay in Modal Logic Amsterdam

Namenverzeichnis

Sachverzeichnis

Symbolverzeichnis

Printed in the United States
By Bookmasters